国家社会科学基金 年度报告 2021

Annual Report of The National Social Science Fund of China

全国哲学社会科学工作办公室

学习出版社

图书在版编目（CIP）数据

国家社会科学基金年度报告.2021/全国哲学社会科学工作办公室编.--北京：学习出版社，2022.5

ISBN 978-7-5147-1145-5

Ⅰ.①国… Ⅱ.①全… Ⅲ.①哲学社会科学－科学基金－研究报告－中国－2021 Ⅳ.①G311

中国版本图书馆CIP数据核字（2022）第047608号

国家社会科学基金年度报告（2021）

GUOJIA SHEHUI KEXUE JIJIN NIANDU BAOGAO（2021）

全国哲学社会科学工作办公室

责任编辑：李　岩　翟晓波
技术编辑：刘　硕
封面设计：杨　洪

出版发行：学习出版社
北京市崇外大街11号新成文化大厦B座11层（100062）
010-66063020　010-66061634　010-66061646
网　　址：http://www.xuexiph.cn
经　　销：新华书店
印　　刷：北京顶佳世纪印刷有限公司

开　　本：710毫米×1000毫米　1/16
印　　张：22.5
字　　数：292千字
版次印次：2022年5月第1版　2022年5月第1次印刷

书　　号：ISBN 978-7-5147-1145-5
定　　价：98.00元（含U盘）

前言

风云激荡，携手并进。2021年，是党和国家历史上具有里程碑意义的一年。面对复杂严峻的国内外形势和诸多风险挑战，以习近平同志为核心的党中央团结带领全党全国各族人民，隆重庆祝中国共产党成立100周年，胜利召开党的十九届六中全会、制定党的第三个历史决议，如期打赢脱贫攻坚战，如期全面建成小康社会、实现第一个百年奋斗目标，开启全面建设社会主义现代化国家、向第二个百年奋斗目标进军新征程。

一年来，哲学社会科学战线坚定不移地以习近平新时代中国特色社会主义思想为指导，深入贯彻落实党中央各项决策部署，深入推进习近平新时代中国特色社会主义思想研究阐释，着力加强建党百年专题研究，制定实施《国家“十四五”时期哲学社会科学发展规划》，推进科研管理领域“放管服”改革，持续深化国家高端智库建设试点工作，全面推进学术研究、人才培养、阵地管理等各领域工作，推出一大批具有重要学术创新意义、决策参考价值的研究成果。总的看，国家社会科学基金内涵式发展成效显著，我国哲学社会科学事业呈现积极健康、繁荣发展的良好局面，服务党和国家工作大局、服务经济社会发展的能力持续提高。

为生动反映2021年我国哲学社会科学发展的坚实步伐和丰实收获,我们编写了这本《国家社会科学基金年度报告 (2021)》。报告由总报告和14篇专题报告组成，涵盖国家社科基金各类项目评审立项、中期管理、鉴定结项和智库建设、社团管理、期刊资助、经费管理、成果宣传及成果统计分析等多个方面。在编写过程中，有关单位和部分专家学者给予了大力支持，在此表示衷心感谢。报告疏漏之处，敬请读者批评指正。

编　者

2022年2月

目录

第一部分 总报告

2021 年国家社会科学基金管理工作综述 ······ 3

一、提高政治站位，深入推进习近平新时代中国特色社会主义思想研究阐释

二、加强顶层设计，编制完成《国家“十四五”时期哲学社会科学发展规划》

三、注重服务大局，着力推动高端智库建设提质增效

四、深化改革创新，国家社科基金内涵式发展取得新进展

五、强化统筹指导，切实加强学术社团、学术期刊和宣传阵地建设

第二部分 专题报告

第一篇　年度项目和青年项目 ······ 15

一、规划评审

二、中期管理（含西部项目）

三、成果验收

第二篇　重大项目 ······ 47

一、选题征集

二、招标评审

三、中期管理

四、验收结项及成果举要

第三篇　专项工程 ······ 59

一、研究阐释党的十九届五中全会精神重大项目

二、冷门绝学研究专项

三、抗日战争研究专项工程

四、加快构建中国特色哲学社会科学学科体系、
学术体系、话语体系研究专项
五、高校思想政治理论课研究专项
第四篇　西部项目 ……72
一、评审立项
二、成果验收
第五篇　后期资助项目暨优秀博士论文出版项目 ……80
一、评审立项
二、项目管理
三、后期资助项目成果举要
四、优秀博士论文出版项目成果举要
第六篇　中华学术外译项目 ……92
一、项目申报和评审立项情况
二、中期管理
三、成果举要
第七篇　特别委托项目 ……101
一、立项情况
二、代表性成果
第八篇　单列学科 ……105
一、教育学
二、艺术学
第九篇　国家高端智库建设 ……119
一、加强联合攻关力度，高端智库研究质量持续提升
二、积极开展国际交流，高端智库能见度和影响力
更加凸显
三、做好组织管理工作，理事会统筹协调职能充分发挥
第十篇　学术期刊资助 ……123
一、资助成效
二、考核结果
三、增补情况

第十一篇　社科学术社团工作 ······ 129

一、突出建章立制，持续推进社团规范化建设

二、加强资助扶持，优秀社团示范引导作用日益彰显

三、注重多措并举，社团服务大局能力水平稳步提升

第十二篇　宣传工作 ······ 134

一、办好国家社科基金“两报”专刊

二、运营好全国社科工作办网站

三、办好国家社科基金《成果要报》

第十三篇　经费管理 ······ 141

一、预决算情况

二、修订《国家社会科学基金项目资金管理办法》

三、加强预决算管理

第十四篇　2021 年度国家社科基金项目科研产出及研究热点统计分析 ······ 145

一、国家社科基金项目基本情况

二、国家社科基金项目论文产出及其影响情况

三、国家社科基金项目研究重点和热点变化

第三部分　附　录

一、2021 年度国家社科基金立项统计表 ······ 195

二、2021 年度国家社科基金结项统计表 ······ 196

三、2021 年度国家社科基金重大项目立项名单 ······ 197

四、2021 年度国家社科基金重大项目结项名单（以结项时间排序） ······ 212

五、2021 年度国家社科基金冷门绝学研究专项立项名单 ······ 222

六、2021 年度国家社科基金高校思想政治理论课研究专项立项名单 ······ 227

七、2021 年度国家社科基金后期资助项目立项名单……237
八、2021 年度国家社科基金后期资助项目结项名单……294
九、2021 年度国家社科基金优秀博士论文出版项目立项名单……320
十、2021 年度国家社科基金中华学术外译项目立项名单……325
十一、2021 年度国家社科基金中华学术外译项目结项名单……336
十二、2021 年度国家社科基金社科学术社团主题学术活动资助名单（课题研究）……343

后　记……348

以下附录详见本书 U 盘

十三、2021 年度国家社科基金重点、一般、青年、西部项目立项名单
十四、2021 年度国家社科基金重点、一般、青年、西部项目结项名单
十五、2021 年度国家社科基金教育学项目立项名单
十六、2021 年度国家社科基金教育学项目结项名单
十七、2021 年度国家社科基金艺术学项目立项名单
十八、2021 年度国家社科基金艺术学项目结项名单

第一部分 总报告

2021年国家社会科学基金管理工作综述

2021年是中国共产党成立100周年，也是实现全面建成小康社会奋斗目标和“十四五”规划开局之年。一年来，全国哲学社会科学工作领导小组及办公室坚持以习近平新时代中国特色社会主义思想为指导，深入学习贯彻习近平总书记关于哲学社会科学工作重要论述，心怀“国之大者”，坚持守正创新，加强统筹协调，围绕建党百年组织系列重点理论文章，顺利完成《国家“十四五”时期哲学社会科学发展规划》（以下简称《规划》）编制，国家高端智库建设试点工作持续深化，国家社会科学基金（以下简称“国家社科基金”）内涵式发展成效显著，哲学社会科学工作迈上新台阶、呈现新气象。

一、提高政治站位，深入推进习近平新时代中国特色社会主义思想研究阐释

强化政治引领，突出研究导向，注重学理分析，始终把研究阐释习近平新时代中国特色社会主义思想作为首要政治任务抓紧抓好，有

力推动党的理论创新成果入脑入心。

（一）精心组织习近平新时代中国特色社会主义思想研究阐释

深入组织实施研究阐释党的十九届五中全会精神、铸牢中华民族共同体意识、高校思想政治理论课研究等专项，年度项目和重大项目确立有关研究阐释习近平新时代中国特色社会主义思想的课题300多项。组织国家社科基金资助学术期刊开设“学习‘七一’重要讲话精神”“习近平新时代中国特色社会主义思想研究阐释”等专题专栏，在《光明日报》和《中国社会科学报》国家社科基金专刊推出“习近平总书记‘5·17’重要讲话发表五周年”“习近平法治思想”等专版，刊发的《伟大建党精神从哪里来》《中华民族共同体的文化构建向度》《习近平法治思想对马克思主义法治理论的原创性贡献》等文章产生了广泛社会影响。

（二）组织实施研究阐释党的十九届六中全会精神重大研究专项

组织实施研究阐释党的十九届六中全会精神重大研究专项，围绕全会提出的重要思想、重要论断、重大举措，列出115个重大招标选题，组织社科界专家学者进行深入研究阐释。

（三）着力加强建党百年专题研究

一是深入研究阐释建党百年和习近平总书记“七一”重要讲话精神。精心组织近百名知名专家集中攻关，“七一”前后向中央报送一批重点理论文章。围绕在高质量发展中促进共同富裕，组织撰写两批宣传解答文章，在《人民日报》《光明日报》《经济日报》刊发。二是加大党史党建学科立项比重，年度项目相关课题由2020年的125项，增加到2021年的165项。三是积极推动党史党建学科建设。研究制定《关于切实推进“党的建设”学科发展的工作方案》，为促进该学科长远发展发挥了积极作用。

二、加强顶层设计，编制完成《国家“十四五”时期哲学社会科学发展规划》

《规划》是第一部国家层面的哲学社会科学事业发展规划，也是我国“十四五”时期发展规划体系的重要组成部分。《规划》围绕贯彻落实习近平总书记在哲学社会科学工作座谈会上的重要讲话精神，贯彻落实中央关于加快构建中国特色哲学社会科学的重大决策部署，对哲学社会科学事业发展作出总体性规划。

（一）充分征求意见

全国哲学社会科学工作办公室（以下简称“全国社科工作办”）于 2020 年组织开展全国性社科大调研，摸清基本情况，为《规划》编制工作打下坚实基础。2021 年，组织召开 10 余场专题研讨会，广泛征求有关部门、科研机构和专家学者的意见建议，积极回应社科界的普遍关切，努力使《规划》在与党和国家现行政策相衔接的前提下，更加符合实际，并力求有所突破和创新。

（二）发展目标明确

《规划》着眼“十四五”时期党和国家事业发展大局，以加快构建中国特色哲学社会科学为主题，以提升学术原创能力为主线，以加强学科体系、学术体系、话语体系建设为支撑，以重大项目、重点工程、重要平台为牵引，以体制机制改革创新为动力，努力建设学科布局优、学术根基牢、科研水平高、服务能力强、国际影响大的中国特色哲学社会科学，为全面建设社会主义现代化国家提供有力思想和智力支持。

“十四五”时期，哲学社会科学的发展目标是，马克思主义在哲学社会科学领域的指导地位进一步巩固，习近平新时代中国特色社会主义思想的学理化阐释、学术化表达、大众化传播持续深化；中国特色哲学社会科学基本体系建设全面加强，形成布局合理的学科体系、植根中国的学术体系、融通中外的话语体系；哲学社会科学创新工程取得实质性进展，学术原创能力和国际竞争力明显增强，重大科研攻关项目取得重要突破，在若干优势领域打造具有国际影响的中国学派；人才队伍总体素质持续提升，在各学科领域涌现出一批领军人才、中青年骨干人才和有潜力的后备人才；管理体制和工作机制更加健全，基本形成符合哲学社会科学发展规律、有利于调动各方面积极性的科研规划、考核评价、绩效管理、经费投入、学术诚信等制度体系。

（三）重点内容突出

《规划》全文共有10个部分。第一、第二部分，阐述了《规划》的出台背景，提出“十四五”时期我国哲学社会科学发展的指导思想、基本原则和发展目标。第三部分阐述了坚持和巩固马克思主义在哲学社会科学领域的指导地位，提出要切实发挥马克思主义对哲学社会科学的引领作用，深化拓展习近平新时代中国特色社会主义思想研究阐释，以学术创新支撑和推动党的理论创新，加强和改进思想政治理论课。第四、第五、第六部分集中阐述加快中国特色哲学社会科学学科体系、学术体系和话语体系建设，提出系列目标举措。第七部分阐述加强中国特色新型智库建设，着力打造一批具有重要决策影响力、社会影响力、国际影响力的新型智库。第八部分阐述提升我国哲学社会科学的学术国际影响力，加快中国学术“走出去”步伐，提升对外合作交流水平，在博采众长中形成中国学术的大视野、大格局。第九部分阐述加快新时代哲学社会科学人才队伍建设，包含加强人才队伍思想政治建设、推进人才体系建设、深化人才发展体制机制改革和加强学风建设等内容。第十部分阐述《规划》落实的具体举措，提出充分发挥党总揽全局、协调各方的作用，建立健全党委统一领导、部门分工负责、各方积极参与的体制机制，形成既能把握正确方向又能激发创新活力的哲学社会科学工作新局面。

三、注重服务大局，着力推动高端智库建设提质增效

切实推动试点工作三年规划落细落实，完善体制机制、提高管理水平、狠抓研究质量，高端智库建设继续保持良好发展势头，服务大局的能力和水平进一步提升。

（一）加强联合攻关力度，高端智库研究质量持续提升

围绕习近平生态文明思想、中美关系、国家统一、周边外交等重大问题开展联合研究，推出一系列高质量研究成果。报送《国家高端智库报告》和《专报》100多期，《成果要报》40多期，完成中央决策部门交办重点课题250多项，提交研究成果850余份。中央决策部门对高端智库研究成果的满意度保持较高水平，反馈“有重大参考价值”和“有一定参考价值”的超过90%。

（二）积极配合外交外宣，高端智库战斗力和能见度更加凸显

高端智库充分发挥身份超脱、专家集中、人脉广泛的优势，广泛宣介党的百年奋斗历程、共建“一带一路”、构建人类命运共同体等理念和主张。新华社等媒体型高端智库发布《中国减贫学》《人民标尺——从百年奋斗看中国共产党政治立场》等重要智库报告和对内对外传播产品，引起国内外广泛关注。商务部国际贸易经济合作研究院、中国人民大学国家发展与战略研究院等高端智库积极参与第四届虹桥国际经济论坛。中国国际经济交流中心“全球智库峰会”、国务院发展研究中心“中国发展高层论坛”、军事科学院“北京香山论坛”、上海社科院“世界中国学论坛”等知名国际智库交流品牌层次和影响继续提升。

（三）做好组织管理工作，理事会统筹协调职能充分发挥

目前理事会已涵盖20个中央决策部门。高质量完成智库整改工作，清华大学国家治理与全球治理研究院、中央党史和文献研究院、中国

石油经济技术研究院3家单位均以较好成绩通过验收评估。持续优化高端智库结构布局，加强对部门、地方和社会智库建设的宏观指导，较好发挥了智库建设引领作用。

四、深化改革创新，国家社科基金内涵式发展取得新进展

内涵式发展是从数量规模转向质量效益的发展，是国家社科基金高质量发展的必由之路。健全完善以重大项目和研究专项为龙头，以年度项目、青年项目、西部项目、后期资助项目、中华学术外译项目、特别委托项目为主要类别的项目资助体系，不断加强制度建设，创新管理方式，拓宽工作领域，全年立项规模稳定在7000项左右，推出学术专著4000多部，发表学术论文5万多篇，国家社科基金示范引领作用进一步彰显。

（一）改革完善经费管理制度

经费管理是基金内涵式发展的重要抓手。落实党中央、国务院关于推进科技领域“放管服”改革和《国务院办公厅关于改革完善中央财政科研经费管理的若干意见》等文件的要求，优化科研项目和经费管理，减轻科研人员负担，激发社科界创新活力，修订出台《国家社科基金项目资金管理办法》《国家高端智库资金管理办法》，扩大经费管理自主权，提出建立经费包干制试点、提高间接经费比例、将间接经费与成果结项等级挂钩等创新举措。指导各地区各部门贯彻落实好“两个办法”，印发相关实施细则，打通“最后一公里”，推动改革政策真正落地。

（二）加强改进项目管理

项目管理是实现基金内涵式发展的主要途径。一方面，改进立项评审方式。扩大网上申报评审学科范围，将年度项目网上评审试点学科范围由2个拓展到8个，制定实施《年度项目学科秘书管理办法》，

实行学科秘书轮换制度，提高了工作效率，增强了评审公正性。坚持任务导向和成果导向，扎实推进重大项目和海洋强国建设、抗日战争、冷门绝学等研究专项，有效服务了党和国家工作大局。另一方面，严把成果验收结项关。把质量要求贯穿验收结项工作全过程，力求推出更多体现国家水准的精品力作。2021 年，验收年度项目、青年项目和西部项目 5169 个，结项率 85.9%，优良率 31.3%。

（三）探索开展社科普及工作

将学术研究与社科普及结合起来实现融合发展，既是统筹协调哲学社会科学工作的重要手段，也是拓展国家社科基金资助领域的重要内容。围绕建党百年、全面建成小康社会、开启第二个百年奋斗目标新征程等主题，支持学术社团开展 70 多场研讨活动，吸引线下 1.5 万名专家学者参加，线上数百万人参与。本着先易后难、先重点突破后全面推进的原则，启动哲学社会科学系列学术通俗读物组织编写工作，以中国历史学科为试点，组织编写系列学术通俗读物，力求突出政治性、权威性、思想性、通俗性。

五、强化统筹指导，切实加强学术社团、学术期刊和宣传阵地建设

充分发挥统筹协调职能，整合各方力量和优势资源，加强学术社团、学术期刊和宣传平台建设，推动哲学社会科学工作领域深化拓展。

（一）积极推动“一级教授”试点工作

“一级教授”评审是调动专家学者积极性创造性、加强社科人才队伍建设的重要举措。这项工作是根据《中共中央关于加快构建中国特色哲学社会科学的意见》要求开展的，由人力资源和社会保障部、中央组织部、中央宣传部共同组织，全国社科工作办具体参与。根据人力资源和社会保障部下发的《试点意见》，确定在中共中央党校（国家

行政学院）、中国社会科学院、北京大学、清华大学、中国人民大学、复旦大学等 6 家试点单位开展推荐评审工作。

（二）牵头起草《关于加强新疆哲学社会科学工作的意见》

起草工作充分听取有关方面意见，以铸牢中华民族共同体意识为主题主线，以推进马克思主义国家观、历史观、民族观、文化观、宗教观为根本任务，以新疆改革发展稳定重大理论和实践问题为主攻方向，旨在推动新时代新疆哲学社会科学高质量发展，更好服务新疆社会稳定和长治久安总目标。

（三）扎实推进社科学术社团管理工作

社团管理工作已经成为哲学社会科学统筹协调的重要抓手，也是近年工作的一个亮点和创新点。研究制定《重点联系全国性哲学社会科学学术社团管理细则》并以中央宣传部名义印发，进一步加强对重点联系社团的规范管理和引导支持。建立重点联系社团工作协调机制并召开第一次会议，对社团管理工作提出明确要求。组织实施 2021 年国家社科基金社团主题学术活动资助工作，资助课题研究 66 项、学术会议 86 项。对 2020 年获奖励性补助的 50 家社团组织开展年度考核评价，组织实施 2021 年优秀社团奖补工作。

（四）加强改进国家社科基金资助学术期刊管理

加强期刊阅评、经费审计、编辑规范抽检等日常管理，创新年度考核方式，通过视频会议面对面考核期刊，对发现问题的视情况作出通报批评、黄牌警告、暂停资助、撤销资助等处理，推动期刊进一步提升办刊质量。一是政治站位明显提高，严格落实意识形态工作责任制，几乎所有期刊都开设了建党百年重点专题专栏。二是服务大局能力显著增强，一年来，资助期刊刊发文章获中央领导同志批示 28 次。三是积极推动学术创新，如《中国社会科学》设立“中国特色哲学社会科学‘三大体系’”专题，《构建中国特色政治学：学科、学术与话语——以政治学恢复重建历程为例》《新时代国家安全学论纲》等系列论文在学界引起广泛反响。

（五）积极构建哲学社会科学大宣传格局

强化大宣传理念，创新宣传内容，拓展宣传平台，做好重大时间节点宣传策划，营造良好思想舆论氛围。在全国社科工作办网站推出“习近平总书记‘5·17’重要讲话五周年”专题报道，各地社科办、社科联网站及各大商业资讯平台广泛转发。“七一”前后与光明日报社联合推出专栏，全面展现建党百年特别是党的十八大以来哲学社会科学领域取得的重大成就。巩固“两报”专刊宣传阵地，宣介一批坚持正确导向、具有较高学术水准的优秀成果，全年共刊发43期115篇文章。

第二部分 专题报告

第一篇 年度项目和青年项目

2021年国家社科基金年度项目和青年项目共受理申报32714项，比2020年增加611项；共立项4642项，比2020年增加17项。2021年立项率为14.19%，与2020年基本持平。资助总额为9.839亿元，较2020年增加365万元。

一、规划评审

（一）制定发布《课题指南》

2020年10月，全国社科工作办向国家社科基金23个学科规划评审组下发《关于拟定2021年度国家社科基金项目课题指南的通知》（以下简称《课题指南》）。要求各学科评审组以习近平新时代中国特色社会主义思想和习近平总书记关于哲学社会科学工作的重要论述为指导，深入贯彻落实党的十九大和十九届历次全会精神，落实《中共中央关于加快构建中国特色哲学社会科学的意见》，结合本学科特点，拟定一批研究重大理论和现实问题的选题，列入2021年《课题指南》。为扩大选题来源渠道，全国社科工作办还要求各学科评审组广泛征求组内外专家和实际工作部门意见，尤其是本学科重点科研单位专家学者的意见和建议，委托相关重点科研单位提出一定数量的指南条目。截至11月下旬，各学科评审组通过召开会议或通讯方式，广泛征求了1000多名学科评审组专家和有关方面意见，相关实际工作部门结合自身工作需要，专门来函提供了一批选题，部分选题被采纳吸收。2021年《课题指南》拟定1913个指南条目，涵盖主要二级学科和研究领域。经全国社科工作办审核汇总并报全国哲学社会科学工作领导小组批准，2021年1月初公布。

2021年《课题指南》具有以下特点。

第一，围绕深入学习贯彻习近平新时代中国特色社会主义思想，贯彻党的十九大和十九届历次全会精神，梳理出200多个重要选题，从不同学科和视角开展深入研究。主要包括：习近平新时代中国特色社会主义思想的重大意义、科学体系、丰富内涵、精神实质、实践要求、历史地位及其对马克思主义的重大贡献等方面研究；习近平总书记关于改革发展稳定、内政外交国防、治党治国治军等各方面重要论述的研究。主要体现在马列·科社、党史·党建、哲学、理论经济、政治学、法学、社会学、民族学、宗教学、中国文学、国际问题研究、中国历史、管理学等13个学科。

第二，围绕“十四五”时期经济社会发展的重要领域和面临的关键性问题，多个学科拟定了一批重要选题。主要包括：“十四五”时期区域经济协调发展政策研究、“十四五”时期我国经济增长速度研究、“十四五”时期我国粮食安全保障研究、“十四五”时期推进重点行业和重要领域绿色化改造研究、“十四五”时期深化重点领域和关键环节改革研究、“十四五”时期我国社会结构改进研究、“十四五”时期体育产业高质量发展研究、“十四五”时期民营经济发展的关键问题研究等。集中体现在理论经济、应用经济、社会学、体育学、管理学等5

个学科。

第三，围绕加快构建中国特色哲学社会科学学科体系、学术体系、话语体系，各学科列出一批重要选题。主要包括：中国特色哲学学科体系学术体系话语体系研究、中国特色伦理学理论体系与话语体系的构建研究、中国特色社会主义政治经济学理论体系研究、中国特色经济学理论体系构建与结构研究、中国特色财政政治学理论体系构建研究、中国特色民族法治文化的理论与实践研究、中国特色宗教学建设研究、新时代中国特色舆论学研究体系建构研究、中国特色体育学学科体系学术体系话语体系研究等。主要体现在哲学、理论经济、政治学、考古学、宗教学、体育学等 6 个学科。

第四，围绕中国特色社会主义进入新时代、经济社会发展的新情况新问题，相关学科列出 100 多个重要选题，分领域、分学科组织研究。主要包括：新时代党的政治建设研究、新时代党的组织体系建设研究、新时代经济高质量发展的实现路径研究、新时代文明实践志愿服务工作方法研究、新时代中国民族学知识生产与学科体系研究、新时代新闻传播人才培养模式创新研究等。集中体现在马列·科社、理论经济、政治学、法学、社会学、民族学、国际问题研究、新闻学与传播学、管理学等 9 个学科。

第五，围绕脱贫攻坚与乡村振兴战略的组织实施与经验总结，相关学科拟定一批重要选题。主要包括：中国共产党领导全面推进乡村振兴战略的体制机制研究、我国脱贫攻坚的伟大成就及其历史意义研究、脱贫攻坚与乡村振兴战略有效衔接研究、巩固拓展脱贫攻坚成果长效机制研究、脱贫攻坚与乡村振兴有效衔接模式及实现路径研究、乡村振兴的社会支持体系研究、民族地区巩固脱贫成果与乡村振兴有效衔接研究等。主要体现在马列·科社、应用经济、政治学、社会学、民族学、管理学等 6 个学科。

第六，围绕新冠肺炎疫情防控及新形势下的全球格局变化，深入加强对具体问题的分析研判，梳理出一批重要选题。主要包括：我国疫情防控与国家制度和治理体系优势研究、疫情防范与人类卫生健康共同体建设的哲学研究、新冠肺炎疫情防控的中西方治理体制比较研究、西方国家疫情中的反种族歧视问题研究、美国疫情中的“黑命亦命”运动及其前景研究、“后疫情”欧美国家移民政策的走向研究、新冠肺炎疫情暴发后全球格局变化研究、新冠肺炎疫情对世界经济的短期冲击与长期影响研究、“后疫情”时代的国家形象呈现研究等。主要体现在马列·科社、政治学、社会学、民族学、国际问题研究、新闻学与传播学、管理学等7个学科。

2021年《课题指南》继续区分具体条目和方向性条目，进一步提高学科覆盖面。各学科《课题指南》的第一部分为具体条目。具体条目为具体研究题目。第二部分为方向性条目，是对某一重点研究领域中相关或相近问题的综合概括，主要是提出研究范围、研究方向、研究重点，不列具体研究题目，由申报人根据自身学术兴趣和前期研究积累自行拟定申报选题。方向性条目兼顾基础研究和应用研究，以基础研究为主，覆盖所有二级学科和重点领域。人文学科以方向性条目为主，社会科学以具体条目为主。

2021年《课题指南》着力坚持问题导向和创新意识，加强基础研究和原始创新。应用对策研究以具体条目为主，围绕经济社会发展中的全局性、战略性和前瞻性的重大理论与实践问题，以及为党和政府决策提供依据的重大现实问题；基础理论研究以方向性选题为主，密切跟踪国内外学术发展和学科建设的前沿和动态，着力推进学科体系、学术体系、话语体系建设和创新，力求具有原创性、开拓性和较高的学术价值。各学科结合各自实际，在2021年《课题指南》条目中较为科学合理地确定了基础性和应用性选题比例，基础性选题数量较往年明显加大，人文学科中的基础性选题条目数量占70%左右，社会科学中的基础类和应用基础类选题条目数量占30%以上。

（二）项目申报工作

1. 申报组织工作。2021年1月，在全国社科工作办网站发布本年度国家社科基金项目《申报公告》和《课题指南》，并向各省区市社科工作办（规划办）和在京委托管理机构下发《申报通知》，开始受理2021年度课题申请。《申报公告》着重强调以下9个方面的内容。

第一，要坚持以习近平新时代中国特色社会主义思想为指导，贯彻落实《中共中央关于加快构建中国特色哲学社会科学的意见》，坚持以重大现实问题为主攻方向，坚持基础研究和应用研究并重，结合自己的学术专长和研究基础选择申报，为党和国家工作大局服务，为繁荣发展哲学社会科学服务。

第二，要体现鲜明的时代特征、问题导向和创新意识，着力推出体现国家水准的研究成果。基础研究要密切跟踪国内外学术发展和学科建设的前沿和动态，着力推进学科体系、学术体系、话语体系建设和创新，力求具有原创性、开拓性和较高的学术思想价值；应用研究要立足党和国家事业发展需要，聚焦经济社会发展中的全局性、战略性和前瞻性的重大理论与实践问题，力求具有现实性、针对性和较强的决策参考价值。

第三，明确申请人申报条件，持续加大青年人才扶持力度。申请人应具有副高级以上（含）专业技术职称（职务），或者具有博士学位。不具有副高级以上（含）专业技术职称（职务）或者博士学位的，可以申请青年项目，不再需要专家书面推荐。青年项目申请人的年龄不得超过35周岁（1986年3月15日后出生）。课题组成员须征得本人同意并签字确认，否则视为违规申报。申请人可以根据研究的实际需要，吸收境外研究人员作为课题组成员参与申请。全日制在读研究生不能申请。在站博士后人员均可申请，其中在职博士后可以从所在工作单位或博士后工作站申请，全脱产博士后从所在博士后工作站申请。

第四，继续强调申请单位信誉保证。要求课题申请单位须在相关领域具有较雄厚的学术资源和研究实力；设有科研管理职能部门；能够提供开展研究的必要条件并承诺信誉保证。以兼职人员身份从所兼职单位申报国家社科基金项目的，兼职单位须审核兼职人员正式聘用关系的真实性，承担项目管理职责并承诺信誉保证。

第五，在选题申报上给予一定灵活空间。《课题指南》继续分为具体条目（带*号）和方向性条目两类。具体条目的申报，可选择不同的研究角度、方法和侧重点，也可对选题的文字表述作出适当修改。方向性条目只规定研究范围和方向，申请人要据此自行设计具体题目。具体条目和方向性条目均可申报重点项目。只要符合《课题指南》的指导思想和基本要求，各学科均鼓励申请人根据研究兴趣和学术积累申报自选课题（包括重点项目）。自选课题与按《课题指南》申报的选题在评审程序、评审标准、立项指标、资助强度等方面同样对待。

第六，继续实行限额申报。要求各地社科管理部门、在京委托管理机构和申请单位根据限额申报指标，着力提高申报质量，适当控制申报数量，减少同类选题重复申报。

第七，项目资助额度不变。重点项目 35 万元，一般项目和青年项目 20 万元。要求申请人按照《国家社会科学基金管理办法》和《国家社会科学基金项目资金管理办法》要求，根据实际需要编制科学合理的经费预算。

第八，继续强调避免一题多报、交叉申请和重复立项。为确保申请人有足够的时间和精力从事课题研究，2021 年度国家社科基金项目申请作如下限定。

（1）课题负责人同年度只能申报 1 个国家社科基金项目，且不能作为课题组成员参与其他国家社科基金项目的申请；课题组成员同年度最多参与两个国家社科基金项目申请；在研国家级项目的课题组成员最多参与 1 个国家社科基金项目申请。

（2）在研国家社科基金项目、国家自然科学基金项目及其他国家级科研项目的负责人不能申请新的国家社科基金项目（结项证书标注日期在 2021 年 3 月 15 日之前的，或在 3 月 15 日前已向我办提交结项材料的，可以申请本年度项目。后者具体日期以各地社科管理部门寄出结项材料时间或在国家社科基金科研创新服务管理平台中审核提交的时间为准）。

（3）申请国家自然科学基金项目及其他国家级科研项目的负责人同年度不能申请国家社科基金项目，其课题组成员也不能作为负责人以内容基本相同或相近选题申请国家社科基金项目。

（4）申请 2021 年度教育部人文社会科学研究一般项目的负责人不能申请同年度国家社科基金项目。

（5）不得通过变换责任单位回避前述（1）—（4）条款规定，不得将内容基本相同或相近的申报材料以不同申请人的名义提出申请。

（6）凡在内容上与在研或已结项的各级各类项目有较大关联的，须在《申请书》中详细说明所申请项目与已承担项目的联系和区别，否则视为重复申请；不得以内容基本相同或相近的同一成果申请多家基金项目结项。

（7）凡以博士学位论文或博士后出站报告为基础申报国家社科基金项目，须在《申请书》中注明所申请项目与学位论文（出站报告）的联系和区别，申请鉴定结项时须提交学位论文（出站报告）原件。

（8）不得以已出版的内容基本相同的研究成果申请国家社科基金项目。

（9）凡以国家社科基金项目名义发表阶段性成果或最终成果，不得同时标注多家基金项目资助字样。

第九，继续加强对申请人的科研信誉管理，强调项目评审公正。贯彻落实中央《关于进一步加强科研诚信建设的若干意见》，申报课题须按照《国家社科基金项目申请书》和《国家社会科学基金项目课题论证活页》要求，如实填写材料，保证没有知识产权争议，不得有违背科研诚信要求的行为。凡存在弄虚作假、抄袭剽窃等行为的，一经发现查实，取消五年申报资格；如获立项即予撤项并通报批评。为保证申报评审的公正性和严肃性，评审会议召开前申报单位或个人不得以任何名义走访、咨询学科评审组专家或邀请学科评审组专家进行申报辅导。凡行贿评审专家者，一经查实将予通报批评；如获立项即予撤项，五年内不得申报国家社科基金项目。凡在国家社科基金项目申报和评审中发现严重违规违纪行为的，除按规定进行处理外，均列入不良科研信用记录。

2．**申报和初评情况**。为进一步提高申报质量，2021 年继续适度限额申报。经过各地资格审查和初步筛选，最终受理有效申报 32714 项，比 2020 年 32103 项增加了 611 项，申报数量基本持平。其中，党史·党建、考古学、民族学、统计学等 10 个学科有明显增长，其余 13 个学科大体同 2020 年相当。申报人中，有正高级职称人员 9577 名，副高级职称人员 13297 名，博士生导师 4009 人，具有博士学位 28323 人，高职称、高学历人员为申报主体。青年学者申报踊跃。39 岁以下青年学者共申报 12834 项，占申报总数的 39.2%；35 岁以下青年学者共申报 7344 项，占申报总数的 22.4%。23 个学科继续实行匿名通信初评，其中统计学、人口学、世界历史、考古学、外国文学、图书馆·情报与文献学、语言学、体育学等 8 个学科试行网上通讯评审，其他 15 个学科继续实行线下纸质材料评审，稳步推进项目评审工作信息化。每份申请书的论证活页由 5 名同行专家评审，随机挑选通讯评审专家 5958 名，共有 6910 项课题入围会议评审，平均入围率为 21.12%。

（三）会议评审情况

2021 年 7 月 28—30 日，2021 年度国家社科基金项目评审工作会议在京举行。中央政治局委员、中央书记处书记、中央宣传部部长、全国哲学社会科学工作领导小组组长黄坤明同志出席会议并作重要讲话。全国哲学社会科学工作领导小组成员、各省区市和新疆生产建设兵团党委宣传部分管理论工作的副部长、国家社科基金23个学科评审组专家共300余人出席会议。

会议期间，23个学科评审组按照相关流程评审本年度国家社科基金项目。会议评审经专家主审、小组酝酿推荐、大组讨论投票、签署评审意见等程序，提出建议立项资助课题。8月中旬，全国社科工作办将建议立项资助课题报送全国哲学社会科学工作领导小组审批。8月下旬至9月上旬，2021年度国家社科基金年度项目和青年项目立项名单在全国社科工作办网站公示后予以正式公布，同时向各省区市社科管理部门和各有关单位下达立项通知书。

1. 立项总数和资助强度。2021年国家社科基金年度项目立项4642项，比2020年增加17项，其中重点项目370项，一般项目3169项，青年项目1103项；平均立项率为14.19%，与2020年的14.42%基本持平。根据全国哲学社会科学工作领导小组之前批准的资助标准，2021年重点项目资助强度为35万元，共资助1.295亿元；一般项目资助强度为20万元，共资助6.338亿元；青年项目资助强度为20万元，共资助2.206亿元。合计资助经费总额为9.839亿元，比2020年9.8025亿元增加365万元。

2. 各学科立项数据分析。各学科立项计划和立项率综合考虑申报基数、入围数量、课题质量、综合平衡等因素确定。23个学科的平均立项率为14.19%。立项率高于平均值的学科有9个，按照立项率从高到低依次是考古学、统计学、世界历史、宗教学、图书馆·情报与文献学、中国历史、国际问题研究、政治学、民族学；与平均立项率接近的有8个，按照立项率从高到低依次是理论经济、人口学、哲学、社会学、中国文学、党史·党建、法学、新闻学与传播学；低于平均立项率的学科有6个，按照立项率从高到低依次是管理学、马列·科社、应用经济、语言学、体育学、外国文学（见表1-1）。

表 1–1　2021 年各学科立项数量统计表

学科名称 \ 项目类别	重点项目	一般项目	青年项目	合计
马列·科社	24	199	59	282
党史·党建	12	115	38	165
哲学	19	129	66	214
理论经济	16	140	33	189
应用经济	26	265	75	366
统计学	10	72	26	108
政治学	14	110	52	176
法学	26	212	88	326
社会学	18	167	96	281
人口学	6	45	15	66
民族学	18	170	47	235
国际问题研究	14	83	51	148
中国历史	20	159	85	264
世界历史	9	62	34	105
考古学	9	46	26	81
宗教学	6	60	23	89
中国文学	24	197	65	286
外国文学	10	71	22	103
语言学	24	213	48	285
新闻学与传播学	10	120	30	160
图书馆·情报与文献学	9	110	42	161
体育学	10	120	18	148
管理学	36	304	64	404
总计	370	3169	1103	4642

3．立项地区和单位分布。2021 年，全国各省区市和新疆生产建设兵团，中国社会科学院、中央党校（国家行政学院）、中央国家机关和军队系统的科研单位均有立项。立项数超过 100 项的有 16 个省份和教育部在京直属高校，具体包括江苏 363 项、上海 306 项、浙江 291 项、广东 266 项、湖北 261 项、山东 244 项、湖南 201 项、河南 187 项、福建 180 项、重庆 167 项、陕西 148 项、四川 143 项、天津 117 项、辽宁 109 项、云南 105 项、江西 101 项、教育部在京直属高校 378 项。五大社科研究系统中，高校系统 4227 项，占立项总数的 91.06%；社科院系统 187 项，党校系统 120 项，各级党政机关及其他 91 项，军队系统 17 项。从单位分布看，有 26 家单位立项数超过 30 项，依次是中国社会科学院 93 项、厦门大学 68 项、中国人民大学 57 项、中山大学 50 项、武汉大学 49 项、南开大学 48 项、四川大学 48 项、云南大学 48 项、北京师范大学 46 项、西南大学 45 项、北京大学 42 项、山东大学 41 项、中南财经政法大学 41 项、河南大学 39 项、吉林大学 39 项、暨南大学 37 项、南京师范大学 36 项、浙江大学 36 项、浙江工商大学 36 项、华东师范大学 35 项、南京大学 35 项、郑州大学 35 项、复旦大学 34 项、中国政法大学 32 项、安徽大学 30 项、湖南师范大学 30 项（见表 1–2）。

表 1–2 2020 年、2021 年各省（区、市）立项数量统计表

省、区、市或系统	2020 年立项数量	2021 年立项数量
教育部在京直属高校	356	378
中国社会科学院	111	93
中央国家机关	52	44
中央党校（国家行政学院）	25	27
军队系统	30	17
江　苏	378	363
上　海	335	306

（续表）

省、区、市或系统	2020 年立项数量	2021 年立项数量
浙　江	301	291
广　东	272	266
湖　北	238	261
山　东	251	244
湖　南	222	201
河　南	173	187
福　建	131	180
重　庆	143	167
陕　西	142	148
四　川	141	143
天　津	111	117
辽　宁	98	109
云　南	122	105
江　西	92	101
安　徽	80	98
吉　林	90	93
广　西	70	85
北　京	85	83
河　北	75	83
贵　州	59	69
黑龙江	68	66
甘　肃	71	63
内蒙古	53	53
新　疆	52	45
山　西	54	39
宁　夏	41	33
海　南	26	27

（续表）

省、区、市或系统	2020 年立项数量	2021 年立项数量
青　海	28	27
西　藏	33	17
新疆生产建设兵团	17	13
总　计	4626	4642

（四）评审工作主要特点

1．**坚持正确导向，严把政治方向关和学术质量关。**各学科评审组深入贯彻落实黄坤明同志重要讲话精神，严格遵守《会议评审规则》，始终把坚持正确政治方向和学术导向作为第一位要求。注重加强对意识形态属性较强的马列·科社、党史·党建、哲学、政治学、社会学、法学、民族学、宗教学、国际问题研究、新闻学与传播学等学科的政治把关审核；对涉台、涉藏、涉疆等敏感领域研究课题，准确把握政策和法律界限，凡政治倾向上有问题的，坚决不予立项。各学科评审组均对建议立项课题名称进行了把关修改，使立项课题名称表述更加严谨准确。最终，按照“质量第一、宁缺毋滥”的评审原则，经严格评审把关，计划立项总指标 4660 项，实际立项资助 4642 项。

2．**突出问题导向，加大重大理论和现实问题研究资助力度。**评审工作坚持以习近平新时代中国特色社会主义思想为指导，突出贯彻落实中央关于加快构建中国特色哲学社会科学的一系列决策部署。明确把深入研究阐释习近平新时代中国特色社会主义思想，研究总结党的百年奋斗重大成就和历史经验，研究阐释“十四五”时期经济社会发展重大理论和实践问题，作为本次评审立项工作的重点，确立了 300 多项重要课题。各学科还围绕深化党的建设、中华优秀传统文化、重大历史问题、人类命运共同体、重大国际问题研究等热点问题，确立了一批具有战略性、前瞻性、全局性的研究课题。总的看，应用研究侧重符合国家发展战略需求、服务党和政府决策，基础研究侧重深化学科体系、学术体系、话语体系建设和弘扬中华优秀传统文化。

3．**强调综合平衡和政策倾斜，覆盖面和惠及面进一步扩大。**为体现年度项目的公益性和示范带动作用，2021年继续强调立项地区和单位分布的均衡合理。一是要求各学科预留10%—15%的立项指标用于综合平衡。对同一单位同一学科的立项数量划定上限，在确保质量的前提下，强调原则上各省区市均应有立项。从评审结果看，2021年立项单位数达到731家，比2020年增加54家，其中不少单位是初次立项，往年立项偏少省份和单位立项数有所增加。二是继续执行向西部地区倾斜的政策。西部12个省区市和海南省、新疆生产建设兵团共立项资助1053项。三是继续执行向青年项目倾斜的政策。明确规定青年项目指标不得用于一般项目，一般项目和重点项目指标如有剩余可用于青年项目，同等条件下优先考虑青年学者等。39岁以下青年学者立项1900项（其中35岁以下1174项），占立项总数的40.93%，扶持青年学者力度进一步加大。四是继续对在内地（大陆）工作的港澳台同胞开放申报，与内地学者享受同等待遇。符合条件的港澳台学者共申报47项，最终立项10项，其中一般项目8项，青年项目2项。

4．**严格评审程序，严肃评审纪律。**为维护国家社科基金项目评审工作的权威性、严肃性和公信力，2021年继续采取多项严格评审纪律的措施，主要包括：召开预备会强调评审纪律，实行回避制度、保密制度，不印发全体专家名单，投票时下发入围名单，综合平衡时不得推荐本单位课题，评审专家签署信誉承诺书，调换1/3学科秘书，严格学科秘书和工作人员管理等。上述要求和做法起到较好效果，也得到评审专家的理解和好评。

5．**扩大网络申报评审范围，稳步提升工作信息化水平。**2020年，首次对统计学、考古学两个学科试行网络通讯评审。2021年，将网络申报评审范围扩大到统计学、人口学、世界历史、考古学、外国文学、语言学、图书馆·情报与文献学、体育学等8个学科，涉及申报课题7404项，占申报总数的22.63%。为确保申报和评审数据安全，采取了单独购置服务器、限制IP登录地址、实时后台跟踪监测、签订保密协议等一系列技术和管理措施，取得了较好的工作成效，为进一步推进国家社科基金项目申报评审工作信息化积累了有益经验。

二、中期管理（含西部项目）

2021年，全国社科工作办结合我国哲学社会科学事业发展新形势新要求，在国家社科基金项目中期管理中，遵循科研规律，规范管理过程，提高基金效益，落地“放管服”政策，进一步提高了国家社科基金项目管理的科学化水平。

（一）严格审批中期重要事项变更

2021年，共有2267个在研项目提交了有关重要事项的变更申请，其中延期申请1213项，变更管理单位440项，变更成果形式368项，变更项目名称154项，研究内容有重大调整19项，其他事项73项。全国社科工作办严格规范各类中期变更事项的审批，对符合相关程序和规定的申请予以批准，对有些变更理由不充分、缩小研究范围、降低研究难度等申请坚决不予批准。部分项目研究进程因受新冠肺炎疫情的影响，在研究周期、实地调查、资料收集等方面都遇到了不同程度的困难，全国社科工作办秉持以人为本原则，根据项目负责人提出延期申请予以适当放宽。各省区市社科规划办（工作办）和在京委托管理机构也按照有关规定，对本地区（部门）项目的变更课题组成员及自行终止的申请认真审批并及时报全国社科工作办备案。

（二）认真开展年度中期检查

按照全国社科工作办的要求，2021年下半年，各省区市社科规划办和在京委托管理机构依托国家社科基金科研创新管理服务平台，循例对本地区（部门）的在研年度项目开展中期检查和逾期未完成项目的清理。

各管理单位认真准备、精心组织，积极发挥主观能动性，共有 31 个省级管理部门的 3777 个项目完成了中检，对进一步提升项目完成质量收效显著。例如，北京市社科规划办对每一个项目的中期检查情况进行审核，了解项目的进展情况，如发现问题会及时与科研管理部门电话沟通，确保各项目按时完成研究工作。四川省社科规划办认真贯彻落实检查要求，规范有序引导各科研单位发挥良好的服务和管理职能，召开中期检查报告会，请课题组负责人对课题前期开展情况、中期成果、经费使用进度及下一步打算进行专题报告，为项目研究提供了良好的保障。福建省社科规划办重点对项目经费使用情况进行了检查，要求各单位科研管理部门对新立项的科研项目进行经费预算申报指导与咨询，加强项目的预算管理，加强对经费开支的审计与监督。山东省社科工作办针对检查中发现的项目延期较多、成果转化应用不足的问题，抓好项目研究周期的全过程监督管理，并进一步加强对研究成果的宣传推介工作。

从项目中期检查情况来看，绝大部分课题组能够按照计划认真开展研究工作，重视实地调研和材料的收集、整理、分析，较好完成阶段性研究任务，并形成丰硕的中期成果。从统计数据来看，参加 2021 年度中期检查的年度项目共取得阶段性成果 11585 份，其中论文 9718 篇、专著 356 部、研究报告 623 份，获得省部级以上社科类优秀成果奖励 242 项。相当一部分成果具有较高的学术价值和社会价值，产生了重要的社会影响。例如，中国井冈山干部学院欧阳慧主持的项目“文化自信视阈下中国共产党红色家书文化研究”，收集整理了 300 多封红色家书 30 余万字，开发的情景教学课程《品读红色家书——不忘初心使命》，被中央组织部评为“学习贯彻习近平新时代中国特色社会主义思想全国好课程”。四川大学尹响主持的项目“中国西部扩大南向开放的路径抉择研究”，其关于南向开放问题的决策咨询报告有2篇被中央有关部门采纳。南昌大学姚亚平主持的项目“毛泽东的江西七年（1927—1934）与中国共产党的自觉自信研究”，阶段性成果得到省部级领导批示，并被省委党史教育办公室、省委党史办采用，阶段性成果《中国特色社会主要理论自信的内在逻辑研究》获省社会科学优秀成果二等奖。国家信息中心易成岐主持的“使用大数据方法开展社会政策评估的探索性研究”，取得阶段性成果40项，其中《大数据分析精准脱贫政策成效、问题及建议》《新冠肺炎疫情期间各省出台惠企政策成效大数据分析》等16篇获省部级以上领导批示。湘潭大学胡长生主持的项目“习近平生态文明思想理论体系研究”，完成的阶段性研究报告获省部级领导肯定性批示并被相关部门采纳，另有《中国共产党生态文明建设理论研究》一书，在英国、土耳其等国翻译出版，同时在“学习强国”学习平台上进行宣传。

（三）做好逾期未完成项目的清理

认真做好逾期未完成项目的清理工作。国家社科基金年度项目、青年项目的清理期定为立项后5年，该政策发布和执行已2年有余，各省级社科管理单位已基本宣传到位，各责任单位也加强了督促提醒，课题组主动结项的意识逐步增强，大部分项目能够按照要求及时提交结项申请，但仍有65个项目逾期未完成的项目被终止。

通过项目清理工作发现，部分课题组对研究计划考虑不周，对研究的工作量、数据收集和资料获取难度估计不足；有的课题组对所承担项目不够重视，没有科学合理安排科研时间，或同时承担过多任务，以致项目研究进度滞后。在今后的中期管理中，各单位还需要加强引导，进一步提高管理责任意识，提高管理效能，敦促项目加快研究周期。

三、成果验收

（一）成果验收概况

成果验收结项是国家社科基金项目管理的关键环节。国家社科基金的影响力说到底要看成果，只有推出高质量成果，为经济社会发展服务、为社科繁荣发展助力，才能最大限度地体现基金的使用效益。

2021 年，全国社科工作办继续以高度负责的精神，始终严把政治方向关和学术质量关。2021 年共验收了 4558 项年度项目和青年项目，经过严格的鉴定和审核审批程序，有 3957 个项目质量达标予以结项，结项率为 86.81%，其中 303 个项目获得优秀等级，优秀率为 6.65%；498 个项目因存在质量问题暂缓结项，需要修改后报我办复审或重新申请鉴定，103 个项目予以终止（见表 1-3）。

表 1-3　2021 年年度项目、青年项目成果验收情况统计表

结果 / 数据	申请结项总数	结项					未结项			
		优秀	良好	合格	免于鉴定	合计	暂缓结项		终止	合计
							备案复审	重新鉴定		
数量	4558	303	1199	2261	194	3957	359	139	103	601
占比（%）	100	6.65	26.30	49.60	4.26	86.81	7.88	3.05	2.26	13.19

2021 年结项项目产出的最终研究成果包括学术专著稿 2611 部、研究报告 1788 篇、论文集 725 部、译著 32 部、软件（数据库）31 份、工具书 16 部。这些项目研究期间，共发表 25327 篇论文，出版 533 部学术专著，撰写 856 篇研究报告，其中有 616 个项目的阶段性成果获得省部级社科类奖项，产生了较好的学术价值和社会影响。比如，清

华大学戴木才主持完成的“中国共产党执政伦理建设研究”，出版专著《中国共产党治国理政之道》获教育部高等学校科研优秀成果奖（人文社会科学）二等奖，并入选“经典中国国际出版工程资助项目”，以英、法、西班牙、尼泊尔等多语种对外发行。四川大学贺立龙主持完成的“精准扶贫的瞄准机制与施策效率”，在《经济学动态》《政治经济学评论》《经济评论》等核心期刊发表论文21篇，《决胜全面建成小康，亟须重视化解五大隐性风险》和《当前扶贫开发工作面临的问题及政策建议》两篇论文获省部级领导批示。中央财经大学严成樑主持完成的“新常态下我国经济发展动力转换研究”，论文《延迟退休、内生出生率与经济增长》获得教育部高等学校科研优秀成果奖（人文社会科学）二等奖，专著《经济增长的多维解构》入选《国家哲学社会科学成果文库》。武汉大学赵蓉英主持完成的“中国学者国际学术论文影响力评价研究”，共完成中英文论文近40篇，2017年被Nature Index转载报道。中国人民大学陈璇主持完成的“刑法中紧急权的体系与解释研究”，有10余篇论文发表在《法学研究》《中国法学》《法学评论》等法学核心期刊上，有3篇论文分获中国法学会“董必武青年法学成果奖”二等奖、三等奖和提名奖。东南大学夏保华主持完成的“技术创新的实践哲学研究”，阶段性成果《社会技术转型与中国自主创新》获江苏省第十六届哲学社会科学优秀成果三等奖，另外还发表了20余篇论文。中国社会科学院李晓华主持完成的“‘互联网+’背景下的中国制造业转型升级研究”，共发表了70多篇阶段性成果，多篇被《人大复印报刊资料》和《新华文摘》全文转载。可以看出，绝大多数课题组治学严谨，遵守基本学术规范，注重调查研究，讲究科学方法，充分尊重和借鉴已有的学术成果，认真完成研究计划，深化了相关领域的研究，也对具体实践起到了一定的借鉴和参考作用。

2021年，未结项成果仍占一定比例，有498项成果由于质量不高而未能顺利结项。主要存在以下几方面比较典型的问题：一是缩小研究范围，没有按计划完成研究任务。二是总体框架不明晰，结构松散。三是观点和表述不准确，容易引发争议。四是写作不规范，文字校对粗疏。五是缺乏相应的定量分析和实证研究，典型案例选取较片面，代表性不足，所用数据资料较陈旧。对于成果存在明显质量问题的项目，重则撤项或终止，轻则退回修改。

（二）成果质量数据统计分析

1. 各类项目成果质量比较分析。从项目类别来看，重点项目的结项率和优良率明显高于其他两类项目。对比以往统计数据，重点项目的结项率、优秀率、优良率等比 2020 年都有小幅下降；一般项目结项率、优秀率分别为 85.55% 和 7.34%，比 2020 年也有小幅下降，但优良率比 2020 年有所提高，为 36.44%；青年项目的结项率和优良率高于年度项目，说明青年学者的学术研究具备一定实力(见表 1–4)。表 1–5 统计了各类项目产出的阶段性成果数量，总数达到了 26716 篇，平均产量接近 7 篇 / 项。重点项目平均每个项目产出阶段性成果约 11 篇，远高于一般项目和青年项目。

表 1–4　2021 年年度项目、青年项目结项情况分类别统计表

项目类别	申请结项数	结项数	结项率（%）	优秀	良好	优秀率（%）	优良率（%）	免于鉴定
重点项目	418	389	93.06	60	133	14.35	49.61	53
一般项目	2996	2563	85.55	188	746	7.34	36.44	98
青年项目	1144	1005	87.85	55	320	5.47	37.31	43
合计	4558	3957	86.81	303	1199	6.65	37.95	194

表 1–5　2021 年年度项目、青年项目阶段性成果统计表

项目类别	结项数	论文	专著	研究报告	合计	平均单项产出成果量
重点项目	389	4073	93	153	4319	11.10

（续表）

项目类别	结项数	论文	专著	研究报告	合计	平均单项产出成果量
一般项目	2563	15511	325	501	16337	6.37
青年项目	1005	5743	115	202	6060	6.03
总计	3957	25327	533	856	26716	6.75

2. **各学科成果质量比较分析。**2021 年各学科的结项统计数据表明（见表 1-6），在结项率、优秀率、优良率这 3 个代表成果质量的指标上，各学科之间相差较大。结项率较高的学科主要集中在基础学科，哲学、考古学、宗教学、中国文学、语言学 5 个学科的结项率超过 90%；优秀率较高的依然主要集中在文史哲领域，世界历史、中国文学、考古学、党史・党建、中国历史、语言学、法学等 7 个学科的优秀率在 10% 以上；优良率超过半数的学科有哲学、中国历史、世界历史、考古学、中国文学、外国文学等。

表 1-6　2021 年年度项目、青年项目结项情况分学科统计表

学　科	申请结项数	结项数	结项率（%）	优秀	良好	优秀率（%）	优良率（%）
马列・科社	246	213	86.59	18	65	8.45	38.97
党史・党建	105	90	85.71	11	27	12.22	42.22
哲学	254	231	90.94	17	105	7.36	52.81
理论经济	228	190	83.33	6	42	3.16	25.26
应用经济	358	307	85.75	13	63	4.23	24.76
统计学	57	45	78.95	1	14	2.22	33.33
政治学	165	144	87.27	7	40	4.86	32.64
法学	381	336	88.19	34	103	10.12	40.77
社会学	263	233	88.59	7	59	3.00	28.33

（续表）

学　科	申请结项数	结项数	结项率（%）	优秀	良好	优秀率（%）	优良率（%）
人口学	66	56	84.85	1	12	1.79	23.21
民族学	215	181	84.19	5	40	2.76	24.86
国际问题研究	123	105	85.37	8	22	7.62	28.57
中国历史	253	218	86.17	25	96	11.47	55.50
世界历史	79	71	89.87	14	26	19.27	56.34
考古学	49	48	97.96	7	23	14.58	62.50
宗教学	102	93	91.18	9	36	9.68	48.39
中国文学	292	263	90.07	43	98	16.35	53.61
外国文学	116	103	88.79	10	44	9.71	52.43
语言学	297	272	91.58	30	93	11.03	45.22
新闻学与传播学	179	146	81.56	11	30	7.53	28.08
图书馆·情报与文献学	154	130	84.42	12	43	9.23	42.31
体育学	171	135	78.95	5	35	3.70	29.63
管理学	405	347	85.68	9	83	2.59	26.51
合计	4558	3957	86.81	303	1199	7.66	37.96

（三）优秀成果介绍

2021年的国家社科基金项目成果总体来看，研究质量过硬、创新价值突出，有的成果推陈出新、填补空白，颇有理论建树，有的成果资料翔实、调研充分，对策科学系统，有助于解决现实中的重大难点问题，为构建中国特色哲学社会科学作出贡献。

1. 在基础理论研究领域，产出了一批创新性强、价值厚重的研究成果。中国社会科学院文学研究所丁国旗主持完成的“习近平总书记文艺工作座谈会讲话的理论突破研究”，对习近平总书记有关文艺的重要论述作了比较全面、深入的梳理和阐释，提炼出文艺属性、文艺功用、艺术家素养、文艺精神价值和文艺人才培养等几个重要方面。鉴定专家指出，该成果始终牢牢抓住习近平总书记关于文艺重要论述中的核心命题，同时充分结合新时代这一正在形成中的当代中国文艺现实，积极回应新时代文艺发展中的关键问题，并作出新时代中国马克思主义文艺思想的阐发，以学理的、学术的方式把习近平总书记有关文艺的重要论述阐释得具体而深入，对中国特色的社会主义文论的学科体系、学术体系、话语体系建设都具有重要的理论创新意义。

南京师范大学徐芹主持完成的青年项目“马克思经典作家论中国文本的重要思想及当代价值研究”，从整体上以马克思主义经典作家关于中国问题的重要论述为研究对象，得出关于社会发展的规律性认识。鉴定专家评价成果具有三大特色：一是将马克思、恩格斯、列宁等马克思主义经典作家的中国观作为整体进行研究，这在当前学术界还是第一次；二是述与评相结合，既系统化梳理和阐释经典作家“论中国”的重要思想与观点，又多角度评价经典作家“论中国”，包括文本存在的疑点及其原因分析、学界论争的回应、文本方法论意义的总结等；三是提出了一些重要的学术思想和观点，如关于马克思恩格斯批判英国政府在利益驱使下在对华问题上采取双重“道德”标准的观点；等等。

湖北大学邹爱华主持完成的“中外土地征收制度比较研究”，以土地征收是一个综合性行为作为逻辑起点，构建土地征收比较研究的框架，是区别以往研究的最大亮点。成果自始至终贯彻问题导向的研究理念，从中国的实际需要出发，致力于完善中国土地征收制度的基本目标，对各国土地征收制度的基本理念、基本结构和基本制度进行了深入系统的研究，着力就各国制度对中国制度完善的启示和借鉴价值进行分析、论证，将外国土地征收制度研究与中国国情和中国需求紧密结合起来，体现了明确的服务于中国法治建设的目的性和问题导向性，奠定了我国土地征收制度改革的理论基础。鉴定专家认为，“该成果对于化解社会矛盾、促进经济转型，建立城乡统一的建设用地市场、完善对被征地农民合理、规范、多元保障机制，推动城乡一体化发展以及构建现代土地市场体系等方面均具有突出的实践价值”，“成果基于比较研究而提出的对中国土地征收法律制度建设的启示和建议，对我国土地征收立法、执法和司法实践，均有重要的实践意义”。

中国人民大学胡鸿杰主持完成的“档案学经典著作评价研究”，以行列结合的评价矩阵，从内容、形态以及学术效果 3 个维度共计 13 个指标对档案学经典著作进行全面评价，细化了评价指标及相关的权重，规划了档案学图书评价的主要程序及步骤，建构了档案学经典著作评价体系。鉴定专家指出“成果对档案学经典著作分六卷进行了翔实的评价分析，是档案学目前为止最为系统和完整的学术著作评价研究，其构建的一套评价档案学学术论著的原则及标准，为档案学研究的理论阐释与重构指出了一条有效路径”，“成果以档案学为内容，以图书馆学为框架，以文献计量为手段，实现了‘图书情报与档案管理’一级学科的融合，也为学科建设提供了范例”。

暨南大学闫月珍主持完成的“《文心雕龙》器物叙述系统研究”，广集先秦典籍如《诗经》《周礼》《论语》《庄子》《孟子》等文献中有关器物制作的文本表述，遵循核心文本、史传文献与器物经验相结合的思路，细心整理了一份长达 250 多页的“《文心雕龙》器物图释”，从工匠、制作、文章、丝织、金石、容器、度量衡、兵器、器物之喻与中国书法批评、车舆等层面展开，又配上详细的图释凡例、图例清单，对《文心雕龙》中有关器物叙述逐条择取、注释并附上实物图片，指出《文心雕龙》的器物多达 150 种，可谓集《文心雕龙》器物品类之大成，也赋予了《文心雕龙》器物叙述研究以非常牢靠的实物根基和充实的感性内涵。鉴定专家评价“理论视野开阔，研究方法新颖，语言表达畅达，文献引证丰富，体例规范详备，学风踏实严谨，堪称一项优秀的研究成果，充分体现了课题组沉潜的学术心态和扎实的文献功底”。

北京大学陈建立主持完成的“东北亚古代铁器传播的技术观察”，主要从冶金学和金属学等分析视角对中国东北地区、朝鲜半岛、日本列岛考古出土的早期铁器的冶炼、钢铁技术及其发展和演变进行了系统的梳理，比较全面地勾画出了东北亚地区铁器及钢铁技术的传播图景。该成果根据对中国多处铁器冶铸遗址出土铁器和炉渣等冶铁遗存的科技分析检测和研究，初步提出了“根据铁中夹杂物内磷的分布判定炒钢”的方法，是古代钢铁技术研究的新进展。附录中基于鲁山望城岗冶铁遗址、章丘东平陵城铸铁遗址、康平西扎哈气炼铁炉以及凌源安杖子铁器的科技分析对其钢铁技术特征的研究，不仅是该研究报告的重要组成部分和数据支撑，而且是一批最新的钢铁技术分析研究成果，为今后进一步研究提供了重要资料。鉴定专家认为“该成果研究方式方法有别于该研究领域已有成果的考古学比较研究方法，是近年中国冶金考古研究领域新的力作”。

浙江大学汪林茂主持完成的“绍兴商会档案整理研究”，最终成果《绍兴商会档案汇编》共 7 辑 30 册，收录了绍兴市档案馆提供的绍兴商会档案 753 个卷宗，1.65 万余份，总字数 1500 余万，完整地呈现了绍兴商会从 1906 年山会商务分会成立至 1949 年 11 月绍兴市工商业联合会筹备委员会成立并接收为止的风雨历程全貌，时限连贯，内容丰富，涵括了绍兴商会和各同业公会的组织体系、规章制度、会议记录、商会运作中各级机构的公文来往、商事纠纷及裁断、税收与物价、政治和社会活动参与、各行业账簿与契约，以及商会与政府、社会各界等的联系及各种活动等。可以说，该成果是迄今为止全国已出版的商会档案史料中分量最重的一种，为研究近代中国社会各领域的变迁提供了全新的、丰富且非常有价值的第一手资料。

四川大学原祖杰主持完成的“美国工业化转型时期农民状况研究（1870—1900）”，采用年鉴学派和社会文化史的研究方法，对美国 19

世纪农业生产方式的变化、土地资源的开发利用、农民家庭和社区生活及其转变进行了较为系统的研究，呈现出一幅美国工业化转型时代美国农业生产和农民生活的整体画卷。成果使用了丰富的中外文文献，尤其是原始外文档案的运用有力地佐证了相应观点，因而研究的立论和结论具有充分的说服力，如美国第 51 届国会记录、美国参众两院相关法案，以及相关部门的档案、年鉴、公告、报告等。此外，课题组还收集了与课题研究所需资料密切相关的美国主流报刊，如《纽约时报》《华盛顿邮报》《芝加哥论坛报》等，在资料收集方面下了一番苦功。鉴定专家指出，"该成果体系恢弘，见解深刻，笔法纯熟，引证丰富，是我国史学界美国农民问题研究最重要的一部著作，极大推动了美国农民和农村问题的研究，具有重大的学术价值"。

西南大学陈宝良主持完成的"明代社会变迁时期生活质量研究"，充分利用学界既有的社会经济史与社会生活史、日常生活史的研究成果，以社会各阶层生活质量为中心，从生活质量的支配要素（生产力要素、生产关系要素）、收入状况、物价波动、消费支出、赋役负担、民生家计、福利保障、公共产品和幸福感知等 9 个层面，详细考察了明代民众的生活水平和观念的变化以及明代生活质量的区域性差异、城乡差异性和社会阶层性差异。成果所关注的问题、研究方法以及内容创新，对于拓展和推动社会史研究的领域、范式和进展具有重要借鉴意义。鉴定专家称赞其"调动史料涵盖面广，工作量饱满，跨学科方法运用娴熟，视野开阔，论从史出，学理性和实证性强，定量定性信而允，是近年来不多见富有广度、深度和厚度的社会史研究成果"。

厦门大学陈瑶主持完成的"清至民国长江中游木帆船航运业研究"，成果在扎实的资料基础上统计了长江中游干流及其主要支流的帆船数量、载重量和船工人数，对清代民国长江中游帆船贸易的规模作出了基本估计，从内外两方面论述了清代民国长江中游帆船贸易的管理。成果还以很大篇幅关注帆船从业人员的生计、组织、信仰等问题，清晰地揭示了清代民国长江中游地区船工的生存样态，反映了小到一艘帆船，大到全国市场的社会经济关系中的船工命运；深入地探讨了帆船航运中航行技术、水路状况、沿途水情社情等知识的传承方式。该成果选题处于学术研究前沿，具有较强的学术意义与现实意义，在资料收集上也颇下功夫，运用了方志、行业志、档案、家谱、碑刻、账簿、调查材料、行业规约等多种资料，使该问题的研究建立在扎实的资料基础上，对研究的主要问题都提出了新的见解，展现了中国近代社会经济结构体系的渐变演变过程，进一步推进和深化了近代航运业史、区域社会经济史的研究。

北京师范大学凌文超主持完成的“嘉禾吏民田家莂研究”，采用文书学方法和簿书互证法，将田家莂与竹简及湖南古井文书简结合起来，在秦汉魏晋社会经济变迁的大视野下，对嘉禾吏民田家莂进行系统研究，不仅为田家莂的研究开辟了新的路径，也为吴简乃至其他简牍研究提供了值得参照的路径，具有重要的方法论价值。该成果视野独到，富有创新性，对田家莂的释文进行全面校订，为学界提供了更为准确的全新释文修订本，并按照竹简的整理方式，按出土号重新排列田家莂，复原田家莂室内整理的状态，为学界重新整理和利用田家莂提供了极大的便利，使得该成果也兼具工具书的价值。鉴定专家认为，成果“是目前对田家莂最为系统和深入的全面研究，不仅对以往研究中的争议问题作了全面回应，而且在系统研究的基础上，提出了很多很有学术价值的观点，将走马楼吴简和孙吴历史的研究向前推进了一大步”，“史料扎实，论述规范，考辨翔实，结论服人，研究都建立在实证的基础上，充分彰显了作者深厚的史学素养、严谨的治学风范和可贵的创新精神，是一篇优秀国家社科基金结项成果”。

东北师范大学周桂君主持完成的“英语十四行诗的艺术传承与历史演变研究”，聚焦十四行诗发展过程中的几个重要节点，通过对其中涉及的代表诗人及其作品的分析和研读，全面系统地梳理了十四行诗的历史沿革、传播接受、主题变迁及不同阶段的风格特质，以不同的主题为切入点进一步挖掘了十四行诗的历史发展和传承，其中诸多观点和大量的中英文对照的诗歌案例及文化解读体现了负责人深耕诗歌研究领域，对十四行诗发展脉络的深层次把握。该成果还有效地弥补了国内英语十四行诗研究中缺乏系统性和整体关照的不足，同时穿插不同阶段十四行诗与中国古典诗歌的比较研究，对600年来十四行诗的发展与传承作了细致的梳理和探讨。鉴定专家认为“该成果对于推动国内十四行诗的研究具有重要意义，在一定程度上进一步打开了国内学界对外国诗歌的研究空间，给学术同行提供了重要的研究范例，具有非常重要的学术价值”。

2. 在应用研究领域，产出了一批务实管用、服务党和国家工作大局的研究成果。清华大学朱慈蕴主持完成的“公司资本制度再造与债权人利益保护研究”，在公司法改革的背景下，从债权人保护的角度将资本制度改革后存在的一系列尖锐突出的疑难问题都进行了系统梳理和深入的分析论证，为公司资本制度再造与债权人利益保护建言献策，具有很强的现实应用价值。鉴定专家指出“该成果无论是论证基本的公司资本制度原理，还是所涉对现行公司法立法改革的评价，无论是对境外公司资本制度的总结和评鉴，还是对我国现实实践问题的分析，都展现出强烈的问题意识、深厚的理论深度和学术视野，许多分析判断既是对我国既有公司法资本制度理论的丰富和发展，也具有较强的实践操作性和可行性”。

复旦大学李瑞昌主持完成的“‘一带一路’倡议下边境民族地区‘三区’援建的社会效能监测研究”，根据中国三区援建的特点运用了“以结果导向的有效发展评价模型”，拓展使用了“社会实验法”，选取作为城区援建原本的闽宁镇、临沧边境经济合作区两个典型案例，对“一带一路”倡议下边境民族地区“三区”援建的缘起、进展、举措及其效应现状等展开较为详细的分析，提出“政府间新型互助关系”的建构方案。鉴定专家指出“该成果借助课题组成员驻村、驻镇扶贫或挂职的具体经验，以及专项的田野调查，结合典型案例和现实数据，就所选问题展开了理论和实践探讨，廓清了既往存在的模糊认识，为对口支援的政策评估提供了新的思路，一定程度上填补了空白”。

江西省社会科学院李志萌主持完成的“绿色长江经济带生态环保一体化与政策协调机制研究”，基于长江经济带的全局视野，以新发展理念为指导，以“共抓大保护”“长江经济带高质量发展”为主线，在理论与实证分析的基础上，从生态保护红线管控、生态修复、环境治理科技创新、产业集聚协调、绿色金融、生物多样性保护、生态产品价值实现机制、生态脱贫与共建共享等方面，提出协同共建长江经济带生态环保一体化政策机制及其实现路径。课题组深入调研长江经济带 11 个省、直辖市，重点以国家级生态文明试验区或国家生态文明先行示范区、国家绿色发展示范区、国家绿色金融改革创新试验区、全国生态产品价值实现机制试点城市等为研究样本，获取第一手数据，掌握典型案例，研究制定长江经济带生态环境保护整体性、区域性体制机制和政策组合，具有较强的创新理念，提出的政策建议具有现实针对性和实际可操作性，其中部分内容获得省部级领导批示和有关部门采纳推广，对推进“十四五”乃至更长时间绿色长江经济带建设具有重要实践指导价值和决策参考作用。

山东大学杨蕙馨主持完成的“创新驱动我国制造业迈向全球价值链中高端研究”，以制造业重大问题为导向紧扣现实，在智能化、数字化等为特征的新时代背景下，分析我国制造业在全球价值链中的位置演变趋势、创新发展的阶段、比较优势的变化，探究技术创新对我国制造业迈向全球价值链中高端的作用机理，为我国制造业迈向全球价值链中高端提供了现实参考依据。成果充分调研，选取显示面板制造业、动力电池制造业等行业的典型案例进行深入剖析分析，提出了“创新驱动嵌入升级”和“创新驱动构建新链”实现我国制造业迈向全球价值链中高端的具体路径，并设计了立体多元的政策保障体系，在应用实践和服务决策方面有较高的应用价值，为政府打造现代产业体系、推动制造业高质量发展提供了切实可行的行动指南。

南京审计大学石岿然主持完成的“共享经济下道德风险控制与信任机制构建研究”，从共享经济下的道德风险治理视角出发，全面分析了共享经济不同运行阶段的道德风险控制及信任机制构建，较为系统地探讨了不同共享经济模式的治理机理、治理方式和适用情境，建立了平台共享经济治理范式的架构与机制，丰富与完善了共享经济研究。该成果通过对共享经济平台情境下参与者行为规律的深入研究，创新性地构建了系统的道德风险控制与信任机制构建范式，从而为整体性的共享经济治理提供了新思路和新借鉴，具有较强的创新性。鉴定专家指出，“该成果一定程度上丰富、扩展、深化和完善了共享治理研究，延伸和创新了道德风险治理研究，可以帮助共享平台更加有效地防范道德风险，构建长效信任机制，也可以为政府管理部门进一步制定有效的监管措施、有效治理共享经济提供理论参考，具有比较鲜明的时代特色和较好的应用价值”。

北京理工大学王国语主持完成的“外空安全国际规则新发展及中国话语权实现研究”，关注我国当前在航天领域国际博弈中的重要问题，以理论结合实际的科研精神，认真梳理了涉及航天各主要领域谈判面临的发展状况和现实问题，针对航天活动中我国在太空自然资源开采、网络安全、碎片清除、外空军控等关键领域，都进行了切合实际的分析和论述，对如何在各个具体问题上确立我国话语权，提出了富有价值和符合我国战略需求的参考意见。课题组还结合外空安全形势以及自身经历，从中国立场出发，对一些顶层及机制层面的问题进行了思考，提出了大量具备可操作性的应对意见建议，如分析我国在航天领域的政治、外交、战略和能力建设等方面存在的问题，提出了有关“如何在外空领域推广人类命运共同体理念”等方面具体的措施建议和实现策略，部分内容已被相关部门采纳应用。

广东外语外贸大学石佑启主持完成的“区域协调发展中府际合作的软法治理研究”，从府际合作和软法治理的理论框架入手，探讨了府际合作的软法治理机制，根据现实中存在的问题，提出了府际合作软法治理制度完善的路径，分析了完善府际合作中软法治理机制的具体方向，并以粤港澳大湾区区域一体化进程中府际合作为个案，对软法治理的具体方案进行了深入研究。该成果问题意识较强，思路清晰，资料翔实，聚焦具体现实问题，提出了有说服力的、建设性的方案。阶段性成果获广东省第九届哲学社会科学优秀成果奖特等奖（论文类），部分研究内容得到中央领导和省部级领导批示并被有关部门采纳。

中南民族大学周少华主持完成的“土家织锦数据库建设及产业开发研究”，基于“数据库的建立”与“产业创新研发”两大主题，针对土家织锦非遗文化产业发展现状，在织锦文化基础研究、数据库建立基础上，积极探索以保护、传承为前提的非遗文化资源可持续发展产业开发理念，提出“校地合作”“非遗文化产业基地＋文化观光旅游线”生态整体保护模式，发挥作为土家织锦非遗文化生态保护试验区的功能等积极有效应对非遗文化可持续发展的产业开发措施，最大化激发土家织锦非遗文化与时俱进发展的产业价值潜力，对土家织锦这一传统民间手工技艺形式展开了全方位研究。鉴定专家指出，“该成果在进行大量田野调查和理论研究基础上，对土家织锦的传承发展提出了保护措施和产业开发的意见和建议，为我国非遗文化的保护和创新发展提供了切实可行的实践参考案例，具有一定的现实意义和指导意义”。

福建师范大学方千华主持完成的“中国高等院校体育专业人才培养研究”，从体育专业人才培养理论与实践两个层面开展研究，探讨了体育专业人才培养的基本理论、学科建设、专业建设、课程建设等内容，提出了学科、专业与课程一体化的体育专业人才整体建设理论构架，以课程建设与学位论文为突破口，借鉴国外先进经验，立足国内体育专业人才培养实际，提出我国高等院校体育专业人才培养的未来思考。该成果以体育专业人才培养分章节呈现，做了大量的研究工作，研究涉及面广，复杂性及体量都较大，突出思辨与实证并重，强调以“逻辑思辨”的方式对体育人才培养的基本要素进行逻辑分析与理论构建，研究思路清晰，数据统计准确，行文结构合理，学术观点准确，能为我国高等院校体育专业人才培养提供理论依据与实践参考。

第二篇 重大项目

2021 年，国家社科基金重大项目共立项 348 项，结项 181 项。

一、选题征集

全国社科工作办通过公开征集、有关决策部门推荐等多种方式，广泛听取社科界专家学者对重大项目选题规划的意见和建议。2021 年，重点围绕事关党和国家事业发展全局的重大理论和现实问题，围绕加快构建中国特色哲学社会科学学科体系、学术体系、话语体系，推动中华优秀传统文化创造性转化、创新性发展，从不同学科、不同领域征集一批具有重大学术创新价值和文化传承意义的选题。3 月初，从全国 424 家重点科研单位，公开征集到 2319 个推荐选题。6 月上旬，将这些推荐选题分送专家审读。根据投票结果及专家推荐意见，共遴选出 315 个选题。另有 5 个阐释习近平总书记“七一”重要讲话精神选题、6 个落实中央领导同志重要批示精神选题、9 个有关部委来函和全国两会提案建议推荐选题，一并纳入，共计 335 个选题。

从内容看，本次招标选题覆盖面较广，涵盖国家社科基金23个学科领域。重大基础理论选题分量比较厚重，主要集中在当代中国马克思主义、建党100周年、哲学社会科学学科建设、民族传统文化保护、重要文化典籍整理、学术专题数据库建设等领域。重大现实问题研究重点围绕党和国家重大工作部署，紧贴实际部门决策需求，主要涉及新发展阶段新发展格局、国家治理、国家安全、数字经济、金融风险防范、区域发展、乡村振兴、共同富裕、大国关系等领域。跨学科类选题体现比较明显的文理交叉特征和较强的创新价值，主要涉及管理科学、经济学、工程技术科学、环境科学、城市科学、人文医学等领域。

二、招标评审

（一）投标和立项情况

2021年8月，全国社科工作办公开发布《2021年度国家社会科学基金重大项目招标公告》，共335个招标选题研究方向。全国各省区市、教育部在京直属高校、中国社会科学院、中央党校（国家行政学院）等系统共受理有效投标书1683份。投标较多的有教育部在京高校236项、上海203项、江苏132项、广东124项、湖北102项、浙江92项、四川77项、山东69项、湖南68项、陕西65项。投标单位主要为重点科研机构，有不少知名学者参加投标。

本次重大项目采用网络通讯评审的方式，从申报材料提交到专家审读材料、提交评审结果全程均通过国家社科基金科研创新服务管理平台在线进行。每个课题请7名同行专家评审。共划分84个评审小组，聘请588位专家担任评委。根据评审结果，335个招标方向中，286个招标方向有中标课题，49个招标方向流标，中标课题总数为348项。有63个招标方向因投标较多、质量较好、赞成票数均超过4票，专家建议各立 2 项，研究内容和角度各有侧重，互不重复。上述结果基本符合全国哲学社会科学工作领导小组会议批准的立项计划。根据《2021 年度国家社科基金经费预算》和《招标公告》中提出的资助标准，本着从紧从严掌握的原则，2021 年重大项目资助强度根据研究内容和实际需要，分为 80 万元和 60 万元两个档次。凡涉及大型资料整理、丛书编修、数据库建设等研究任务较重及工作量较大、所需经费较多的课题，每项资助 80 万元，共 221 项；每项资助 60 万元的课题共 127 项。重大项目立项课题共资助经费 25300 万元，基本符合全国哲学社会科学工作领导小组会议批准的预算计划。

总的来看，重大现实问题研究重点围绕党和国家重大工作部署，紧贴实际部门决策需求，主要涉及“双循环”新发展格局、国家治理、共同富裕、碳达峰碳中和、关键核心技术突破、数字经济、公共卫生防疫、生态保护、法治建设等领域。重大基础理论选题分量比较厚重，主要集中在习近平新时代中国特色社会主义思想、中国共产党成立 100 周年、马克思主义中国化“两个结合”、全过程人民民主、中国式现代化道路、重要文化典籍整理、学术专题数据库建设、哲学社会科学学科建设等领域。跨学科类选题体现比较明显的文理工农医交叉渗透的特征和较强的创新价值，主要涉及管理学、经济学、工程技术科学、环境科学、生态学、传统医学等领域。

从中标课题地区和系统分布看，立项较多的省份和系统有：教育部在京高校 65 项，上海 47 项，江苏 27 项，湖北 27 项，广东 23 项，浙江 20 项，陕西和天津各 11 项，中国社会科学院、山东、河南各 10 项。从责任单位看，立项较多的有：中国人民大学 17 项，上海交通大学和复旦大学各 12 项，武汉大学 10 项，北京师范大学和浙江大学各 9 项，华东师范大学、中山大学、厦门大学各 8 项，北京大学、清华大学、南开大学、暨南大学、中国政法大学、中南财经政法大学、南京师范大学各 6 项。责任单位科研实力总体较强。

从中标课题首席专家看，李毅、韩庆祥、王炳林、杨凤城、杨德山、阎学通、齐延平、吴向东、马一德、张军、唐贤清、查洪德、石云霞、苏为华、鞠实儿等一批知名学者获得立项，体现出重大项目在凝聚学术领军人物方面的影响力。应用对策研究方面的立项课题中，有一批70后学者获得立项，反映了重大项目对优秀青年学者的吸引力。

（二）评审工作的几个特点

1．拓宽选题来源渠道，服务党和国家工作大局。2021年公布的335个招标选题研究方向中，有315个选题从全国社科工作办上半年公开征集的2319个推荐选题中经专家评审后确立；另有“伟大建党精神及其同中国共产党精神谱系关系研究”“中国共产党百年历程主题研究”“马克思主义中国化‘两个结合’及其关系研究”“中国式现代化新道路与人类文明新形态研究”“全人类共同价值研究”等5个研究阐释习近平总书记“七一”重要讲话精神的重大选题，“习近平总书记关于‘四个自信’重要论述研究”“习近平总书记关于发展全过程人民民主重要论述研究”“马克思主义人民民主思想研究”“坚持和完善人民当家作主制度体系研究”“中国特色社会主义道路、理论、制度、文化的科学内涵和内在关系研究”“党的建设理论体系研究”等6个落实中央领导同志重要批示精神选题，以及9个有关部委来函和全国两会提案建议推荐选题。这些选题大都由相关领域知名学者中标，有助于为党和国家大局提供决策参考，同时也为深入研究中国特色社会主义民主、讲好全过程人民民主故事提供重要的学理支撑。

2．科学遴选评审专家，确保评审精准高效。在继续坚持往年好的经验和做法基础上，2021年我们在评审专家遴选方面做了一些改进和探索。一是进一步提升评审专家专业对口评审的精准度。针对本次重大项目交叉学科选题较多的实际情况，我们根据评审专家的学术背景、研究方向，遴选多学科专家评审跨学科选题，确保评审专家与投标课题对口一致。二是进一步提升评审专家层次。除学科组专家和重大项目首席专家，我们还遴选了一批专家型省部级领导参与评审。所选专家均高度认真负责，及时反馈评审结果，体现了强烈的学术责任感和使命感。

3．综合评价评审结果，力求确立课题公信权威。综合分析每个投标课题的赞成票数、评价等级、平均分数特别是专家评审意见等多项指标，对存在政治方向和学风问题的课题申请人一票否决，在此基础上形成建议立项课题名单。从投票结果看，有70个课题以7票全票通过，108个课题6票通过，119个课题5票通过，其他课题4票通过。立项课题质量总体较高。

4．严格评审工作纪律，做到评审结果客观公正。严格执行保密规定，对项目申报名单、评审专家名单、评审结果和工作进度等信息严格保密。严格执行回避制度，实行评审专家签署承诺书制度，督促专家自觉维护评审工作的严肃性、公正性，确保所推荐立项课题客观公允。

三、中期管理

进一步加强对国家社科基金重大项目的跟踪管理，提高项目完成质量和基金使用效益。根据全国哲学社会科学工作领导小组审定的年度重点工作安排和《2021年度国家社科基金经费预算》，2021年7月，全国社科工作办组织专家重点对2019年立项的重大项目进行了中期检查评估，对通过评估的项目予以滚动资助。

（一）评估范围

此次主要是对2019度立项的国家社科基金重大项目进行中期检查评估，也有少量早年立项的重大项目，共373项。部分选题研究规模大、周期长、经费存在较大缺口的项目，根据当初立项协议，可申请滚动资助，经专家评审合格后予以滚动资助。本次申请滚动资助的项目共159项。

（二）评估方式

2021 年度中期检查评估延续了 2020 年度的改进措施：一是全流程通过国家社科基金创新服务管理平台进行中期检查评估，实现无纸化管理，大大减少人力及时间成本；二是将参检项目集中送专家评审，不再区分中期检查和中期评估；三是根据专家评审结果对参检项目评定为“合格”与“不合格”，并作为综合评价重大项目进展情况和鉴定结项的重要依据。从 2020 年的情况看，上述措施对加强项目的中后期管理取得了较好的效果。

为增强检查评估工作的客观性和科学性，2021 年继续采取通讯差额评估。373 个项目按学科分成 29 组，每组请 5 位知名学者担任评审专家。按照专业对口和单位回避的原则，共遴选 145 位学者担任评审专家，重点评估项目的总体进展、阶段性成果、经费使用情况和下一步研究计划等内容。评审专家高度重视、认真负责、实事求是、客观公正，不仅从专业角度提出了评价意见，还就进一步做好项目研究工作提出了改进建议。

（三）评估结果

根据专家投票结果，373 个项目总体进展良好，评估结果均为“合格”，通过率为 100%。本着从紧从严的原则，经认真审核和专家评审，159 个申请滚动资助的项目中有 44 个获得滚动资助。参与本批次中期检查的重大项目研究工作主要有以下特点。

1．研究进展顺利，总体评价较高。参与检查评估的项目总体上能按照投标书中的研究计划启动并扎实推进研究工作。373 个项目全部通过专家评审。在获得滚动资助的 44 个项目中，有 8 个获专家全票通过，16 个获 4 票通过。

2．阶段性成果丰硕，不乏精品力作。据不完全统计，共出版著作 319 部（其中专著 261 部，译著 48 部、资料集 10 部），在核心期刊发表论文近 3900 篇，成果获得省部级以上奖励 30 余项。部分代表国家水准的集成式成果和大型丛书陆续问世，凸显了重大项目的示范引领作用。比如，故宫博物院单霁翔承担的“故宫博物院藏殷墟甲骨文整理与研究”，正在推进项目标志性成果《故宫博物院藏殷墟甲骨文》（60卷本）的整理出版工作，已出版的《马衡卷》3册、《谢伯殳卷》3册，平均每卷册著录甲骨300多片，包含原物、拓片、摹文图版2200多幅，不少甲骨均属首次刊布。又如，上海大学饶龙隼承担的“中国古代文学制度研究”，分4辑出版国内首部有深度、集成式地展示中国古代文学制度研究成果的《中国古代文学制度研究丛书》（共50本），首辑推出程千帆《唐代进士行卷与文学》（导读本）、李德辉《唐宋馆驿与文学》（修订本）、饶龙隼《唐前用象形制研究》、叶晔《明代中央文官制度与文学》（修订本）、刘薇《明清演剧制度研究》5种。

3．注重调查研究，社会反响良好。各课题组结合研究工作需要深入开展实地调研和文献调查，积累了大量第一手资料和数据。比如，湖北大学黄柏权承担的“‘万里茶道’茶业资料收集整理与研究”，深入万里茶道沿线和茶区调研，收集档案文献资料100多万字，撰写了《内蒙古万里茶道调查报告》《万里茶道2020年特别调查报告》《中国茶产业的发展瓶颈及对策建议》《关于长盛川青砖茶制作技艺省级代表性传承人之异议信访的咨询报告》等10多篇调研报告，为万里茶道申遗和茶产业发展提供理论支撑。又如，华南师范大学蒋建农承担的“毛泽东口述史料的收集、校勘、整理与研究”，在中央党史和文献研究院、中央档案馆等数十家图书档案文献收藏机构收集毛泽东本人或相关回忆录等文献资料共600余本（种），2000余万字，在《史学月刊》《毛泽东思想研究》等核心期刊发表了论文10多篇，其中6篇被《人大复印报刊资料》全文转载。

四、验收结项及成果举要

2021 年，共有 181 个重大项目通过验收结项。这些项目按照立项时的研究计划，高质量完成了预期任务。累计推出著作类成果 275 部，约 58229.8 万字，发表学术论文 5643 篇，其中在《中国社会科学》《经济研究》《管理世界》《哲学研究》《历史研究》等权威刊物发表论文 110 余篇，发布各类研究报告 235 篇，建成专题数据库 12 个，获省部级以上领导批示 150 余次，获省部级奖项 189 项，产生了广泛的学术影响和社会影响，示范引领作用明显。

（一）积极建言献策，服务党和国家决策大局

这批重大项目中产生了众多理论联系实际、具有广泛应用价值的优秀成果。有的紧紧围绕党和国家工作大局，得到中央领导同志的重视。比如中央党校（国家行政学院）赵磊领衔的“‘一带一路’建设与新疆社会发展”课题组、四川大学徐玖平领衔的“大数据背景下城市灾难事件社会舆情治理研究”课题组、北京政法职业学院许传玺领衔的“‘一带一路’倡议下法律供给机制研究”课题组、北京外国语大学韩震领衔的“中华思想文化术语的整理、传播与数据库建设”课题组、复旦大学童兵领衔的“坚持马克思主义新闻观与完善舆论引导格局研究”课题组均有多项成果获中央领导同志批示。大连海事大学初北平领衔的“中国海权发展模式及海洋法制完善研究”课题组，两份研究报告被有关部门采纳，对维护我国国家安全和人民健康、维护海洋生态环境及深度参与全球海洋治理和规则建设等方面具有较好的参考价值。

有的直接服务社会与地方经济发展。如华东师范大学桂世勋领衔的“未来十年我国城市老年人口居家养老保障体系研究”课题组，4 项关于完善城市老年人口居家养老保障的建议专报获得上海市委市政府

主要负责同志肯定性批示并被有关部门采纳。武汉大学叶初升领衔的“供给侧结构性改革与发展新动力研究”课题组，围绕中国经济进入新常态背景下供给侧结构性改革的内在逻辑开展研究，探寻新阶段中国经济发展的新动力，2 项政策建议获得省委省政府主要负责同志肯定性批示，多项咨询报告被有关部门采纳。浙江工业大学陈昆亭领衔的“后危机时代全球金融经济周期理论新发展与应用问题研究”课题组，10 余项政策建议获得浙江省及住建部主要负责同志批示并被相关部门采纳。中山大学杨子晖领衔的“基于结构性数据分析的我国系统性金融风险防范体系研究”课题组，运用多种方法对系统性金融风险的测度、传染、驱动因素以及与宏观经济的作用机制展开深入研究，5 项成果获得省部级领导批示，另有 2 项成果获省部级哲学社会科学优秀成果奖一等奖，在《中国社会科学》《经济研究》等权威刊物上发表论文多篇。浙江工商大学苏为华领衔的“基于大数据的跨境电子商务统计监测、评估与监管体系研究”课题组，探讨构建大数据时代跨境电子商务统计监测评估与监管体系，多项政策建议获得省部级领导批示并被有关部门采纳，另有 1 项成果入选 2019 年“国家哲学社会科学成果文库”，1 项成果获得浙江省第二十届哲学社会科学优秀成果一等奖。

（二）潜心基础研究，推动哲学社会科学传承发展

这批重大项目中的基础类项目，取得了众多高质量的集成式研究成果、大型丛书、专著论文，推动基础研究薪火相传、繁荣发展。有的注重调查研究，文献资料宏丰。如湖南大学邓洪波领衔的“中国书院文献整理与研究”课题组，系统总结了我国有关书院研究、书院史志编纂的历史和研究成果，反映了 21 世纪以来书院研究的最新成就，出版约 4350 万字的专著，其中，《中国书院文献丛刊》（第一辑）和《中国书院文献丛刊》（第二辑）分别获得 2018 年全国古籍出版社年度百佳图书奖和 2019 年国家古籍整理专项经费资助。南方科技大学李蓝领衔的“方志中方言资料的整理、辑录及数字化工程”课题组，出版

约1680万字的《中国方志中语言资料集成》，共计42个分册，为汉语方言的演变和分区、民族语历史演化以及语言接触研究提供了系统、可靠的文献资料。北京师范大学郭英德领衔的“中国古代散文研究文献集成”课题组，对中国古代散文的特色、成就及历史意义和文学价值做了系统整理评述，出版约1500万字的资料集和论文集，出版的珍本影印《历代赋学文献辑刊》获得2017年度全国优秀古籍图书奖一等奖。河北大学田玉琪领衔的“词体声律研究与词谱重修”课题组，围绕词体声律与词谱问题展开调查整理和研究，重修历代词谱，出版资料集和专著约1000万字。陕西师范大学王启龙领衔的“近代以来域外中国藏学研究经典整理与研究”课题组，对国外藏学研究著述、经典文献和发展史进行了系统整理研究，出版约1000万字的资料集和专著。浙江省社会科学院钱明领衔的“阳明后学文献整理与研究”课题组，对阳明学相关文献资料进行系统挖掘整理，深入分析其史料价值和思想史意义，出版约800万字的专著和资料集。陕西师范大学杜文玉领衔的“五代十国历史文献的整理与研究”课题组，对五代十国的文章、奏议、碑文等10余种形式的文献共3900余篇，进行较为全面地收集、整理与汇编，出版约560万字的资料集。上海大学徐有威领衔的“小三线建设资料的整理与研究”课题组，收集整理了各地区有关小三线建设的资料，系统梳理和勾勒了小三线建设的历史原貌，研究了小三线建设对当地社会的影响及历史价值，出版约400万字的资料集和论文集。四川大学白彬领衔的“西南唐宋石窟寺遗存的调查与综合研究”课题组，对西南地区290余处石窟展开考古调查和记录，收集大量一手资料，出版约200万字的专著和论文集，在《文物》《考古学报》《敦煌研究》等刊物发表论文30余篇。河北大学刘秋根领衔的“山西民间契约文书收集整理与研究”课题组，对清初至民国300多年间山西商人的契约文书和历史实物进行系统收集整理，揭示了明清时期民间商业运行中的经济契约关系，出版约240万字的资料集和专著。

有的分析阐释深入扎实，成果分量厚重。如敦煌研究院樊锦诗领衔的“敦煌石窟图像专题研究”课题组，对敦煌佛教图像的历史背景进行了系统梳理，对已有研究成果进行了全方位比较整合，推动敦煌佛教图像研究进一步发展。浙江大学庞学铨领衔的“当代德国哲学译介与研究”课题组，系统译介和研究当代德国哲学的新发展新理论，出版约550万字的译著（20卷）和论文集，一定程度上填补了国内德国哲学研究的空白领域。江苏师范大学李昌集领衔的“中国诗词曲源流史”课题组，以古代诗词曲流变为研究主体，对中国诗歌的源流史、古典诗歌体裁的核心要素作了较为系统的梳理考察，出版约400万字的专著，另有成果获省部级社科成果二等奖2项、三等奖2项。西北民族大学嘎藏陀美领衔的“藏传佛教大辞典（藏汉双解）”课题组，收录藏传佛教各种藏汉词目近4万条，共计460余万字。陕西师范大学王晖领衔的“关中地区出土西周金文整理与研究”课题组，对关中地区出土的西周铜器金文进行了系统整理，深入研究关中地区出土的青铜器铭文与西周王畿社会结构及政治体制的关系，出版约300万字的专著。安徽大学丁放领衔的“唐诗学研究”课题组，在吸纳学界既有研究成果基础上，围绕唐诗文献学、艺术学、文化学、语言学等，构建了较为系统的唐诗学理论，出版约270万字的专著，4项成果获得省部级哲学社会科学成果奖励，其中一等奖2项，二等奖2项。中国人民大学王子今领衔的“秦统一及其历史意义再研究”课题组，从多方面对秦统一的社会原因、时代背景、文化基础和历史影响进行了新的理论阐述，出版约230万字的专著，在《考古》《光明日报》《中国史研究》等刊物上发表论文100余篇。上海交通大学刘统领衔的“抗战胜利后国民政府对日本战犯审判研究（1946—1948）”课题组，在系统收集史料的基础上，对抗战胜利后国民政府对日本战犯审判全过程做了系统记述和全面分析，填补了抗战胜利后国民政府对日本战犯审判研究的空白。湖南师范大学蒋冀骋领衔的“中国古代语文辞书注音释义综合研究”课题组，对中国古代语文辞书的注音、释义进行综合考察、分析比较，揭示了语言发展的有关规律，出版约280万字的专著（10卷本）。

（三）着力数据库建设，助力学术资源共建共享

许多课题组结合研究工作需要，将通过实地调研和文献调查积累的一手资料建成数据库资源，为相关领域持续深入研究打下厚实基础。如中国社会科学院呼和领衔的“中国少数民族语言语音声学参数统一平台建设研究”课题组，在大量语言调查研究的基础上，研制涉及十几种语言（方言），达5000万字的数据库并开发管理应用平台，为我国少数民族语言语音资源的开发利用奠定基础。北京联合大学钟经华领衔的“汉语盲文语料库建设研究”课题组，牵头起草了《国家通用盲文方案》，由中宣部、教育部、国家语委等5部门联合发布，建成7000万字的盲文语料库，对推动我国盲文规范化、标准化和信息化及保障我国视障人士权利具有重要社会价值和应用价值。中国人民大学夏明方领衔的“清代灾荒纪年暨信息集成数据库建设”课题组，在对清代赈灾史料进行系统收集整理基础上，建成3300万字的数据库，并开发一套融资料采集、查询检索、统计分析等一体的灾害信息集成系统，为学界研究清代自然灾害、环境变化以及灾害与社会的关系提供公共信息平台。浙江大学陈红民领衔的“蒋介石资料数据建设”课题组，收集海内外珍稀蒋介石史料，建成涵盖图书、文章、档案、图片、视听资料等方面，涉及资源18276种，总计511027页的数据库，目前该库已在“大学数字图书馆国际合作计划”（CADAL）平台试运行，对海内外公开。云南大学孔建勋领衔的“缅甸国内形势与对外关系综合调查数据库建设”课题组，建成“缅甸国内形势与对外关系综合数据库”，并形成了“缅甸国内形势与对外关系综合调查报告”，为我国持续稳定发展对缅双边关系和中缅命运共同体建设提供数据支持。另有20余项政策建议获中央和云南省有关领导批示，有力配合了领导出访工作。

第三篇 专项工程

一、研究阐释党的十九届五中全会精神重大项目

根据全国哲学社会科学工作领导小组的工作安排，国家社科基金围绕党的十九届五中全会提出的一系列重要思想、重要观点、重大判断、重大举措于2020年11月列出105个重大研究选题，面向中央和国家机关有关部委，教育部直属高校，省级以上党校、社科院、高校和重点研究基地，军队系统重点院校和社科研究机构等公开招标。招标公告一经发布就在社科界引起了广泛关注和高度重视，各课题组对十九届五中全会精神进行了全面系统学习研究，深入领会把握会议精神，掀起了社科界深入学习十九届五中全会精神的热潮，有力地推动了社科界特别是高级知识分子把思想和行动统一到全会精神上来，把智慧凝聚到以习近平同志为核心的党中央重大决策部署上来，为落实《中华人民共和国国民经济和社会发展第十四个五年规划和2035年远景目标纲要》提供有力的学术支撑。

招标期间共受理有效申请1700余份，涉及课题组成员3万余人，

多个招标方向投标超过 20 项，单个方向最多投标量达到 53 项。根据专家评审、社会公示等程序，共有 130 项课题中标。从立项分布看，共有 76 家单位获得立项，中国人民大学等 12 家单位立项数量超过 3 项。责任单位科研实力总体较强，一批知名学者获得立项，体现出项目凝聚学术领军人物的影响力。从评审结果看，中标课题紧紧围绕全会提出的新思想新观点新论断，注重从制度机制政策和体制机制层面进行理论探索和科学设计，突出了开启全面建设社会主义现代化国家新征程研究，突出了决胜全面建成小康社会取得决定性成就和宝贵经验研究阐释，突出了“十四五”时期经济社会发展指导思想、必须遵循的原则和主要目标研究，突出了对坚持创新驱动发展、全面塑造发展新优势，弘扬科学精神和工匠精神，促进平台经济、共享经济健康发展，深化国资国企改革，优化市场化法治化国际化营商环境等重大部署的研究阐释，有利于推动实践基础上的理论创新，推出有理论说服力、有实践指导意义、有决策参考价值的重大成果。

二、冷门绝学研究专项

国家社科基金冷门绝学研究专项于 2018 年首次设立。2020 年，在总结前两年工作经验和广泛征求意见的基础上，冷门绝学研究专项创新组织管理方式，以聚焦国家需求、突出学科建设、扶持学术团队、视情滚动资助为基本思路，首次从资助单个学者、单个项目逐步转向对学术团队、学科领域的长期资助。重点支持对国家发展、文明传承、文化安全具有重要意义或填补空白，但目前投入不足、人才匮乏、研究断档、亟须抢救的冷门绝学学科领域，并对边疆史、边海防史等具有学术储备意义的学科领域予以倾斜。2021 年度国家社科基金冷门绝学研究专项共确立学术团队项目 23 项、学者个人项目 48 项。

（一）申报和评审情况

2021 年 5 月，全国社科工作办发布《2021 年度国家社科基金冷门绝学研究专项申报公告》。申报截止后，共受理有效申报材料 540 份，其中学术团队项目 149 份、学者个人项目 391 份。各省（区、市）和教育部在京高校、中国社会科学院、中央党校（国家行政学院）和中央国家机关均有申报。从申报的情况看，在 540 位申请人中，年龄最大者 80 岁，最小者 32 岁；申报者职称普遍较高，正高职称 333 人，占比 61.7%；副高职称 205 人，占比 38.1%。

从评审方式和评审结果看，本次研究专项采用网络通讯评审的方式，从申报材料提交到专家审读材料、提交评审结果全程均通过国家社科基金科研创新服务管理平台在线进行。每份申请书请 5 名同行专家评审，获得赞成票 3 票以上且专家评价较高者立项。共划分 27 个评审小组，聘请 135 位相关学科领域知名专家（主要是学科评审组专家或重大项目首席专家）担任评委。根据专家综合评审结果，立项课题总数为 71 项，其中学术团队项目 23 项、学者个人项目 48 项。立项较多的学科领域有：古代史 13 项，民族学 9 项，边疆边海防史 8 项，方言及民族语言 7 项，古文字学 6 项，世界历史 5 项，藏学、敦煌学、传统医学各 4 项。

从立项课题研究内容来看，本次研究专项涉及一级学科主要有哲学、中国历史、世界历史、考古学、中国文学、外国文学、语言学、宗教学、民族学、图书馆 · 情报与文献学等，包括但不限于敦煌学、藏学、蒙古学、少数民族史、少数民族语言文字研究、特色地域文化研究、非物质文化遗产研究、传统医学研究、历史地理学、边疆边海防史、简牍学、音韵学、考据学、古文字学、古天文学、古籍及特色文献整理与研究等研究方向。

从立项地区和单位分布来看，立项较多的省份或系统有：在京高校 13 项，中国社会科学院 6 项，中央国家机关 5 项，安徽 4 项，浙江、河北、新疆各3项；立项较多的重点科研单位有：北京师范大学和中国社会科学院民族学与人类学研究所各3项，北京大学、中国人民大学、中国科学院大学、故宫博物院、东北师范大学、河北大学各2项。总的来看，责任单位科研实力总体较强。

（二）评审工作的几个特点

1. 严格申报评审程序，组织限额申报和通讯评审。本次研究专项采用限额申报和通讯评审的方式，要求各省级社科管理部门申报学术团队项目不超过5项、学者个人项目不超过10项（在京高校、中国社会科学院及中央国家机关不限指标）。同时，为避免重复资助，还要求主持在研国家社科基金重大项目、重大研究专项项目、马克思主义理论研究和建设工程重大项目、教育部哲学社会科学重大课题攻关项目和其他国家级重大科研项目的学者不能申报。各省级社科管理部门按照申报要求加大审核力度，其中上海、广东、浙江、江苏、湖北等社科大省（市）的省（市）内淘汰率均高达80%以上。从评审情况来看，评审专家均高度认真负责，坚持优中选优、宁缺毋滥，确保了立项团队和课题的质量水准。

2. 着眼国家长远需求和文明传承，立项资助一批课题。主要包括：东北边疆古史谱系研究及数字人文平台建设、13—18世纪乌尔都语发展与南亚文化共变性研究、19世纪法国航行记录中我国南海维权证据整理与研究等具有学术储备意义的课题；两周金文所见周边族群与诸夏交流融合资料综合研究、历代大型字书疑难字考释与字典编纂、中国北方少数民族濒危语言调查实验研究等具有文化传承价值的课题；东亚汉语音韵学史文献发掘与研究、近代中国“哲学新语汇”的形成及其哲学新知识体系的建立、纳西东巴文字源考证研究等有利于学科长远发展的课题。

3. 支持老中青优秀学者，确保冷门学科研究后继有人。此次课题申报吸引了一批学术积累扎实、学术信誉良好、潜心治学“甘坐冷板凳”

的学者担任课题负责人，晁福林、王中江、孙继民、龚胜生、马重奇、杨宝忠、郑炳林、李无未等知名学者申报并获得立项。从立项的情况看，学术团队项目首席专家年龄最大者78岁，最小者48岁，平均年龄61岁；学者个人项目年龄最大者71岁，最小者32岁，平均年龄48岁。中青年学者在立项课题中占比超过50%，体现了冷门绝学研究领域的代有传承。

三、抗日战争研究专项工程

国家社科基金抗日战争研究专项工程设立于2015年，是为深入贯彻落实习近平总书记重要讲话和重要指示精神设立的首个重大研究专项。2021年12月9日，专项工程2021年度评估工作会议在北京召开，对在研项目实施情况和新申报项目可行性进行评估讨论。根据专家委员会评估建议并报全国哲学社会科学工作领导小组批准，将“山东抗日根据地核心区历史文献资料整理与研究”“台湾民众抗日资料整理与数据库建设”“河北省中共抗日战争根据地史料收集、整理与研究”“跨学科视域下细菌战罪行研究”等4项课题纳入研究专项，共资助研究经费320万元；对“抗战文献数据平台建设”等9项课题进行滚动资助，共资助经费1120万元。

总的来看，专项工程实施6年来，紧紧围绕着“铭记历史、缅怀先烈、珍爱和平、开创未来”的主题，组织全国抗战研究力量，深入开展联合学术攻关，出版研究著作130种、文献档案资料集53种、研究论文542篇、内部报告30篇、翻译著作14种、媒体宣传类著作14种、数据库47子类，举办各类学术会议、学术活动308场，其中国际学术活动94场，产生了较好的学术和社会影响。

2021年，抗战研究专项主要取得以下几个方面新的成效。一是积极服务建党100周年和党史学习教育。各课题组围绕百年党史相关研究领域，在《抗日战争研究》《中共党史研究》《历史研究》《近代史研究》等学术刊物上发表一批高质量研究成果。“抗战文献数据平台”与“海外有关中国抗战珍稀史料文献收集与整理”两个课题组共同策划的“民族复兴的百年旗帜——中国历史研究院征集海外中共珍稀文献展”，受到社会各界广泛关注，央视《新闻联播》节目作了特别报道。平台建设的“中国共产党领袖著作专题数据库”，为深入开展党史学习教育提供了丰富的学术资源。二是国际学术话语权显著增强。“抗战文献数据平台”著录上传 1500 万页各类文献资料，其中新增图书 4 万余册、报纸 30 余种、期刊 700 余种。目前，该平台上线各类文献总量达 3533 万页，超过日本“亚洲历史资料中心”，成为亚洲和环太平洋地区资料规模最大、文献种类最全、开放程度最高、受众范围最广的公益性抗战史料平台，切实增强我国在抗战研究史料方面的国际话语权。三是向国内外讲好中国抗战故事。围绕“七三一”部队罪恶历史、东京审判、“慰安妇”、钓鱼岛、南海等重点研究领域，专项工程有关课题组积极建言献策，受到党和国家相关部门充分肯定。“日本战犯审判文献征集、整理与数据库建设”课题组，全程提供学术指导和史料咨询的纪录片《亚太战争审判》，2021 年先后获得第四十二届美国泰利奖电视系列片历史类金奖和第二十六届亚洲纪录片金奖，填补了该领域影视空白，产生了广泛的国际影响。“‘慰安妇’问题两岸合作研究”课题组，积极参加“慰安妇的声音”申请联合国教科文组织世界记忆遗产名录工作，与日本政府进行正面交锋，坚决抵制国际上有关“慰安妇”错误言论，得到韩国、菲律宾社会各界广泛好评。

四、加快构建中国特色哲学社会科学学科体系、学术体系、话语体系研究专项

国家社科基金“加快构建中国特色哲学社会科学学科体系、学术体系、话语体系研究专项”设立于 2018 年，先后分两批共 21 个课题

组，重点支持若干一级学科开展基本理论问题研究。2021年，全国社科工作办继续组织实施该研究专项，推动各课题组深入开展研究。一年来，各课题组坚持以习近平新时代中国特色社会主义思想为指导，结合中国共产党百年奋斗历程，坚持问题导向、坚持聚焦实践，深入开展学术研究，精心组织学术研讨，各项研究均取得了较大进展，多个课题组进入完成总报告阶段。据不完全统计，截至2021年年底，该研究专项21个课题组累计发表论文500余篇，其中2021年约200篇；推出专著译著48种，其中2021年25种；决策咨询报告45篇，其中2021年16篇。

"当代马克思主义理论基本问题研究"课题组紧紧围绕中国共产党成立100周年这一主题，深入研究阐释习近平新时代中国特色社会主义思想、构建中国特色哲学社会科学体系、加强思想政治理论课教育等当代马克思主义重大问题，形成了近40万字的专著《当代马克思主义重大问题研究》初稿。在《人民日报》《光明日报》《经济日报》《马克思主义研究》等重要报刊上发表60余篇论文。其中，首席专家靳诺发表的《中国共产党百年思想政治工作基本经验》《开拓马克思主义中国化的新境界》《深刻把握实现中华民族伟大复兴这一主题》等文章政治站位高，紧扣当下重大的理论和实践问题，产生了广泛的社会影响。

"新时代中国特色党史党建学科基本理论问题研究"课题组按照计划扎实有序开展专项研究工作，初步完成了《新时代中国特色党史党建学科基本理论问题研究》上、中、下三编的初稿撰写和统稿工作。同时，课题组紧紧围绕中国共产党成立100周年这一主题，深入开展研究宣传阐释工作，在《人民日报》《光明日报》《学习时报》等重要报刊上发表多篇理论文章，有力支撑了党史学习教育，积极配合了庆祝建党百年系列宣传活动。首席专家李捷撰写的理论文章《习近平总书记党史观对马克思主义史学理论的原创性贡献》和《如何理解中国共产党一百年来奋斗、牺牲、创造的主题就是实现中华民族伟大复兴》

得到中央领导同志重要批示。

“新时代中国特色哲学基本理论问题研究”课题组在《中国社会科学》《人民日报》《光明日报》等重要报刊发表论文30余篇。其中，首席专家韩震的《推动构建中国特色哲学社会科学行稳致远》《知识形态演进的历史逻辑》等代表性成果先后被《人大复印报刊资料》《中国社会科学文摘》《新华文摘》转载，产生了广泛的社会影响。课题组注重把课题研究过程与人才培养过程相结合，紧密围绕“加快构建中国特色哲学学科体系、学术体系、话语体系”建立学术共同体，一批年轻学者在这一过程中得到了锻炼，教学科研能力得到提升，发表出版系列学术论著，积极开展国内外学术交流，在学术界引起了好评。

“新时代中国特色美学基本理论问题研究”课题组对当代中国美学的论争与发展进行了总结和反思，并在世界美学发展总体趋势中对建立中国美学主体性和具有新时代中国特色的美学理论话语进行了思考和探索。首席专家高建平出版的著作《美学核心素养》对美学学科的基本内容，包括美学的学科性质、美学的基本理论、中西美学史、马克思主义美学在中国的发展以及美育等论题都作了专门论述，特别是就审美活动论和美与艺术的范畴提出一些新观点。

“新时代中国特色经济学基本理论问题研究”课题组围绕建党百年主题，召开“庆祝建党百年学术活动中国共产党百年经济思想暨中国经济学创新发展”研讨会，首席专家洪银兴作了大会主旨发言。课题组成员深入开展相关研究，在《中国工业经济》《经济研究》《管理世界》等重要期刊上发表论文60余篇。其中，洪银兴发表的《中国共产党领导建设新中国的经济发展思想演进》一文，从站起来、富起来、强起来三个时代六个维度，研究新中国成立以来党的经济发展思想随时代进步而演进的艰难历程，被广泛下载和引用。

“新时代中国特色统计学基本问题研究”课题组围绕新时代中国特色统计学基本问题开展系列研究，首席专家邱东在《光明日报》发表了《新时代中国特色统计学问题研究与国际统计标准的中国参与》一文，澄清了“社会经济统计已有现成国际标准，不用关注统计学的中国特色问题”这一错误观点，阐明了研究中国特色统计学问题的必要性和重要性。相关重要学术创新和基本观点得到社会科学领域研究人员的广泛认同，部分成果已报送国家统计局，对推动高校社会科学领域统计学学科建设，推动国际统计标准中国化的发展产生了重要影响。

“新时代中国特色法学基本理论问题研究”课题组在首席专家张文显的带领下，项目进展顺利，取得了新的高水平研究成果和智库成果。特别是2020年11月中央全面依法治国工作会议正式明确提出“习近平法治思想”后，课题组成员先后在《中国社会科学》《中国法学》《法学研究》《人民日报》《光明日报》等权威报刊发表了一系列习近平法治思想研究专题论文，形成了具有广泛影响、赢得各界好评、释放引领力量的学术研究范式。首席专家张文显牵头高质量高效率地完成了中央马工程重点教材《习近平法治思想概论》的编写工作，课题组全体成员参与其中，推动了习近平法治思想进课堂进教材进头脑，促进了新时代法学基本理论研究成果在教学领域的转化。课题组有4份关于习近平法治思想的研究报告得到多位中央领导同志的肯定性批示。同时，首席专家和多位课题组成员应邀以习近平法治思想为主题为各级党政机关授课宣讲，助推社会各界掀起学习贯彻习近平法治思想的热潮。

“新时代中国特色社会学基本理论问题研究”课题组重点围绕新时代中国特色现代化道路、新时代中国的社会变迁与社会分层、新时代中国基层社会治理、新时代中国特色社会学的实证风格与社会政策、新时代中国特色社会治理实验等5个方面开展研究，突出了学术原创性，发表论文10余篇，出版专著4部。其中，首席专家李强在《人民日报》发表的《推进中国特色社会学学科建设》，阐述了在新时代社会学研究应加强的内容；其专著《当代中国社会分层》于2021年获得第八届中国软科学奖。

“新时代中国特色历史学基本理论问题研究”课题组首席专家瞿林东撰写的《学科体系学术体系话语体系建设的使命任务》和《当代学人的历史使命》分别发表在《人民日报》和《光明日报》，文章从历史学专业的视角出发，结合哲学社会科学工作全局，阐述了对“三大体系”建设的思考，被多家主流媒体转载，产生了良好的社会效应。

“中国考古学的历史、理论与方法研究”课题组深入贯彻落实习近平总书记“5·17”重要讲话精神、“9·28”重要讲话精神和纪念仰韶文化发现和中国考古学诞生100周年的贺信精神，按照建设“中国特色、中国风格、中国气派的考古学”的要求，进一步优化和完善考古学学科结构，提高考古学学术成果质量，增强中国考古学在世界范围的影响力和话语权。课题组首席专家陈星灿和成员撰写了《以古史重建为己任——中国考古学的百年使命》《中国考古学百年成就》《中国特色考古学的主要内容》《中国考古学的历史传统和时代使命》《中国特色考古学解读：百年中国考古学之思考》等一系列学术理论文章，发表在《人民日报》《光明日报》《考古学报》《考古》等权威报刊上，在学界产生了重要反响；组织出版《中国考古学百年史（1921—2021）》，全书共4卷12册，逾970万字，被学界誉为中国考古学学科体系建设总结的里程碑性著作。课题组成员还积极参与中国考古学百年纪念系列活动，参与三星堆遗址的发掘与公众考古活动、汉唐时期考古与我国边疆地区的考古工作，助推“泉州：宋元中国的世界海洋商贸中心”成功列入《世界遗产名录》，在史前考古、夏商周考古、科技考古、文化遗产保护、边疆民族考古等学科领域加强理论探索与方法论建设，取得了一系列重要进展。

“新时代中国特色文艺理论基本问题研究”课题组本着“切实推进课题研究，高质量及时完成研究任务，繁荣发展社会主义文艺，对当前形势下文学理论的重大理论与现实问题作出回应”的原则，认真做好各项工作，召开多次会议交流工作进展，并就课题研究中遇到的问题进行充分交流。课题组深入开展研究，发表论文近20篇。其中，首席专家张江在《中国社会科学》发表的《再论强制阐释》，是2014年发表的《“强制阐释”论》的续篇，文章发表后受到广泛关注，并被《中国社会科学文摘》转载。

“新时代中国特色语言学基本理论问题研究”课题组紧紧围绕项目的目标定位和总体要求，在学科建设、服务决策等方面扎实推进语言学“三大体系”建设。首席专家黄德宽主持编写的《语言学新视野》一书，全面总结了“十三五”期间语言学研究工作，并对“十四五”时期语言学的学术前沿和发展趋势进行了科学研判，对语言学的研究具有总结以往、指导未来的作用，受到学界关注和广泛好评。课题组在开展相关研究的同时，注重推动语言学研究面向社会，以多样化、普及性、现代化的话语表达方式传播学术思想和学术成果。如邢向东在《光明日报》发表《饺子里的语言学》，以小见大，是语言学研究走向群众生活、讲好中国故事的良好示范。李宇明在《光明日报》发表《开拓语言规划新职能——中国语言生活研究20年》，总结语言生活研究历史，提出中国的语言生活研究应向“文化职能”“经济职能”“安全职能”“数字职能”等方向开拓，产生了良好的社会效应。

“新时代中国特色图情学基本理论问题研究”课题组结合新的时代背景，从国际环境和国内环境多个视角，围绕图书情报学的学科环境，包括图书情报学科发展的社会环境、新技术环境、事业环境、教育环境等，进行研究分析，2021年在《中国图书馆学报》《情报学报》等权威刊物上刊发了25篇论文。

“新时代中国特色体育学基本理论问题研究”课题组扎实推进研究工作，采用“线上＋线下”形式共召开6次课题研讨会和2次课题进度检查督促会。课题组围绕重点研究内容，在《人民日报》《光明日报》及国内核心期刊发表22篇学术论文，参加学术交流活动30余次，研究成果丰硕，社会反响较好。课题组首席专家杨桦的《新时代我国体育哲学社会科学研究现状与发展趋势——基于国家“十四五”体育学发展规划调研分析》《体教融合：中国特色竞技体育后备人才培养模式转化与创新》学术论文，均被《人大复印报刊资料》全文转载。

“新时代中国特色管理学基本理论问题研究”课题组在《人民日报》《经济日报》《管理世界》等报刊发表论文90余篇，其中《建党百年的公共管理：演进历程、学科建设与发展前沿》《国家治理现代化：中国共产党的理念与实践》《共同富裕的新境界》等多篇文章被人民网、光明网等主流媒体转载，产生了广泛影响。专著《面向制造强国的中国产业政策》入选国家哲学社会科学成果文库。

此外，政治学、民族学、国际关系学、宗教学、人口学、新闻学与传播学等学科课题组，稳步推进课题研究的各项工作，在本学科领域内重要期刊发表多篇论文，组织学科调研和座谈交流，有力推动了学科建设。

五、高校思想政治理论课研究专项

为深入贯彻落实习近平总书记在学校思想政治理论课教师座谈会上的重要讲话精神，落实中央有关领导同志指示要求，解决好培养什么人、怎样培养人、为谁培养人这个根本问题，经全国哲学社会科学工作领导小组批准，国家社科基金自2019年开始设立“高校思想政治理论课”研究专项。2021年共立150项课题，资助3180万元，目前各课题组研究工作正在扎实推进。

2021年2月，围绕当前思想政治理论课教学和研究亟待解决的热点、难点和重点问题，认真征求教育部社科司、全军社科规划办、中央党校（国家行政学院）科研部以及部分重点高校知名专家学者的意见和建议，制定了66个选题，同时鼓励自选题目申报。为贯彻落实中央领导同志指示批示精神，结合中国共产党成立100周年，在选题方面增加了中国共产党思想政治理论课百年建设经验研究、疫情防控“大思政课”建设研究、新时代脱贫攻坚精神融入思想政治理论课教学研究等内容。

2021年4月，全国社科工作办面向全国普通高校思政课教师及相关研究人员、省级以上党校（行政学院）思政教学科研人员和军队院校政治教员公开招标。经统计，共收到5000多份课题申报书。总体来看，各单位高度重视，广泛动员，组织落实，广大教师认真对待、积极参与、踊跃申报，专项影响力进一步扩大。9月，经同行专家评选、社会公示并报全国哲学社会科学工作领导小组批准，确定资助研究专项150项。所立项目中，习近平总书记关于思想政治理论课建设重要论述、习近平法治思想、伟大建党精神、“大思政课”、党史军史教育、脱贫攻坚精神、抗疫精神、港澳台青少年等选题均有涉及。

一年来，我们加强日常管理特别是成果管理，约请中国人民大学王易教授、重庆大学蒲清平教授、深圳大学陶立业研究员等撰写《疫情防控彰显中国文化优势》《从疫情治理透视“中国之治”的成功密码》《中国式社会动员在抗疫中的独特作用》等理论文章，在《人民日报》《光明日报》公开发表。文章发表后，专家学者们热议讨论，引起强烈反响，受到广泛好评。

第四篇　西部项目

国家社科基金西部项目设立于2004年，主要资助我国西部地区社科研究工作者，重点围绕西部地区改革发展的重大理论和现实问题，围绕加强民族团结、贯彻党的宗教政策、维护国家统一问题，围绕民族优秀文化遗产抢救和区域优势学科建设等问题开展相关研究，更好推动西部地区哲学社会科学繁荣发展、更好服务西部地区经济社会发展。西部项目与年度项目一同申报评审，资助强度与年度项目中的一般项目一致。2021年西部项目共立项499项，比2020年增加3项；每项资助经费20万元，共资助9980万元。

一、评审立项

（一）指标确定和立项原则

西部项目各地立项指标相对稳定，每年会做小幅调整，调整的依据主要有以下方面：过去几年各地西部项目立项数量，立项当年各地申报和年度项目立项情况，过去几年各地国家社科基金项目管理工作情况。

2021 年西部项目遴选重点参考以下因素。一是初评分数。2021 年申报课题中初评入围的项目数量稳定，入围数多于立项指标的省份，原则上都从入围课题中遴选；入围数少于立项指标的省份，从入围课题和从未入围课题的分数较高者中遴选。二是选题内容。从西部项目的定位出发，优先考虑有地区特色、民族特色或者具有当地研究优势的课题，选题大而化之且完成难度太大的课题，同等条件下一般不选。从严把关政治敏锐性较强的课题。三是负责人信誉情况。凡在承担国家社科基金项目中有不良信用记录的一律不选；曾获“优秀”或“良好”等级的同等条件下优先立项。四是倾斜政策。根据西部项目设立的初衷，适当向地方社科院、党校和非部属高校倾斜，向青年学者、少数民族学者倾斜。五是综合平衡。综合考虑 2021 年度项目申报和立项情况、前几年西部项目立项情况等，对各责任单位立项指标进行综合平衡，同一单位立项课题考虑学科分布等因素。

（二）立项课题特点

按照上述标准和原则，2021 年共遴选出 499 项立项课题，其中 330 项为初评入围者，占 66%。总的看，2021 年立项课题主要体现以下 3 个特点。

1. 课题负责人具有较强实力，课题的问题意识比较突出。从课题负责人结构分布上看，具有高级专业职务 390 人（高级 172 人、副高级 218 人），占总数的 78%；具有博士学位 424 人，占 85%；担任博士生导师和硕士生导师 289 人，占 58%；曾经承担过国家社科基金项目并获得优良等级的负责人 73 人。从课题研究内容上看，问题意识较强，能够抓住当前社科领域的热点、难点问题，同时紧密结合我国国情和西部地区实际。基础类课题侧重于保护和传承中华优秀传统文化、填补研究空白，应用类课题突出加强民族团结和铸牢中华民族共同体意识、促进地方经济发展、巩固脱贫成果和乡村振兴、维护边疆稳定和加强社会治理、保护生态环境等方面研究。

2. **立项课题的覆盖面和惠及面较广**。从单位分布来看，立项课题涉及包括高校、社科院、党校、军队、党政机关等五大系统在内的 231 家科研单位，基本上覆盖了西部地区具有一定科研能力的研究机构。地方社科院和党校的立项数分别达到 32 项和 35 项，合计占总数的 13%。从项目负责人构成上看，少数民族学者 98 人（涉及 15 个少数民族），占总数的 20%；35 岁以下的青年学者 82 人，占总数的 16%，青年学者立项人数比 2020 年有较大幅度增加。

3. **对基础研究和区域优势学科的扶持力度进一步加大**。499 项立项课题涵盖国家社科基金 23 个学科，其中西部传统优势学科的立项数量较多。比如，民族学 92 项，占总数的 18%；中国文学、马列·科社、中国历史和党史·党建等 4 个学科分别为 50 项、33 项、30 项和 30 项，合计约占总数的 29%，其中党史·党建学科立项数量为近 5 年来最高。同时，加大对具有西部地域特色和科研资源优势的领域、对具有重要文化价值和传承意义的课题的扶持力度，围绕民族地区经济高质量发展、边疆地区社会治理、生态文明建设、文献资料整理、民族交往交流交融、少数民族文化保护等方面的研究，确立了一批立项课题。

（三）近 3 年西部项目的学科分布情况

分析近 3 年西部项目各学科立项数据（见图 4-1），可以看出各学科立项规模相对固定。民族学是西部地区的优势学科，凸显了西部的地域特色，依然是近 3 年立项数最多的学科。此外，中国文学、马列·科社、中国历史、语言学等偏重基础研究的学科立项数也较高，党史·党建和法学近两年立项数增长较快，中国文学 2021 年立项数较前两年有较大增长。

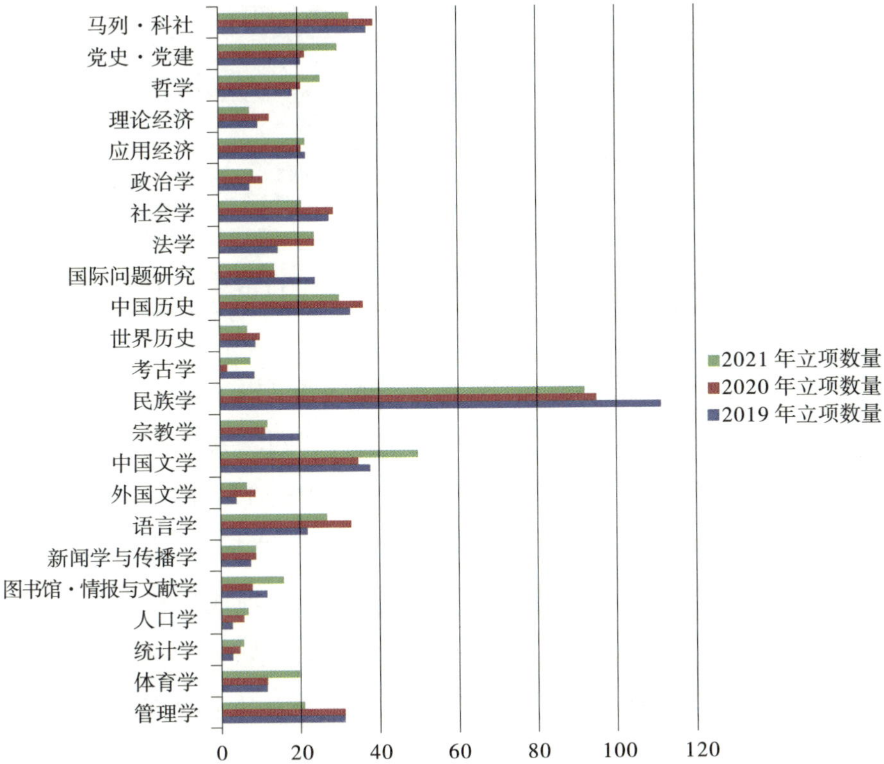

图 4-1 最近 3 年西部项目各学科立项数量对比图

二、成果验收

2021 年，共有 611 项西部项目申请结项，经过同行专家匿名通讯鉴定和全国社科工作办审核，有 484 个项目顺利结项，结项率为 79.21%，与 2020 年的 79.86% 相近；有 127 个项目因质量问题未能结项。结项成果中，等级为“优秀”的有 11 项，占申请结项总数的 1.80%；“良好”的 105 项，占 17.18%；“合格”的 344 项，占 56.30%；“免于鉴定”的 24 项。未结项目中，有 90 个项目暂缓结项，需要修改后再复审或重新鉴定；有 37 个项目因质量低劣或存在学术不规范问题予以终止（见表 4-1）。

表 4-1　2021 年西部项目结项情况统计表

结果 / 数据	申请结项总数	结项					未结项			
		优秀	良好	合格	免于鉴定	合计	暂缓结项		终止	合计
							备案复审	重新鉴定		
数量	611	11	105	344	24	484	71	19	37	127
占比（%）	100	1.80	17.18	56.30	3.93	79.21	11.62	3.11	6.06	20.79

2021 年结项的西部项目共推出 338 部专著书稿、280 篇研究报告、57 本论文集、2 部译著和 2 部工具书。在研期间，共公开发表学术论文 2791 篇，出版专著 50 部，报送各类研究报告 159 份。其中，所发表成果有 50 多篇被《新华文摘》《中国社会科学文摘》《高等学校文科学术文摘》和《人大复印报刊资料》转载，40 余项成果获省部级社科成果奖，部分成果得到领导批示并被有关部门采纳。从统计数据来看，2021 年结项的西部项目研究成果丰厚，较好地服务了西部地区经济社会发展，对于推动西部地区哲学社会科学研究、进一步稳定西部社科研究队伍都起到了积极作用。

重庆师范大学邓卓明主持完成的“新形势下引领社会思潮的合力研究”，从新时代中国共产党主流意识形态引领社会思潮的历史必然和现实需要出发，在澄清基本概念、厚植理论基础、总结基本经验的基础上，探讨了引领社会思潮合力的理论来源和形成机制，分析了中国共产党在打造引领社会思潮合力方面的主要做法以及当前凝聚引领合力面临的机遇和挑战，提出具有创新性思维的实践路径。鉴定专家认为，成果注重理论与实践、历史与现实的结合，对拓展和深化社会思潮引领研究具有重要学术价值，同时对于增强新时代我国社会思潮引领合力、做好新时代我国意识形态工作具有重要理论价值和现实指导意义。

海南大学杨娜主持完成的“新中国成立以来中国共产党的南海战

略研究”，以历史的眼光和时代的高度重点分析了自1949年以来在复杂多变的国际形势下，中国共产党关于南海战略在不同历史时期的形成与演变，南海战略选择的利益基础、结构要素和战略目标，以及中国共产党的南海战略的结构性特征。成果以现有的南海问题相关的研究成果梳理为基础，在历史的经验和教训总结中，归纳出中国共产党的南海战略的历史选择及其运行规律。可以说，该成果首次从中国共产党执政地位的高度，全面系统地研究其国家的南海战略，将十分复杂的南海问题阐述得清晰而明确，具有理论的系统性。鉴定专家认为“成果基于统筹‘两个大局’的战略需要提出的加强南海战略的整体性、全局性和协同性等方面的建议，具有较高的理论价值和实践意义，体现项目研究的政策咨询意义与决策参考价值”。

西北政法大学陈玺主持完成的“宋代诉讼惯例研究”，系统考察了宋代诉讼诸环节中各类惯例性规则生成、嬗变和运行的基本情况、客观规律和实践效果。鉴定专家认为该成果有较好的创新意识，传统研究大多从立法视角切入，而该成果更加突出惯例在诉讼环节中的适用，涉及诉讼的规则体系、诉讼的运行模式以及惯例与制定法冲突等问题，展现出动态的宋代司法流程。成果除依据传世文献资料等传统史籍外，还大量使用了碑刻、墓铭、地志、官箴、方志、笔记、稗史、文集、诗词、诏敕、奏议等法律史料进行参证，借以论证“诉讼惯例”是宋代“祖宗之法”在法律领域的集中反映这一中心问题。通过对各种惯例的研判，说明宋代惯例已经突破了传统的法无明文规定的形式，成为多种法律形式的集合体。

南宁师范大学邓艳葵主持完成的“滇黔桂少数民族聚居区民间道德教化与法治文明耦合研究”，从民间道德教化、法治文明，以及民间道德教化与法治文明的耦合视角进行研究。成果在对滇黔桂少数民族聚居区民间道德教化的现实状况进行分析的基础上，从特质、潜质等方面概括了滇黔桂少数民族聚居区民间道德教化的价值认知，并从经济、政治、文化、生态等方面勾勒出滇黔桂少数民族聚居区民间道德教化与法治文明耦合的样态，这是该成果的理论创新之处。鉴定专家认为该成果研究视角独特、研究样本丰富、研究内容新颖，其理论分析和政策建议，对于推动滇黔桂少数民族聚居区的经济政治发展、道德法治建设等具有很重要的价值。

贵州民族大学周永健主持完成的“贵州民间道坛经书与仪式研究”，综合运用宗教学、民族学、人类学的理论方法，通过长期深入贵州民间村寨，调查访谈小传统的地方性知识，掌握了大量贵州民间道坛与仪式的鲜活资料。课题组注重收集贵州民间道坛经书资料，通过对全真道龙门派丧葬道场仪式、傩坛过关煞坛场结构与仪式、坛神信仰与子孙愿仪式、庆五显坛场结构与仪式、庆坛（跳菩萨）法事坛场结构与仪式、阳戏坛班的打保福仪式和婚礼还梓潼愿仪式、过职仪式、开天门仪式等活动的创新性的考察研究，翔实地描述出历史与现实中贵州民间道坛与仪式的情况，揭示出贵州民间道教特征，以及民间道教与乡村社会秩序建构的关系，民间道教消极性的分析，显示作者熟悉宗教学、民族学理论方法。成果对贵州民间道坛活动正反两方面的影响，都有较为正确的评述总结。

赤峰学院德力格尔主持完成的“蒙古语隐喻研究”，以语言平行互动哲学为理论依托，构建了平行互动语言哲学理论体系，对蒙古语隐喻从语言学、修辞学、认知学、文（象征）学、哲学、民族特色等多个角度作了系统、深入的研究。成果较全面研究展示了蒙古语隐喻的特点，填补了蒙古语隐喻系统研究的空白，将蒙古语隐喻研究推向了一个新的高度，对丰富蒙古语研究的理论与方法具有重要的学术价值与参考价值。鉴定专家认为，成果“在某种程度上对世界语言隐喻理论作出新贡献，对于蒙古语隐喻知识的推广和蒙古语隐喻研究能力的提升，对于缩短与汉语隐喻研究水平的差距，将产生广泛而深远的社会影响和效益”。

四川省社会科学院唐军主持完成的“公众公司双层股权结构的立法构造研究”，从公众公司的基础理论及双层股权结构的基本概念着手，对股权结构的演进及几种特殊股权结构进行了系统的介绍、梳理，并对双层股权结构安排可能引发的问题进行了较为深入的分析阐述。成果聚焦资本市场对科创企业的争夺、我国科创板企业的相关制度安排，并在《中华人民共和国公司法》迎来最新一次修订的背景下，提出了《中华人民共和国公司法》《中华人民共和国证券法》等相关法律在建立我国的双层股权结构制度过程中应关注的问题，即适用主体问题、双层转单层的条件和程序以及证券监管问题等。成果具有较突出的问题意识，对我国双层股权制度建构提出的相关对策建议得到了鉴定专家的认可。

云南农业大学毕东主持完成的项目“边疆少数民族地区农村公共文化产品供给效率研究”，针对经济欠发达、群众受教育程度低、文化建设相对滞后的边疆民族地区基层农村公共文化建设、管理、利用等问题进行调查研究。课题组深入云南省 12 个州市的 50 余个县、市（区），200 余个乡镇，1000 余个村委会（社区），3000 余个自然村进行实地走访和调研，探索建立符合边疆民族地区不同县域的农村公共文化产品供给评估评价指标体系和效率监督考核机制，并设计出一套符合边疆少数民族地区农村文化产品供给的优化模式，保证供给的公平与效率。课题组完成的决策咨询报告得到省政府领导的批示，并被省文化厅和旅游厅采纳，其阶段性成果获云南省哲学社会科学优秀成果奖。

第五篇 后期资助项目暨优秀博士论文出版项目

国家社科基金后期资助项目旨在鼓励广大人文社科工作者潜心治学、扎实研究，着力推出高质量的基础理论研究成果、引导形成优良学风。自2004年设立以来，后期资助项目累计立项5803项，在社科界影响力持续扩大。近年来，后期资助项目和优秀博士论文出版项目立足支持专家学者依据兴趣专长开展研究的定位，不断简化申报方式、优化申报流程、突出资助重点、改进结项工作，项目吸引力持续增强，申报成果质量不断提升，高质量成果比重稳步提高，发现杰出人才、优化队伍结构的作用持续显现。

一、评审立项

2021年国家社科基金后期资助项目和优秀博士论文出版项目继续围绕扩大项目影响、提升申报成果质量等目标开展工作，进一步优化申报要求，强化学术不端预防措施，严格组织评审活动，高质量完成了各项工作。从申报情况来看，专家学者申报积极性持续提升、高水平成果数量显著增多、后期资助项目的影响力逐年提高。

（一）项目申报评审情况

2021 年度后期资助项目和优秀博士论文出版项目共申报 4149 项，申报数量较 2020 年略有增加，其中由全国社科工作办直接受理的 23 个学科申报 3585 项，3 个单列学科受理申报 564 项。全国社科工作办对直接受理的申报成果进行了严格的审查，按照学科、研究方向分组进行评审，报全国哲学社会科学工作领导小组批准后予以立项。单列学科分别独立组织评审，评审结果报全国社科工作办复核并报全国哲学社会科学工作领导小组批准后予以立项。2021 年后期资助项目共立项 1129 项，其中重点项目 80 项，一般项目 969 项，优秀博士论文出版项目 80 项。国家社科基金 26 个学科均有立项，其中教育学资助 26 项，艺术学资助 58 项。从立项单位分布看，有 330 家单位获得资助，28 个省区市、中国社会科学院、中央党校（国家行政学院）、中央国家机关、军队科研单位均有立项。

（二）评审立项的特点

2021 年后期资助项目和优秀博士论文出版项目评审工作严格依据申报公告要求进行资格审查，突出对成果质量的考量，以科学评审为原则，严格规范开展工作，遴选优秀成果，引导扎实学风。

一是严把政治方向关和学术质量关。始终坚持正确的政治方向和学术导向，重点对意识形态属性较强的项目进行了严格把关；严格按照评审要求和程序，坚持质量第一、宁缺毋滥，严把立项关，坚持高标准立项；综合考察创新程度、研究难度、成果价值等因素，确保立项成果的质量。

二是项目成果质量持续提升。近几年来项目申报在吸引学术名家大家、提升成果质量、鼓励优良学风方面的效果越来越明显，名校名家申报积极性明显提升。通过评审结果看，一批研究功底扎实、创新性较强、文化传承价值较高的成果获得立项。

三是持续加大对青年学者的培养扶持力度。优秀博士论文出版项目设立三年来，越来越受到社科界的关注和重视，在年度项目评审会上集中展示了2020年立项集中出版的优秀博士论文专著，得到与会专家的高度评价。2021年优秀博士论文项目受理申报比2020年增长14%。经过严格评审，2021年共遴选出80项立项资助，立项数量较2020年增长12.5%。

四是评审程序严格规范。不断提高评审专家层次，主要遴选重点科研单位知名专家，确保评审质量；优化评审流程，科学设置评审程序，强化各工作环节之间的衔接，确保信息准确；严明评审制度，提高专家随机遴选比例，确保评审的规范性和严肃性；严肃评审纪律，加强评审工作参与人员的纪律要求与保密要求，确保评审相关信息不外泄。

二、项目管理

2021年后期资助项目和优秀博士论文出版管理工作以严格管理、便利学者为宗旨，不断优化管理流程，开发线上结项模块，管理效率、管理水平、管理效果不断提升。

（一）优化项目结项流程，严格成果出版管理

2021年后期资助项目结项和出版数量继续提升，其中全年完成结项582项，出版成果380项，结项数量与出版成果数量保持快速增长。

开发线上结项模块，在社科基金科研创新服务管理平台完成成果提交、专家鉴定、结项审核、书稿分发等工作，便利项目负责人，提高信息准确度。扩大鉴定专家遴选范围，重点对政治方向、成果质量进行审核，进一步提升鉴定工作科学性、客观性。严格审核鉴定意见，根据评价信息作出结项、修改、终止等建议，并反馈相关信息，为出

版阶段进一步完善成果提供参考。优秀博士论文继续采取集中出版模式，要求本年度立项项目次年完成出版结项，既确保研究成果具有时效性，又有利于扩大项目影响力。继续开展项目清理工作，督促项目负责人按时完成研究任务，引导项目负责人按规定时限完成项目研究工作。继续推进出版管理工作规范化，严格按照“统一设计、统一标识、统一版式、形成序列”的原则对出版书目进行审核管理。

（二）多渠道开展成果宣传

不断挖掘优秀结项成果，完善宣传机制，推动成果转化，着力提高项目影响力。一是结合重要节点、重大主题开展宣传活动。围绕党史学习教育、共同富裕等，约请相关项目负责人撰写理论文章，在《人民日报》等主流媒体刊发。二是强化宣传机制建设。要求各出版单位报送成果出版获奖情况，常态化遴选优秀项目，采取多种形式宣传高质量成果。三是鼓励成果出版机构和项目负责单位、负责人积极参与各项评奖、书展、召开专题研讨会等，开展多种形式宣传活动扩大成果影响。四是开展出版成果学术影响力评估。继续委托专业团队，依据图书影响力评估规律，对2020年出版的项目成果进行了学术影响力评价分析，客观全面掌握出版图书质量水平，为加强改进有关工作提供数据支持。

三、后期资助项目成果举要

2021年度新出后期资助项目出版成果380种，得到了社科界的普遍好评。现将部分优秀成果举要如下。

《全球化视野下民族复兴中国梦研究》 作者是山东大学徐艳玲，学习出版社出版。在当代，“全球化”术语已清晰地回响在流行的学术话语之中，全球化理论研究也由于其巨大的理论含量和强大的凝聚力而成为当今学界的“显学”。把全球化与民族复兴中国梦联系起来进行

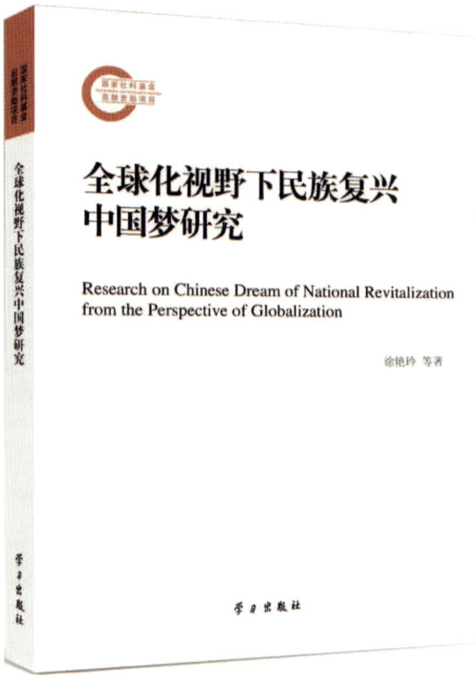

研究是一项富有张力的课题，具有重要的学术价值和现实意义。该成果以全球化视野中的中国梦书写为主轴，以探索全球化视野中民族复兴中国梦的本质内涵、历史演进、表现形态、价值定位、当代境遇和实现路径为主线，深度探求全球化与中国梦的互动规律，探索中国梦凝聚全球化正能量的实现方式，突破以中国为分析单元的视野，把民族复兴中国梦置于全球化这一人类文明发展的进程中重新进行观照，不仅获得了一种新的更为宏阔的视角，更能透视出民族复兴中国梦的深层价值和意蕴。

《犯罪论争议问题研究》 作者是北京师范大学贾济东，法律出版社出版。犯罪论是刑法理论的核心问题。该成果最主要的创新是提出了四阶层犯罪论体系：通过梳理我国犯罪论体系的争议与共识，依照理论层面逻辑性和实践层面实用性相统一的基本原则，根据主观与客观相统一、原则与例外相协调、定性与定量相结合的指导原理，提出并论证了“客观构成要件、排除客观违法的事由、主观构成要件、排除主观责任的事由”的四阶层犯罪论体系。该成果所讨论的犯罪论的若干争议问题，既是长期备受关注的理论问题，也是当前司法实践中难以回避的现实问题。理论的争议很大程度上来源于立法的先天不足和实践的困惑，立法的缺陷和实践的难题又往往源于理论准备得不充分。理论与实践没有形成良性互动，这是当前争论不休的主要原因。

该成果以问题为导向，围绕司法实践提出的现实问题，厘清理论脉络，考察立法科学性，找寻妥当的解决方案，明晰理论思考的进路，总结司法适用的标准和界限，提出立法完善的建议。特别是在参酌域外经验的基础上，努力提出适合中国国情的、具有中国特色的理论观点和制度安排，为司法实践提供有益的参考借鉴。

《理解现代金融监管：理论、框架与政策实践》作者是中国人民大学马勇，中国人民大学出版社出版。深刻理解金融监管的理论基础、实践脉络、政策效应及其与其他经济金融政策之间的关系，并在此基础上重构稳定高效的金融监管体系框架，是近年来广受关注的理论和实践议题。该成果基于一般性的视野，围绕基本问题、基本事实、基本逻辑和基本框架，以“由繁入简”的笔触勾勒出了金融监管的内在规律，为理解金融监管的相关问题提供了更加接近“底层逻

辑”的理论与经验基础。同时，紧密结合国内外金融监管改革的最新发展趋势，建立了理解金融监管演变规律的一般性理论框架，并将其应用于理解中国当前正在进行的各项金融监管改革，从而使得该书的论述既具有国际化的视野和一般性的理论基础，同时也能很好地应用相关的各种实践问题。

《理性主义的政治学：流变、困境与超越》作者是北京大学唐士其，北京大学出版社出版。该书以中国传统思想作为参照，对西方理性主义政治学进行了分析。作者认为，与西方理性主义相比，中国传统思想虽然承认规律的不变性，但并不存在“本质主义”和“逻各斯中心主义”的特点，从而既避免了相对主义的倾向，又为事物的个体性、可变性和可能性保留了足够的空间。通过两种思想的对比，以及概括介绍海德格尔等当代思想家对理性主义的批判与反思，作者提出了一条结合中西方优秀思想资源、突破现有层面的道路。该成果视野宏阔，贯穿中西，对概念的辨析精妙细微，论证逻辑严密，勾勒出理性主义政治学的筋骨、逻辑与困境，体现了对人类前途命运的深刻研究。该书仅用十几万字概括了西方理性主义的发展脉络，并旁征博引地将中国传统哲学与西方理性主义置于对话的平台上，不仅能够为相关专业学者提供参考借鉴，也能让普通读者一窥理性主义的要略，以更加全面的角度看待中国传统文化与思想。

《形神之辨与六朝诗学精神的建构》作者是黑龙江大学陈建农，上海古籍出版社出版。该书以六朝诗学中的概念范畴与诗歌创作为基础，深入探讨六朝诗学所体现出来的与中国传统文化密切相关的形神观念、人生体验与人格理想等方面问题，从而揭示六朝诗学精神的形成与演变。总体而言，汉魏六朝是中国诗歌创作从自觉走向繁荣的一个过渡时期，诗学范畴的建构、诗歌体制的确立、诗歌题材的开拓等方面都是在这个时期开始出现的。该书突破了平面化、描述性的研究方法，从形神之辨入手来探讨六朝诗学精神的相关问题，注重概念范畴的比较与辨析，具有较高的创新性。将诗学问题与中国传统文化中的人生体验、人格理想等方面结合起来，将中国古代哲学、史学和文学等研究领域融会贯通，具有开阔的学术视野，也为中国古代诗学研究提供了有益的借鉴。将诗学精神的研究放在特定的历史文化背景之下，从士族阶层的审美文化心理来挖掘六朝诗学背后所蕴含的精神价值，同时也指出其存在的问题，对于当代社会的文艺发展仍具有参考借鉴价值。

四、优秀博士论文出版项目成果举要

优秀博士论文出版项目自 2019 年设立以来，得到了社科界的广泛关注和高度评价，项目影响力不断扩大，支持青年学者、引导优良学

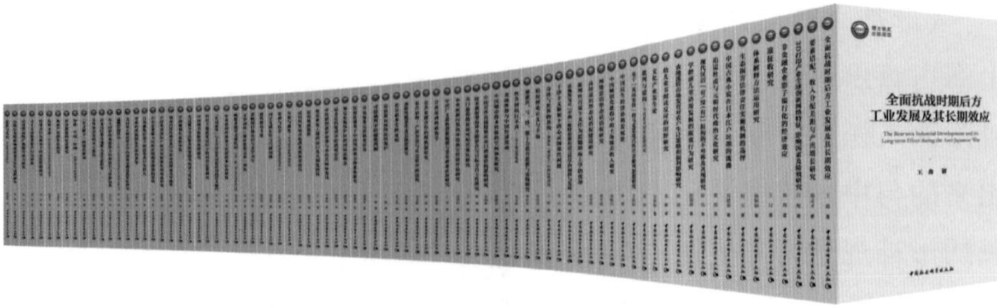

优秀博士论文出版项目成果总书影

风的积极作用逐步显现。成果的集中出版，进一步扩大了项目的社会影响，现将部分优秀成果举要如下。

《要素错配、收入分配差距与产出增长研究》 作者杨志才，厦门大学博士，现就职于郑州大学。我国经济由高速增长阶段转向高质量发展阶段，需要通过优化供给侧的要素资源配置结构来实现经济增长。而现实中我国要素市场的市场化进程滞后于产品市场，资本、劳动力等要素的流动不够顺畅，导致要素配置的扭曲。探究要素错配影响经济增长的作用机制、寻找要素错配加剧的成因、提供对策减轻和消除要素错配的影响就成为亟须解决和完善的工作。同时，区域之间、城乡居民之间、城镇居民内部的收入差距有继续拉大的风险，如何实现要素合理配置和收入分配格局的协同优化成为需要着力解决的关键问题。该成果将要素错配的研究拓展到收入分配领域，从理论上深入研究了要素错配、收入分配差距与经济增长之间的联动效应和传导机制，研

究方法具有创新性，所得出结论具有较高的应用价值。

《追谥杜甫与元明时代政治文化研究》作者翟墨，复旦大学博士，现就职于上海理工大学。《元史·顺帝纪》中有“谥唐杜甫为文贞”的记载，但这一杜甫重要的“身后事”，却在明代诗坛“崇杜”风潮盛行之下，长期不为人关注，直至晚明方重新被发现；且晚明士人论及此事，态度又迥异于元代儒臣，其间缘由值得深思。基于这一问题，该成果以“追谥杜甫”这一发生在元代的文化事件切入，旨在元明时代多民族文化背景下，通过梳理元、明两朝对杜甫谥号的利用、阐释与认同等问题，系统展现这一不同民族轮番执掌中央政权的时代，多民族文化持续的冲突、互动与交融对文学史面貌的形塑作用，从而揭示作为汉文学典范而被历代王朝、各民族人士共同宗奉的杜甫，对于此一时期价值建构、文化认同、民族融合的意义。

《体系解释方法运用研究》作者杨铜铜，华东政法大学博士，现就职于华东政法大学。该成果以“体系解释方法”为研究对象，从体系解释方法概念革新、思维形式、解释依据、运用规则等方面系统阐释体系解释的司法运用，并试图重构体系解释方法的理论框架。为了全面剖析体系解释方法的实践运用，该成果秉持实践转向的视角，立足于我国一元两级多层次的立法体制，扎根于中国特色社会主义法律体系，以体系解释方法研究为切入点，致力于法律规范之间的协调与

融贯。根据体系解释方法的运用维度，概括出基于法律体系逻辑关系的结构解释、基于法律体系融贯性的意义关联解释，以及基于法律体系开放性的法源关系解释等几种类型。同时，该成果坚持以构建适用于我国司法实践的法律方法为基础目标，专注法律方法的精细化研究，通过引介国外制定法解释方法与规则，不断更新法律解释方法，回应法律实践之品格，解决法律解释学哲学化、复杂化、抽象化等倾向，丰富和完善法律解释学理论。

《中国古典小说在日本江户时期的流播》作者周健强，北京大学博士，现就职于北京外国语大学。江户时期中日两国保持着密切的典籍文化交流，现代学术史上对“三言二拍”、《清平山堂话本》《无声戏》《照世杯》等白话小说的研究，往往是重新发掘流入日本的中国小说文献开始。该成果分别从古典小说的传入、流通与收藏，古典小说的阅读与训点，古典小说的翻译与评点，以及古典

小说的翻刻与选编等 4 个角度，考察了江户时期中国小说在日本的流播情况，针对学术界关注较少的中国小说在日流播问题，挖掘了很多新材料，并对多个相关问题作了深入的研究。

第六篇　中华学术外译项目

国家社科基金中华学术外译项目（以下简称“外译项目”）立足于增强中国学术国际影响力和国际话语权，不断提升国家文化软实力，主要资助代表中国学术水准、体现中华文化精髓、反映中国学术前沿的学术精品以外文形式在国外权威出版机构出版并进入国外主流发行传播渠道。近年来，外译项目在选题征集、申报方式、分工模式等方面进行了较大幅度改进，项目影响力和吸引力不断增加，在学界受关注程度不断提高，申报质量不断提升，已成为推动中国哲学社会科学走出去的一个重要平台和品牌。

一、项目申报和评审立项情况

2021 年外译项目围绕提高成果翻译质量、扩大翻译成果海外传播效果、提升中华学术影响力等目标，以精细化管理为主要措施，进一步扩大选题范围，试点网上填报申报信息，科学严谨开展项目评审，取得了提高申报积极性、翻译质量稳步提升、出版影响持续扩大的良好效果。

（一）项目申报情况

2021年度外译项目共申报1184项，比2020年增加396项，申报量较2019年度增加近一倍。申报项目涵盖英文、法文、俄文、阿拉伯文、西班牙文、德文、日文、韩文等28个文版，申报质量持续提高。

继续加强选题规划，科研单位、出版机构、专家学者等共推荐书目3300余种，经专家评选共有237种名家名品名社作品列入推荐选题目录。2021年度项目申报采取网上信息填报与线下提交材料并行的方式，既保证了各项信息准确，也确保了评审材料阅看的便利性。进一步明确不同选题来源项目申报要求，设置差别化申报条件，进一步提升申报书目的译介价值。完善中外编、译、学协同合作机制，吸引优秀翻译人才参与项目，强化中外合作，引导吸收母语译者和母语审校参与项目。

（二）评审与立项情况

经专家评审，2021年度外译项目共立项资助237项，共涉及19个文版，立项比例较2020年有所下降。其中，重点项目16项，一般项目219项，学术期刊2项。125家科研单位获得立项，北京大学、南京大学、上海外国语大学等10家单位立项数量超过5项。近年来，全国社科工作办不断探索外译项目发展规律，调动项目参与各方能动性，不断改进评审工作，最大限度发挥项目潜力，提高中华学术的国际影响力。

一是严把政治方向关和学术导向关。在受理申报、资格审查、通讯评审等环节，重点对意识形态属性较强学科的项目进行严格把关，凡在研究导向上存在问题的成果一律不予立项。

二是优化改进评审工作，更好适应外译项目自身特点。提高国际出版机构影响力的指标权重，努力提升项目外译质量，要求对原著进行必要改写，以贴近受众国读者阅读习惯；突出宣传推介要求，强化对海外宣传推介工作方案和计划的考量，切实提升外译书目的实际传播效果。

三是优化评审程序，确保评审结果公平公正。提高评审专家层次，主要遴选中国社会科学院、知名高校等社科领域、外语领域专家，确保评审质量；实施“三核三定”的审查原则，强化各工作环节之间的衔接，确保不出差错；严格执行回避制度、保密制度，严肃评审纪律，确保评审相关信息不外泄。

从整体看，立项成果较好地体现了外译项目展示当代中国发展成就、传播中国优秀学术成果、弘扬中华优秀传统文化、促进中外学术交流的立项宗旨，具有较高的学术价值和翻译水平。国外出版机构向大社名社集中，为译介成果出版后的宣介推广奠定了良好基础。

二、中期管理

2021 年，外译项目管理工作继续以高标准、严要求的思路开展，坚持稳中求进，根据形势要求不断改善管理工作方式，有力地推动了中华学术走出去。

（一）全流程严格管理项目经费

2021 年，按照《国家社会科学基金项目资金管理办法》要求，外译项目结合项目特点对立项资助项目经费进行审核管理。比如，放宽翻译、学术交流、研讨会议等方面经费使用约束，支持多种形式的海外宣介活动；控制管理费、设备费等支出，从严把握出版费支出，确保经费使用规范。在日常管理中，要求项目负责人按照要求使用资金，要求项目负责人对于不合规支出资金进行整改；持续深化对经费使用情况的监测研究，关注项目资金使用变化特点，把握资金使用发展规律，不断提高资金使用效益。

（二）规范成果鉴定审核工作

不断完善翻译成果鉴定审核流程，严格开展成果鉴定工作。组织对应语种语言专家、对应学科学者对成果译介质量、改写情况等进行综合把关，对于存在不符合译介成果读者语言习惯、翻译不够准确等问题项目反馈修改意见，要求进行认真修改后再予鉴定。全年共退回修改项目 30 余项，既起到了严把出口关、提升成果水平的实际效果，也在外译学界树立了认真研究、多出精品的良好导向。

（三）持续开展外译项目国际影响力评估

2021 年，外译项目继续实施效果评估工作，项目负责人自主提供项目成果社会影响情况与委托第三方评估同步推进。一方面，要求报送结项项目负责人填写《国家社科基金中华学术外译项目出版推介情况调查表》，对项目宣传推介情况进行调查统计，并将项目实施效果情况作为结项的参考依据。另一方面，委托第三方对外译项目实施效果进行监测评估，并形成翔实的分析报告。全面实施效果评估推动了外译项目不断扩大海外影响力，成为完善外译项目各环节工作的重要抓手。

三、成果举要

2021 年，外译项目各参与主体克服疫情带来的不利影响，积极完成翻译和海外出版推介工作，不断强化与大社名社的合作，开展形式多样的宣传推介工作，取得了良好的对外传播效果，受到国外读者的好评。现将出版成果举要如下。

《中华法制文明史》（古代卷），作者张晋藩，英文版由中国政法大学张立新翻译，施普林格出版社出版。该书共有 11 个章节，按照年代进行划分，涵盖了从夏商、西周、春秋战国、秦、两汉、魏晋南北朝、隋唐、两宋，一直到中华法制文明最后形态的明清法制文明，按照立法、行政法律、刑事法律、民事法律、司法制度几个层面依次展开。该书系统阐释了中华法制文明，将法制文明置于中华文明中去考察，深入分析了文明与法制的内在联系与相互作用。针对古代部分时间跨度长、历史内容多、法制事件与思想流变密集的特点，将传统法制文明起源、发展、转型、演进、定型、完善、完备的全过程脉络清晰地勾勒出来，展现了法制文明演进发展的生动图景，为中华法制文明的研究提供了一个系统的思路与新颖的角度，为探求中国法制兴衰与历史周期律之间的关系提供了有力论据。该成果以纸质版和电子版形式同步发行，出版后已经通过新书发布会、图书评论评介、网络宣传等多种渠道宣传推广，被海外多家大学图书馆收藏，对于弘扬中华文化，帮助海外读者了解理解中国法律传统都起到积极的推动作用。

《中华法制文明史》(古代卷)英文版

《中国道路能为世界贡献什么》，作者韩庆祥、黄相怀等，日文版由世界科学文化出版社出版。自改革开放以来，中国道路及其成功实践经验日益受到全世界的广泛关注，成为一条成长于资本主义体系之外的现代化道路。中国特色社会主义道路、理论、制度、文化不断发展，拓展丰富了发展中国家实现现代化的途径，给既希望加快发展又要保持自身独立性的国家和民族提供了全新选择，为解决人类问题贡献了中国智慧和中国方案。该书既注重对中国道路的理论阐释尤其是哲学理解，又注重分析研究中国道路的世界贡献与意义，总结提出中国道路的五大总体性贡献，即生存性贡献、发展性贡献、制度性贡献、文化性贡献、和平性贡献，阐明中国道路是对世界发展的可借鉴之处。该书日文版出版后被京都大学、早稻田大学、庆应大学、上智大学、国会图书馆、东京都立图书馆以及日本贸易振兴机构等近百所大学研究机构购入馆藏，有助于海外读者真正了解中国道路的历史方位和对人类社会的深远意义，进一步增强对中国道路的认同与支持。

《中国道路能为世界贡献什么》日文版

《全球化的政治经济学与中国的策略》，主编邵滨鸿，英文版由博睿学术出版社出版。该书囊括了中国在世界经济和国际关系领域的知名学者所著的代表性研究成果，汇集了蔡昉、隆国强、李向阳、黄群慧等学者的作品，探讨了关于全球化的政治经济学及中国策略、新兴大国的竞争力升级战略、“反全球化”背景下中国引领经济全球化的成本与收益、世界经济面临四大挑战、中国工业化进程及其对全球化的影响，“一带一路”倡议下全球价值链重构与中国制造业振兴、国家治理、全球治理与世界秩序建构等内容，有助于国外读者深入了解中国学术界的各种有代表性的思想。邵滨鸿主编的“中国学者论时间经济与国际政治”系列，自 2012 年的第一辑起，迄今已经连续出版 6 卷，《全球化的政治经济学与中国的策略》为该系列中的第 6 卷。

该成果被博睿学术出版社纳入“中国学者的世界观”系列，在国际书展中将其作为重要书目向全球推介，获得了美国、欧洲等国际著名智库学者的评论和推介，有力扩展了中国国际问题研究成果在国际上的影响力。该书英文版一经出版即产生良好反响。欧盟信息社会总局前局长、伦敦经济学院自然和社会科学中心研究员、斯德哥尔摩全球性挑战项目和柏林全球气候论坛高级顾问乌尔夫·德尔斯坦（Ulf Dahlsten）发表书评称，“这是一本非凡的书，任何一个对理性地讨论中国问题感兴趣但不懂中文的人都不可不读”。该书的纸质版和电子版均被哈佛大学、耶鲁大学、牛津大学、剑桥大学、鲁汶大学、南洋大学等世界著名大学收藏，电子书在博睿学术出版社的官方网站以及亚马逊官方网站上均可检索，读者可以按章节进行购买和下载。

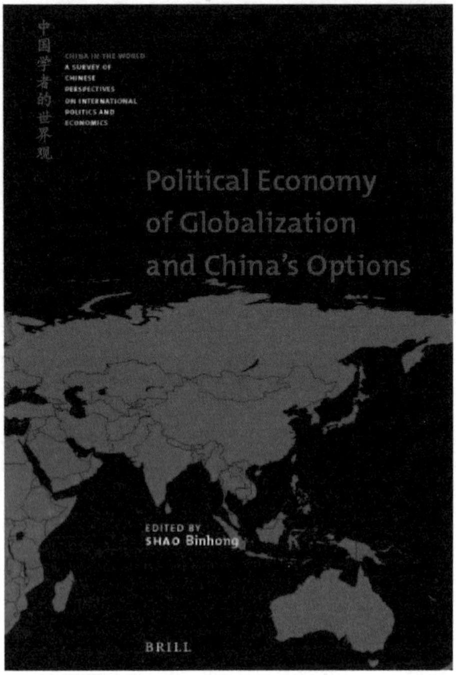

《全球化的政治经济学与中国的策略》英文版

《权力与公正：乡土社会的纠纷解决与权威多元》，作者赵旭东，英文版由施普林格出版集团出版。该书是一部扎实的社会人类学田野调查著作，由作者选择 20 世纪 90 年代河北省赵县的一个经济高度商业化的村庄，进行了为期 4 个月的田野调查，通过对农村常见的赡养、分家、婚姻纠纷等问题进行详细记录和深入分析，总结出 3 个不同层次的问题解决权威，探讨了这一现象背后的深层逻辑，为读者展现了乡村运行的生动逻辑。该著作是中国本土社会人类学家关于当代中国社会的一项具有较高水平的研究性专著，有助于提升中国本土社会科学的国际学术影响力。

《权力与公正：乡土社会的纠纷解决与权威多元》英文版

施普林格出版社将该著作以电子版和纸质版的形式面向全球发行，施普林格官方网站以及亚马逊等主要图书零售商均已开始销售该书。为方便读者在网上搜索，施普林格为该书设计了独立主页，并带有在社交网站分享链接的功能，读者可从该主页下载该书宣传单，期刊编辑、记者、博主等可在该主页获取免费赠阅本。截至 2021 年年底，该书已被下载上万次。外语教学与研究出版社在北京国际图书博览会、中国—中东欧国家出版联盟论坛等活动上对该书进行了重点推介，得到了参会的中东欧国家驻华使节代表、出版界代表等的高度评价。

《庄子今注今译》，作者陈鼓应，土耳其文版由土耳其实业银行文化出版社出版。该书是一部古籍经典的译注本，作者在进行译注的过程中融入了自己独到的观点，使得穿越数千年的文字焕发出时代的活力。此外，作者还在译注的方法上进行探索和创新：每篇的解题部分，不仅提炼了核心要义，还提炼出来自本篇脍炙人口的成语；注释部分，先用白话文加以解释，后附上前人的见解，既达到了解释原文的目的，还列示了历代各家注《庄子》的成绩；针对原书庞杂的特点，作者将全书标上数字序号，来区分章次段落；除了参考古书以外，作者还借鉴了很多英、日等现代学者有关《庄子》的论述。该书发行 40 多年来，海峡两岸出版了多个版本，备受读者好评。

在“一带一路”的合作过程中，土耳其等沿线国家有多方位了解

《庄子今注今译》土耳其文版

我国政治、文化、历史的需求，该书主译由熟悉中土关系及历史的母语译者担任，充分了解当地阅读习惯及文化氛围，根据受众需求开展翻译工作。中华书局和土耳其实业银行文化出版社根据当地风土人情进行项目编辑策划和产品推广，使读者易于接受，不仅提高了我国出版走出去的传播力，更有利于增进各国友人与我国人民之间的珍贵友谊，向他国民众展示中国友好、善邻的大国形象。《庄子今注今译》土耳其文版出版后，外方出版社在其官方网站和土耳其最大的图书销售网络发布书讯和书评，获得社会广泛关注和好评。

第七篇　特别委托项目

国家社科基金特别委托项目主要承担中央和有关部门交办的研究任务。2021 年共立项 52 项，结项 57 项。

一、立项情况

围绕宣传思想文化战线的重点工作，确立习近平总书记扶贫工作重要论述暨中国减贫学研究、文化强国建设研究、我国县级融媒体中心研究、新时代大学生社会大课堂建设研究等课题。围绕建党百年和伟大建党精神，确立中国共产党 100 年的历史经验研究、中国共产党百年建设史、伟大建党精神的深刻内涵及实践要求研究、坚持马克思主义基本原理同中国具体实际相结合、同中华优秀传统文化相结合重大理论问题研究、党的建设学科建设研究等课题。围绕中华优秀传统文化发展传承，确立深入推进重点地区中华文化认同研究、《长征画传》编撰、《中国大百科全书》第三版编纂工程、《永乐大典》综合研究复原、《永乐大典》存卷综合整理研究等课题。继续组织实施海南自由贸易区（港）系列研究，确立海南自由贸易港背景下的国际传播研究课题；继续组织实施政治安全、文化安全系列研究，确立《著作权法》配套法规修订研究、《文物保护法》修订研究等课题。

二、代表性成果

2021 年，特别委托项目陆续推出了一批有分量、有价值、有影响力的研究成果。有关成果得到中央领导同志重要批示，为党和政府有关部门科学决策发挥了积极作用。同时，还公开出版一批具有重要学术创新价值和文化传承意义的精品力作，现择要介绍部分代表性成果。

“创新发展中国特色社会主义法治理论体系研究”系中国政法大学张晋藩教授承担的国家社科基金重大委托项目，最终成果为综合性研究报告。项目在研期间，中国政法大学组织全国法学界权威专家和骨干力量深入开展调查研究和实地考察。同时，紧密结合全面依法治国的顶层设计、理论探索和司法实践，努力推动调研成果转化，推出了以理论报告为龙头、学术著作为主体、专题论文为支撑的“金字塔式”的研究成果，主要包括核心研究报告 1 份和子课题研究报告 10 份、学术著作 11 种、论文 294 篇。

“慈善事业法研究”系中国人民大学郑功成教授承担的国家社科基金特别委托项目，最终成果为直接为《中华人民共和国慈善法》（以下简称《慈善法》）的起草与制定服务的 18 个专题报告，包括在法律起草阶段提交给原全国人大内务司法委员会的 15 份专题报告（后集结成《慈善事业立法研究》由人民出版社 2015 年 7 月出版）和在全国人大常委会审议期间提交的第 16 号、17 号报告，以及在《慈善法》实施后报送的第 18 号专题报告（时任全国人大常务委员会委员长作出重要批示，督促国务院与主管部门出台具体规章与政策）。每个报告均对《慈善法》中的重大事项及法律框架如何设定、相关章节需要解决什么问题、写哪些条款，为什么要写这些法律条文等进行了系统的理论分析，提出了看法并代拟相关法律条文。这一系列报告均得到了国家立法机关的高度重视并被广泛采纳，对《慈善法》的制定与实施提供全过程、全方位咨询服务并起到实质推进作用。《慈善法》作为慈善制度建设的基础性、综合性法律，是十二届全国人大的重大立法项目，目前已由全国人民代表大会审议通过，成为我国法律体系中立法位阶最高的法律之一。

“东西德统一的历史经验研究”系中国社会科学院欧洲研究所周弘研究员承担的国家社科基金重大委托项目，最终成果形式为共约600万字的专著、译著、论文和研究报告。课题组密切跟踪相关领域的研究前沿，广泛收集相关领域的文献资料，通过法律、经济、历史、外交等多学科视角对两德统一的背景及内在原因展开系统深入研究，从德国统一过程中多个行为体在制度竞争、决策方式和策略运用等方面，总结出分裂国家实现统一的不同路径和不同工具，具有较好的现实参考价值。翻译并出版了德国著名政治史学家、前总理科尔的顾问魏登费尔德（Weidenfeld）主编的四卷本《德国统一史》和联邦德国方面的两德统一首席谈判代表、总理府大臣特尔切克（Teltschik）的回忆录《329天》。

“语言大数据挖掘与文化价值发现”系首都师范大学周建设教授承担的国家社科基金重大委托项目，最终成果形式为共约230万字的研究报告、论文集和专利。课题组从文化符号的渊源入手，探讨文字与文化的关系，梳理和提炼出先秦语言哲学思想体系，首次提出智能“阅读—写作—评测”理论，突出研究方法的科学性和技术平台的先进性，组织跨学科团队开展交叉综合研究，探索用人机结合的方式高倍放大语言学家的工作效能。研发了运动会开幕词智能写作、NBA体育新闻智能写作、科研总结智能写作，以及句法主语、句法谓语、句法宾语表现力智能计算等6套软件系统，目前建设的汉语资源库超过4亿字（见

https://www.inketang.com/）。句法主语、句法谓语、句法宾语的主题聚合度语义分析获得3项发明专利。基于语言智能理论，突破关键技术，推动产品应用，成效显著，先后荣获2017年北京市科学技术进步奖二等奖、2018年中国产学研合作促进奖、2019年中国智能科学技术最高奖——吴文俊人工智能科学技术进步奖一等奖。

"《中国非物质文化遗产大辞典》编撰"系中国艺术研究院王文章研究员承担的国家社科基金特别委托项目，最终成果为约300万字的《中国非物质文化遗产大辞典》，共收录国家级非物质文化遗产名录4700余项、非物质文化遗产代表性传承人3200余名。课题组通过厘清基本概念、专业术语，并以词条的形式逐一进行科学的介绍和阐释，传播正确的保护理论和方法。同时，编制国家级非物质文化遗产名录，对代表性传承人向全社会进行广泛宣传弘扬，促进社会大众对优秀非物质文化遗产的认知、认同，并进一步实现科学抢救保护、有效传承发展。

"符合国情的文物保护利用之路研究"系中国文化遗产研究院曹兵武研究员承担的国家社科基金特别委托项目，最终成果为约80万字的研究报告。课题组贯彻落实习近平总书记对文物工作的重要指示批示精神，全面评析我国文物及相关从业人员、利益相关者等资源状况，梳理我国文物保护利用的发展历史与经验教训，回顾我国文物保护利用的历史脉络和时间节点，总结目前文物保护利用理念和文物管理体制的基本内涵，包括价值体系、理论体系、保护体系、传承利用体系、法律法规体系和管理体系，分析文物保护利用面临的时代和社会需求，剖析当前文物保护利用中存在的若干关键问题，并对国际文物保护理念理论与相关实践进行了比较系统的介绍讨论，揭示其对中国相关研究领域的启迪和借鉴意义。

第八篇 单列学科

一、教育学

在“十四五”开局之年，面对建设高质量教育体系的目标任务，全国教育科学规划领导小组办公室（以下简称“全国教育科学规划办”）在全国哲学社会科学工作办公室领导下，坚持以习近平新时代中国特色社会主义思想为指导，全面贯彻落实习近平总书记关于教育工作的重要论述，全面提升方向把控力、形势识别力、项目策划力、组织协调力、工作创新力和制度约束力，着力提升科研成果质量，不断推动教育科研事业繁荣发展。

（一）项目立项评审情况

1．重大重点项目申报立项情况。为贯彻落实中央和教育部关于加强教育科研的有关精神，全国教育科学规划办大幅提高了国家重大招标项目选题数量。在重大重点项目选题总数与往年持平（25 项）的基础上，增加了重大项目的比重，共编制 10 项国家重大招标和 15 项国家重点项目选题。经公开答辩、专家评审，共有 8 项国家重大招标项目、

11 项国家重点项目获得立项，国家重大招标项目立项率比 2020 年提高 60%，为历年来立项数之最。

国家重大招标项目重点关注了中国共产党百年教育方针、深化新时代教育评价改革的实施路径、中国特色现代教育学体系发展与创新、学校家庭社会协同育人机制、乡村振兴和教育现代化背景下农村教育发展战略、未来学校组织形态与制度重构、“三区三州”返贫防控教育措施实效追踪、中国台湾地区教育历史、现状与未来策略等具有全局性、战略性、前瞻性的重大理论和实践问题。国家重点项目着重回应了义务教育学业负担综合治理、以教育新基建支撑高质量教育体系建设、新发展阶段高等医学教育改革、新时代研究生教育高质量发展等教育发展中的热点和难点问题。

2021 年，全国教育科学规划办开发了全国教育科学规划管理平台，依托平台试行了重大重点项目线上线下同步申报、重点项目网上评审的机制，计划下一年度将在更大范围内推广试用。

2．年度项目申报立项情况。2021 年度项目申报数量有较大幅度提升，一般项目申报 2225 项，比 2020 年增加 22.9%；青年项目申报 344 项，比 2020 年增加 19.4%。经专家评审、社会公示和全国教育科学规划领导小组审批，共有 208 项一般项目立项，56 项青年项目立项。

2021 年度评审立项侧重对青年科研人才培养，对西部省份适当倾斜，国家社科基金教育学新增的 200 万元经费全部用于支持青年项目立项。青年项目的立项率高于年度项目，立项数量相较 2020 年提高了 24.5%。此外，2021 年度立项资助 10 个西部项目，给予西部省份倾斜支持。

3．评审工作情况。强化入口管理，严格资格审查，弘扬优良学风。继续执行与全国社科办、教育部人文社科项目管理中心的数据共享机制，严格进行资格审查。自 2020 年以来对存在重复申报等违规情况的单位反馈意见，并要求其加强管理，2021 年不符合申报要求的项目仅

24 项，同比下降 89.5%。全国教育科学规划办丰富完善严格审查、通报和公示等举措，对于遏制不合规申报、弘扬优良学风发挥了较好作用。

严格专家遴选，创新评审形式，确保公平公正。在专家遴选上，突出科学性、权威性和代表性，确保评审专家政治可靠、学术精深和学风优良；专家覆盖面更广、代表性更强，2021 年度遴选专家来自 20 多个省份，且加大专家轮换力度；专家组构成更加合理，充分考虑各类研究的特点和需求，综合选用学术领域、决策领域和实践领域的知名专家；完善回避制度，要求专家履行评审承诺，确保评审公平公正和清正廉洁。在评审方式上，根据项目类别采取差异化流程：国家重大招标项目采取答辩评审方式，国家重点项目采用网络评审方式，其他项目采用“四盲法”评审方式，专家在匿名材料上独立投票打分，评审结果当场统计确认。在评审结果上，严格把关，遵循质量至上、宁缺毋滥原则，2021 年度有 2 个重大招标项目、4 个重点项目因申报质量不够优秀未予立项。

严明纪律，强化监督，严把廉洁关。评审前，对全国教育规划办工作人员和评审专家提出明确的纪律要求，所有专家须在评审前签订《全国教育科学规划项目评审专家承诺书》。年度项目评审采用“四盲法”，有效保证了评审的公平公正。评审会议全程接受中国教育科学研究院纪检监察室的监督与指导，对拟立项名单逐一进行核查，确保程序公正。评审期间未收到投诉和异议。

（二）项目成果及其影响

2021 年，全国教育科学规划办逐步推进线上 + 线下鉴定方式。全年共鉴定项目 285 项，比 2020 年增长了 58.3%。经过严格的鉴定程序，有 267 项通过结项，通过率为 93.68%；其中 7 个项目获得优秀等级，优秀率为 2.46%；16 项因存在质量问题予以终止（见表 8-1）。

表 8-1　2021 年国家社科基金教育学项目鉴定情况统计

项目类别	结项总数	优秀	良好	优秀率（%）	优良率（%）	免于鉴定	不合格	终止
重大项目	5	—	2	—	40	—	—	—
重点项目	10	1	4	10	50	—	—	—
一般项目	171	6	50	3.51	32.75	7	2	6
青年项目	99	—	19	—	19.19	4	—	10
总计	285	7	75	2.46	28.77	11	2	16

2021 年，结项项目共产出著作类（含书稿）成果 300 余部，发表学术论文 1700 多篇，其中，CSSCI 论文近 900 篇，核心期刊论文近 300 篇，31 项成果获得省部级奖项；部分成果被中央领导同志批示；部分成果被有关决策部门采纳，产生了较好的学术价值和社会影响。

1．*服务教育改革发展*。浙江工业大学刘晓主持完成的“新工业革命下我国产业工人技能匹配与提升策略研究”，将新工业革命引发的制造业相关领域变化作为影响劳动力市场的背景和变量，通过建立理论模型和基于国民经济整体及制造业的实证分析，探究劳动力在产业升级中受到的就业影响和变化情况，从而得出新工业革命下我国产业工人技能匹配的策略选择、劳动力市场运行的完善机制，以及技术人才的技能促进策略。研究成果“有效推进职业院校学生顶岗实习　助力我省企业复工复产的建议”得到地方主要领导同志批示。项目组受教育部职业技术教育中心研究所、职业教育与成人教育司委托开展专项研究，并参与了《国家产教融合建设试点实施方案》等文件的起草工作。

华东师范大学吴遵民主持完成的“适应老龄社会的教育体系完善研究”，深入探讨了我国老龄社会的现状与趋势，全面比较分析了发达国家老龄社会的教育服务体系，进一步明晰了我国老年教育体系的未来发展与变革方向，阐明了正在构建的终身教育体系与老年教育体系之间的关联与融合路径，为完善具有中国特色的、能适应我国老龄社会发展的教育体系提出了总体建议和具体策略。项目负责人参与了教育部政策法规司牵头制定的“服务全民终身学习教育体系构建”文件起草工作。

上海市教育科学研究院董圣足主持完成的“民办学校分类管理配套制度及过渡措施研究”，对美国、德国、澳大利亚、日本、韩国等国家私立学校分类管理制度架构及政策设计进行了比较研究；通过较大规模抽样问卷调查，辅以北京、辽宁、河南、湖南、广东、云南和浙江等十多个省（自治区、直辖市）实地调研，深入了解了各级各类民办学校不同参与主体利益诉求；梳理了相关领域公益机构分类管理的做法，提出了建立健全民办教育分类管理体系需要完善的配套制度、深入推动现有民办学校分类转设需要采取的过渡措施。项目负责人及项目组部分成员参与了国家民办教育分类管理改革相关政策研究工作，以及教育部等部门联合印发的《民办学校分类管理实施细则》和《营利性民办学校监督管理实施细则》等文件的起草工作。基于项目研究成果撰写的提案《关于民办教育分类管理的两点建议》，获得民进中央参政议政成果一等奖；基于项目研究成果及相关实证调研所形成的咨询报告——《上海市民办培训机构设置标准与管理办法研制》荣获上海市人民政府“第十二届上海市决策咨询研究成果奖”二等奖。

2．*深化教育理论发展*。北京师范大学滕珺主持的“联合国教科文组织教育政策话语演变与分析（1945—2015）”，以福柯的话语理论为方法论框架，对联合国教科文组织成立以来的教育政策进行了全面梳理，依据联合国教科文组织所能查阅到的数据和呈现出的“话语实践”样态，讨论了联合国教科文组织不同历史时期的教育政策对世界各国产生的影响，分析探讨了对世界教育发展的影响机制。专家认为，该研究逻辑思路清楚，分析框架合理，研究方法得当，研究资料翔实，研究呈现规范，研究结论明确，具有较高的理论意义和实践价值。

湖南师范大学叶波主持的“课程改革作为话语实践——基于 1923

年课程改革的谱系学考”，从历史的视角探讨了课程改革问题，在中国社会变迁、文化更迭的独特历史背景下，探寻1923年课程改革的社会动因、变革谱系及其深远影响。研究抓住中国社会从传统走向现代、中国文化体系从单一扩展为多元的转折点，使研究更具价值。专家认为，将1923年课程改革视为现代中国课程兴起的基本标志，并基于史料适当梳理了这一课程改革背后课程理论的思想源流，为我们理解现代中国课程提供了一定的历史依据，也为认识课程改革的本质提供了必要的理论资源。

华南师范大学王晓璇主持的“中国近代社会教育思想史论”，集中探讨了中国近代社会教育思想的历史基础、域外影响、知识内容、思想效能、目标指向及其主要载体，并就中国近代教育家关于社会教育的相关论述与中国近代社会教育学术观点进行了较为深入的阐释与论述，最终就中国近代社会教育思想围绕“开民智”“改良社会”“扩充教育”“全面培植”等方面所作出的思想突破进行了结论性解析和展示。专家认为，该选题对于继承和发扬我国历史悠久的社会教化和教育传统、展示中国社会教育思想的核心观点和基本理论、构建具有中国特色的全民终身学习体系和建设全面学习型社会，均具有较为明显的理论意义和实践价值。

3．引领教育实践创新。清华大学韩锡斌主持完成的“混合教学的理论体系建构及实证研究”，面向本科院校和职业院校，从课程、专业和学校3个层面研究构建了混合教学理论体系；采用基于设计的研究方法对混合课程教学设计模型进行了多轮实证研究，并进行迭代优化，采用大数据学习分析方法研究构建了混合课程学习成效预测模型、学校实施混合教学成效的定量评价模型，采用软件工程方法构建了混合教学学习分析支撑系统并进行验证优化，采用准实验研究方法验证了混合课程教学模式的有效性。项目提出的混合课程教学设计模型和学校混合教学改革实施框架在作为案例的30所本科院校和职业院校中持续应用。

南京师范大学张新平主持完成的“义务教育学校标准化建设研究”，从义务教育学校标准化建设所面临的新时代、新阶段、新情况出发，采用定量定性相结合的方式，系统探索了义务教育学校标准化建设的实质内涵，借鉴比较了各国义务教育学校标准化建设经验，科学探析了义务教育学校标准化建设的投入机制与效果评估，对农村义务教育学校标准化建设进行了精准把脉，并基于区域典型凝练了我国地方推进义务教育学校标准化建设的路径经验。项目组建立“教育领导与管理共创学园”微信公众号，作为稳定的成果推介平台，分享义务教育学校标准化建设研究相关成果，对相关领域研究以及一线教育实践变革或改善产生了良好的社会影响。

东北师范大学吕立杰主持完成的“核心素养的学校课程转化模式研究”，通过对义务教育阶段学校课程规划方案内容构成和关键特征的归纳总结，编制了《义务教育阶段学校课程规划方案评价工具专家咨询问卷》，对24个省（自治区、直辖市）的482位校长课程领导力进行了评测；依据“大概念”课程设计理念，结合不同学科特点，与东北师范大学附属中学等单位，合作开展“大概念”单元教学设计研究；围绕核心素养在学校课程中的转化与落实，开展教师培训，帮助中小学校改进学校课程与教学。

（三）规划管理措施

为进一步优化科研项目管理，充分激发教育科研的活力与潜力，全国教育科学规划办持续加强能力锻造、流程再造、形象塑造理念，全面提升管理能力和质量，为教育科研事业繁荣发展作出了积极贡献。

1.旗帜鲜明讲政治，全面提升方向把控力。一是强化政治意识，不断提升将习近平新时代中国特色社会主义思想贯彻落实到项目研究、成果评奖、制度建设等各项规划工作中去的行动自觉。二是提高政治能力，积极履行党和国家对教育科研工作的各项要求，引导广大教育科研工作者将研究融入教育改革发展大局中，不断提升服务意识和能力。三是严格政治标准，在项目评审和成果评奖等工作中，对政治立场等存在问题的研究或成果实行一票否决制。

2. **着眼大局抓统筹，着重提升组织协调力**。一是坚持规划引领。加快推进《全国教育科学“十四五”发展规划》(以下简称《规划》)研究制定工作，面向教育战线广泛征集意见，确保《规划》的科学性、前瞻性和可操作性。二是推进战线协同。组织召开2021年度全国教育科研工作会议，教育部分管部领导、地方教育部门、省区市教科院(所)和部属师范大学的负责人及专家学者等共同研判研讨，围绕教育事业改革发展重点，谋划部署教育科研工作，形成教育科研工作一盘棋。三是激发战线活力。组织开展了第六届全国教育科学研究优秀成果奖评选工作，共评选出获奖成果344项，其中一等奖26项，二等奖119项，三等奖199项。在第六届全国教育科学研究优秀成果奖颁奖大会上，教育部领导同志出席会议并发表讲话，同时为获奖人员颁奖，极大调动了教育科研工作者的积极性。

3. **瞄准细节求精进，持续提升项目策划力**。为充分发挥重大重点项目的导向和示范作用，全国教育科学规划办进一步优化“四轮”选题征集遴选办法：第一轮面向专家学者、权威期刊、富有影响力的学术团体、省级教科规划办、教育部机关司局、直属高校、直属单位、民主党派中央等单位同步征集；第二轮对征集选题进行分类、梳理和整合，组织专家评审遴选，初步拟订年度重大重点选题范围；第三轮征求全国教育科学规划领导小组成员和对应研究方向专家意见，提出年度重大重点选题送审方案；第四轮将送审方案确定的选题分类报送审定，经汇总整理后提请全国教育科学规划领导小组审议通过。各方对2021年重大重点项目指南反映良好，认为选题来源更加广泛、程序更加民主、选题更加科学、布局更加全面、实效更加突出。

4. **回应关切解难题，不断提升工作创新力**。一是改进成果评价。

为全面贯彻落实《深化新时代教育评价改革总体方案》等文件精神，着手开展《全国教育科学规划课题成果鉴定结题细则》修订工作，强调项目结题鉴定要淡化成果数量要求，实行分级分类评价，宽容科研失败，注重对项目成果质量、创新和实际贡献的综合评价。二是推动成果转化。通过制定《全国教育科学规划课题成果要报管理办法》、加大项目成果转化奖励等措施，全面加强教育科研宣传转化力度与强度。2021年编发的多期《成果要报》被《每日教育信息》采编，报送中央教育工作领导小组。三是加快平台建设。全国教育科学规划管理平台已完成基础功能开发，项目申报与评审、过程管理等工作已可通过平台完成，大大提高了工作效率。下一步将继续完备平台功能，扩大线上工作覆盖范围，进一步提升服务便利度。

二、艺术学

2021年，在全国哲学社会科学工作办公室领导和支持下，全国艺术科学规划领导小组办公室（以下简称“全国艺术科学规划办”）以习近平新时代中国特色社会主义思想为指导，深入贯彻落实党的十九大和十九届历次全会精神，围绕中心，服务大局，认真组织国家社科基金艺术学项目评审立项工作，立项资助各类国家项目313个。围绕加快构建中国特色哲学社会科学的中心任务，将学术研究、学科建设、科研管理等各方面有机协同，促进新时代艺术学繁荣发展。

（一）项目申报和立项情况

2021年，全国艺术科学规划办组织评审立项了国家社科基金艺术学重大项目、国家社科基金艺术学年度项目（含重点项目、一般项目、青年项目、西部项目），组织评审推荐了国家社科基金后期资助项目（艺术学）。

1. 重大项目申报立项情况。2021年，在全面征集建议选题和进行专家论证基础上，设立35个艺术学重大项目招标选题。在申报期内，共受理17个省（自治区、直辖市）申报的100个项目。经过资格审查、通讯评审、网上公示等严格的评审程序，27个项目获得立项资助。单项资助研究经费60万—65万元，资助总额1675万元，2021年拨付经费预算审核合格项目一期经费541万元。

2. 年度项目申报立项情况。2021年，共受理31个省（自治区、直辖市）600余家单位申报项目3954项。经过资格审查、匿名通讯评审、线上会议评审、网上公示等环节，221个项目获得立项资助，整体立项率为5.6%。其中，重点项目17项，一般项目151项，青年项目29项，西部项目24项。重点项目资助额度为35万元，其他项目资助额度为20万元，资助总额4675万元，2021年拨付经费预算审核合格项目一期经费3740万元。

3. 后期资助项目申报评审情况。2021年，完成了国家社科基金后期资助项目（艺术学）受理和评审工作，共受理申报项目312项，经过匿名通讯评审并报全国社科工作办审批，65个项目获得资助立项（含优博项目）。

（二）项目管理措施

近年来，全国艺术科学规划办按照全国社科工作办的总体要求，扎实开展项目管理工作，完善制度机制，强优势，补短板，凝聚艺术领域专家学者推动艺术科学创新发展。

1. 围绕重点工作，抓好项目落实。加大对习近平新时代中国特色社会主义思想研究阐释重点课题设定和支持力度。组织引导专家学者将研究方向和重点落在艺术学科本体研究与创新理论体系相结合上，致力于强化理论建设，构建中国特色艺术学理论体系。2021年，为贯彻落实习近平总书记关于文化基因研究、文艺评论及弘扬中华优秀传统文化等方面重要指示批示精神，重大项目招标选题、年度项目课题指南均确立了对应研究方向，加强对相关领域研究的引导。立项资助了“中国文化基因的传承与当代表达研究”“中华美育精神与马克思主义美育观中国化问题研究”等课题，牢牢把握政治方向。

2．**强化项目管理，创新鉴定手段**。严格项目鉴定结项程序，加大对鉴定等级“优秀”项目的推介。自2020年5月，全国艺术科学规划项目管理中心承担了鉴定结项工作，制定了严格的工作流程，加强对成果材料的审核，完善鉴定专家遴选、材料寄送等程序，优化设置项目成果通讯鉴定表，严格执行保密规定，遵循双向匿名通讯鉴定原则，确保鉴定结果的客观公正。同时，对鉴定专家的工作态度、工作效率以及专业性等进行科学评估。

3．**深入调查研究，提高管理水平**。为进一步提升国家社科基金艺术学项目管理服务水平和专家学者满意度，举办了“全国艺术科学规划项目申报管理工作线上交流”活动，邀请全国艺术科学规划项目各管理单位相关同志及有关高校科研管理部门负责同志，共计160余人参加。活动旨在帮助相关单位深入了解全国艺术科学规划项目申报流程、管理工作动态，为各单位项目管理人员答疑解惑，起到了规范工作流程的良好效果，进一步提高了项目管理工作水平。加强对在研项目的中期检查，密切关注学科发展方向，更好发挥统筹协调、示范引领的作用。

4．**加强科研诚信建设，加大项目清理力度**。将科研诚信工作纳入常态化管理，严格实施科研诚信承诺制，营造潜心研究、求真务实、风清气正的科研环境。持续开展在研项目清理工作，对逾期未完成项目实行5年清理制。严把结项关，对于成果质量低劣、严重违反科研诚信的项目经核查后予以终止或撤项处理。2021年，对26个项目进行终止处理，2个项目进行撤项处理。通过加强项目中后期管理，引导和督促项目承担者集中精力认真对待课题研究，按期拿出高质量成果。

（三）2021年艺术学项目取得的成果及其影响

2021年，国家社科基金艺术学项目共完成212项鉴定结项工作，其中重大项目 9 项，重点项目 5 项，一般项目 144 项，青年项目 39 项，西部项目 15 项。推出《乡村振兴战略中的文化建设研究》《中华美学与艺术精神的理论与实践》《序列音乐的中国化研究》《跨文化研究：理论与实践》《宋画：图像背后的知识、观念与文化》《戏曲改革与“十七年”戏曲经典的生成研究》《中国早期电影的现代性研究（1905—1937)》《博物馆公共文化服务的绩效评估体系研究》等一批研究成果，体现了艺术学项目坚持基础研究和应用研究并重的原则。

1. 重点把握重大现实和基础理论问题研究。浙江传媒学院项仲平主持的重大项目“‘中国梦’影视创作与传播策略研究”，立足于历史与当下、中国与世界、传统与现代、产业与未来 4 个坐标系，集中就“中国梦”影视创作与传播问题开展全方位、多视角、跨学科的系统研究。以问题为导向，5 个子课题以递进关系阐释“中国梦”的影视创作与传播，以跨学科的视角实现了较高的创新度，极大丰富了“中国梦”影视创作与传播的学术研究。项目多篇论文发表于核心期刊，1 篇《成果要报》被文化和旅游部采纳。

北京师范大学张智华主持的重大项目“中国网络电影、网络剧、网络节目研究”，选取中国网络电影、网络剧、网络节目 3 个对象开展研究，准确、深刻地阐述了网络影视发展的特点、机制与理论，论述网络影视发展问题的症结所在，并挖掘其复杂性与特殊性，提出相应的方法与策略，为中国网络电影、网络剧、网络节目发展出谋划策，同时为网络文化强国战略研究提供启示。项目多篇研究成果发表于核心期刊，1 篇获中国新闻史学会 2018 学术年会优秀论文奖，1 篇被《成果要报》采用。

华东师范大学朱志荣主持的重大项目“中华美学与艺术精神的理论与实践研究”，立足跨文化背景下，从理论与实践双重视域对中华美学与艺术精神进行研究，深化了整体认知，丰富了内涵及发展演变，把握了独特风貌和美学特质。同时，在社会主义精神文明建设、提高文化软实力、提升当今国民文化素质与精神境界、增强文化自信和建设文化强国等方面提出重要理论观点。多篇论文发表于CSSCI期刊，另有多篇被《新华文摘》《中国社会科学文摘》等全文转载，在美学和艺术学领域产生了较大影响。

中国音乐学院姚艺君主持的重点项目“中国传统音乐声腔研究”，以中国传统戏曲声腔为研究对象，对以往关注不多的区域性声腔进行了全面系统的梳理研究，结构合理，资料翔实，论证严谨，逻辑清晰，对于从整体考察和认知中国传统音乐声腔的传承和发展具有较高的学术价值，对于目前中国高等音乐艺术院校中国传统音乐教学具有实际应用价值。

2. **继续深化艺术学学科建设研究。**福建师范大学颜纯钧主持的重点项目“新形态、新问题、新趋势——21世纪中国电影的失序与重构”，以21世纪以来的中国电影为研究对象，对于近20年来中国电影出现的新名词、新概念、新现象进行全面梳理和描述，具有一定创新性。其中，大量跨学科、跨专业理论的引用，对近20年来中国电影发展中的各种问题都有较强的针对性。

中央音乐学院程乾主持的一般项目“唐前士人音乐观念与行为之研究——对中国音乐实践传统的一种思考”，对唐朝之前的士人与音乐文化的历史进行梳理，从观念、行为和事件等整体视角开展研究，通过对音与意、物与神的关系探讨来阐发士人阶层的音乐精神世界和行为模式，对于唐代之前士人音乐文化的研究、中国古代美学思想研究以及理解中国音乐实践传统来说，具有较高的学术价值和参考价值。

中国艺术研究院李宏锋主持的一般项目“传统乐种律调理论及其实践基础研究——兼及古谱译解和曲调考证问题”，以个别代表性中国传统乐种为研究对象，从乐律、宫调理论、古谱译解、曲牌研究、曲调考证等维度进行分析，主张将律、调理论这种“形而上”的认知与乐谱、乐器、曲牌的“形而下”用乐实践相结合，以求从理论与实践的互动维度更全面地把握传统乐种的音乐形态结构特质，在方法论和分析思路上有较好的把握，具有一定的创新性。

南京师范大学张犇主持的一般项目“川西北羌族与甘肃陇南藏族造物范式的比较研究”，通过对于川西北与陇南区域中羌藏造物范式的比较研究，着力探讨同一文化现象如何在不同时空产生出不同的变化、同形制如何在观念层面体现出相同或相似的思维方式、审美观念的内外因果，进而为归纳和提升该区域中造物文化的艺术价值、民族文化的当代价值提供佐证，为促进优秀传统文化的有机传承与发展服务。

3．加强现实应用问题研究。南京林业大学汪瑞霞主持的一般项目“‘特色小镇’建设与传统村落文化传承发展研究”，对传统村落文化进行了溯源，为特色小镇价值取向定义了新理念，突出“特色小镇”新的竞争力与创新活力。提出“融合共生”的设计理念和逻辑框架，为进一步研究城镇、城乡融合发展、乡村振兴战略等国家战略提供新的思路，具有较高的现实参考价值及指导意义。

清华大学赵超主持的一般项目“面向中国老龄社会需求的产品与服务创新设计方法研究”，创新性地利用工业设计的方法，通过整合多学科研究成果，探索城乡老龄用户的需求模型，设计创造出人性化的产品和服务，将人性化技术创新环节和文化经济交流进行互动，构建老年人群的生活福祉模型，对于设计产业创新机制的建立、设计知识体系的调整、设计创新范式的构建具有重要意义。

第九篇　国家高端智库建设

国家高端智库建设试点工作自2015年启动实施以来，在中央领导同志亲切关心和有力指导下，在服务中央决策、开展舆论引导、参与公共外交、深化体制改革等方面都取得重要进展和积极成效。2020年，习近平总书记主持中央全面深化改革委员会第十二次会议审议通过《关于深入推进国家高端智库建设试点工作的意见》（以下简称《意见》）。2021年，国家高端智库理事会切实推动《意见》落细落实，将全年定为国家高端智库建设"质量提升年"，狠抓研究质量、提高管理水平、建设人才队伍、完善体制机制，高端智库建设延续良好发展势头，服务大局的能力和水平进一步提升。

一、加强联合攻关力度，高端智库研究质量持续提升

理事会组织各高端智库围绕应对新冠肺炎疫情、国际局势与周边外交、推动高质量发展等重大问题，积极开展跨单位、跨专业的联合

研究，向中央直接报送一系列高质量研究成果，多次获得中央领导同志重要批示。一批高端智库专家参加中央领导同志主持召开的高层次专家座谈会、中央政治局集体学习等，为中央建言献策。各高端智库全年向中央报送《国家高端智库报告》100多期，完成中央决策部门交办重点课题250多项，提交研究成果850余份，中央决策部门对高端智库研究成果的满意度持续提升。高端智库和中央决策部门的直接联系进一步加强，受有关决策部门委托，为“十四五”规划的起草到落实提供全流程决策咨询。各高端智库的决策影响力显著增强，研究成果的科学性、有效性显著提高，越来越成为党和政府科学民主依法决策、推进国家治理体系和治理能力现代化的重要参谋和助手。

二、积极开展国际交流，高端智库能见度和影响力更加凸显

各高端智库充分发挥身份超脱、专家云集、人脉广泛的优势，广泛宣介党的百年奋斗经验、共建“一带一路”、构建人类命运共同体等理念和主张，讲好中国故事、传播好中国声音。新华社等媒体型高端智库发布《中国减贫学》《人民标尺——从百年奋斗看中国共产党政治立场》等重要智库报告，引起国内外广泛关注。中央党史和文献研究院、中央党校（国家行政学院）、中国社会科学院国家全球战略智库、中国人民大学国家发展与战略研究院、中山大学粤港澳发展研究院、中国国际问题研究院等高端智库举办100余次规模较大、形式多样的智库交流活动，在国际上积极发出中国声音。中国国际经济交流中心“全球智库峰会”、国务院发展研究中心“中国发展高层论坛”、军事科学院“北京香山论坛”、上海社会科学院“世界中国学论坛”等知名国际智库交流品牌层次和影响持续提升。各高端智库的国际影响力和社会知名度显著增强，世界舞台上的中国智库品牌更加凸显。

三、做好组织管理工作，理事会统筹协调职能充分发挥

理事会认真落实党中央关于智库建设的部署和要求，进一步强化政策协调、工作推动、考核评估，召开推动国家高端智库高质量发展座谈会，对高端智库高质量发展提出明确要求。高质量完成智库整改工作，中央党史和文献研究院、清华大学国家治理与全球治理研究院、中国石油集团经济技术研究院等3家整改单位均以较好成绩通过验收评估。持续优化高端智库结构布局，稳步扩大国家高端智库建设试点范围。加强对部门、地方和社会智库建设的宏观指导，对浙江、山西、海南等10多个省（自治区、直辖市）出台新型智库建设相关文件提出指导性意见。适应高端智库建设试点工作新发展的新要求，会同财政部修订《国家高端智库专项经费管理办法》，进一步提高经费使用效益，支持各高端智库多出优秀成果、培养优秀人才、发挥更大作用。各高端智库在体制机制创新上迈出更大步伐，分别制定本单位发展规划，加强优势资源整合力度，积极复制推广前期试点工作积累的优秀经验，高端智库建设的活力显著增强。

下一步将继续认真落实《意见》精神，坚持国家高端智库高质量发展，发挥好对新型智库建设的示范引领作用，着力提升服务大局的能力和水平。一是心怀“国之大者”，围绕中华民族伟大复兴的战略全局和世界百年未有之大变局，强化问题意识、问题导向，聚焦党中央关注的重大问题、事关经济社会长远发展的关键问题、人民群众普遍关心的热点难点问题深入开展研究，有力有效服务中央决策。二是切实提升研究水平和成果质量，突出战略研究、加强纵深研究、注重前瞻研究、深入调查研究、强化联合研究，加强成果质量管理，有效对接决策部门，拓展服务决策渠道，不断增强综合研判和战略谋划能力，提高决策咨询服务的质量和水平。三是积极有效服务对外工作大局，

主动服务重大外交活动，精心打造对外交流品牌，拓展智库对外合作交流的方式和渠道，积极参与全球治理研究和政策对话，提出中国倡议和中国方案。四是持续优化高端智库结构布局，按照“优胜劣汰、有进有出”和“成熟一家、发展一家”的原则，遴选一批新的培育单位，重点填补若干专业领域高端智库建设空白，形成结构合理、覆盖各主要研究领域的高端智库建设梯队。

第十篇 学术期刊资助

根据《国家社会科学基金学术期刊资助管理办法》，2021 年全国社科工作办重点围绕政治导向、学术创新、决策服务、重要举措、办刊规范和资金使用 6 个方面，对资助学术期刊进行了年度考核，并增补了部分期刊。

一、资助成效

国家社科基金从 2012 年起对 206 家社科重点学术期刊进行资助。经过这几年动态管理，2021 年参加考核的资助学术期刊共有 173 家。从这次考核情况看，资助期刊坚持正确方向，发挥特色优势，积极开拓创新，办刊质量不断提升，学术影响显著扩大，已经成为研究阐释党的理论创新成果的重要阵地、服务党和国家中心工作的重要载体、推动加快构建中国特色哲学社会科学的重要平台。

（一）办刊条件大幅改善

不少期刊主编反映，国家社科基金资助从根本上解决了长期困扰期刊发展的经费短缺问题，原来想做但因缺乏经费无法做的事情，这几年有条件做了。《清史研究》由季刊改为双月刊，专门聘请“特约责任编委”加强对稿件的把关。《国际新闻界》《人口研究》《学术研究》等把稿酬和审稿费标准提高两倍以上。《学习与探索》《厦门大学学报》《中国工业经济》在“三审三校”基础上，形成“六校”立体编校模式，有效提高期刊出版质量。

（二）政治意识明显增强

2021 年，几乎所有资助期刊都开设了“庆祝中国共产党成立 100 周年”专栏，从多个角度展示中国共产党成立百年来的伟大成就，阐释中国共产党人民至上的执政理念。《求是学刊》设立“学术中国的百年历程”专栏，全方位诠释中国共产党的理论创新与实践经验，充分揭示中国共产党的先进性和中国人民选择中国共产党的历史必然性。《人口研究》设立“建党百年的人口发展与人口理论”专栏，立足于党的百年人口理论与实践经验，积极回应人口老龄化问题，刊登了一组探讨新时代老年人如何跨越数字鸿沟、享受数字红利的高质量文章。《南京大学学报》提前一年多进行“庆祝中国共产党成立 100 周年”栏目策划和组稿工作，通过举办“中国共产党反贫困思想百年发展史”专题理论研讨会向专家学者积极约稿，先后刊发《中国共产党与百年反贫困的中国方案》《从“饥寒交迫”到“全面小康”——中国共产党百年贫困治理的历程与经验》等重点理论文章，从学术角度有力证明了党的百年反贫困功绩。

（三）服务党和政府决策的能力显著提升

一年来，资助期刊所刊文章和参与撰写报告多次获得中央主要领导同志重要批示。比如，《探索与争鸣》刊发的《去技能化陷阱：警惕零工经济对制造业的结构性风险》和《拓展全过程民主的发展空间》两篇文章，《数量经济技术经济研究》常务副主编李金华撰写的关于共享经济发展困局以及美国加征关税影响的研究报告，《政法论坛》在刊发的《论习近平法治思想中的法治政府理论》基础上撰写的研究报告，《中国法学》总编辑黄文艺参与撰写的《关于开设“习近平法治思想概论”课程、编写〈习近平法治思想概论〉教材的建议》，以及《语言科学》编辑团队参与撰写的《2020 年全国普通话普及情况抽样调查分析报告》等，均获得中央领导同志重要批示，有的建议被相关部门采纳。

（四）在加快构建中国特色哲学社会科学“三大体系”中发挥积极作用

资助期刊立足当代中国伟大变革，围绕改革发展实践经验充分发挥自身优势和办刊特色，开设专栏专题，刊发系列重点文章，切实推动中国特色哲学社会科学学科体系、学术体系和话语体系建设。《人文杂志》开设“构建中国特色哲学社会科学‘三大体系’”专栏，刊发 13 篇聚焦中国本土社会问题、构建中国原创知识体系的文章，总结提炼我国改革开放以来的现代化建设经验，对“中国特色、中国风格、中国气派”进行学术阐发，推动了我国哲学社会科学基础理论探索与创新。《中国社会科学》设立“中国特色哲学社会科学‘三大体系’”专题，组织刊发的《构建中国特色政治学：学科、学术与话语——以政治学恢复重建历程为例》《构建中国自主性散文理论话语》《新时代国家安全学论纲》等系列论文在学术界引发广泛反响。《考古学报》始终将建设考古学学科体系、学术体系和话语体系作为办刊重点，围绕“建设中国特色中国风格中国气派的考古学”刊发了一系列考古理论和考古史料的重要文章，并用视频方式向全球直播中国六大考古新发现，用考古实例向国际社会讲述中华文明的灿烂成就和对人类文明的重大贡献。

（五）新媒体传播渠道有效拓宽

许多期刊通过微信公众号或视频直播等方式不断拓宽传播渠道，有效提升学术传播力影响力。《社会》的微信公众号“社会杂志”在全国学术期刊微信公众号中活跃度名列前茅，推出的新专栏“掷地有声”

和“一觞一咏”邀请学人讲述学术研究背后的故事，用音频方式创新论文呈现形式。《教育研究》微信公众号推出了“发表+短视频”的新板块，邀请作者用短视频的形式介绍论文选题缘由、结构框架、核心观点，既全方位介绍了论文内容又重点展示了学者风采。《管理世界》与中国知网合作推出了“《管理世界》大讲堂”，成为第一家入驻知网在线教学平台、开设系列讲座的学术期刊，读者在下载论文的同时，可以同步观看视频讲解，有效扩大了论文的传播效果。《国际新闻界》采用视频直播方式，开办线上公开学术讲座，邀请作者详细讲解论文研究写作过程，积极与读者进行交流互动，截至2021年年底，该账号的视频播放总量已突破6万次。

（六）推动中国学术海外传播能力建设不断加强

一年来，不少资助期刊通过在外刊发表论文、出版外文集刊等方式，有效推动了中国学术的海外传播。《马克思主义与现实》将“庆祝中国共产党成立100周年”专栏中的4篇文章翻译为意大利文，在意大利《21世纪马克思》杂志上刊载，为建党百年营造了良好的国际交流氛围。《华东师范大学学报》不断提高国际学者发文比例，先后刊发美国哈佛大学、迈阿密大学和日本关西学院大学、明海大学等高校的学者论文，并在海外出版年度英文集刊 ECNU Review。《复旦学报》积极践行“文化走出去”方针，精心打造“域外新刊”品牌，目前已被四大国际著名索引机构采入数据库，为推动中国学术走向世界、增强国际影响力和话语权积累了有益经验。

二、考核结果

2021年国家社科基金资助学术期刊考核工作在方式上有所改进，主要以线上视频会议听取陈述与审核书面报告相结合的方式进行。根据《国家社会科学基金学术期刊资助管理办法》，综合各方面情况，有

31 家期刊考核为“优秀”，118 家期刊考核为“良好”，19 家期刊考核为“合格”，有 5 家期刊因违规使用资助经费考核为“不合格”，分别作出暂停资助或撤销资助处理。

国家社科基金部分资助学术期刊

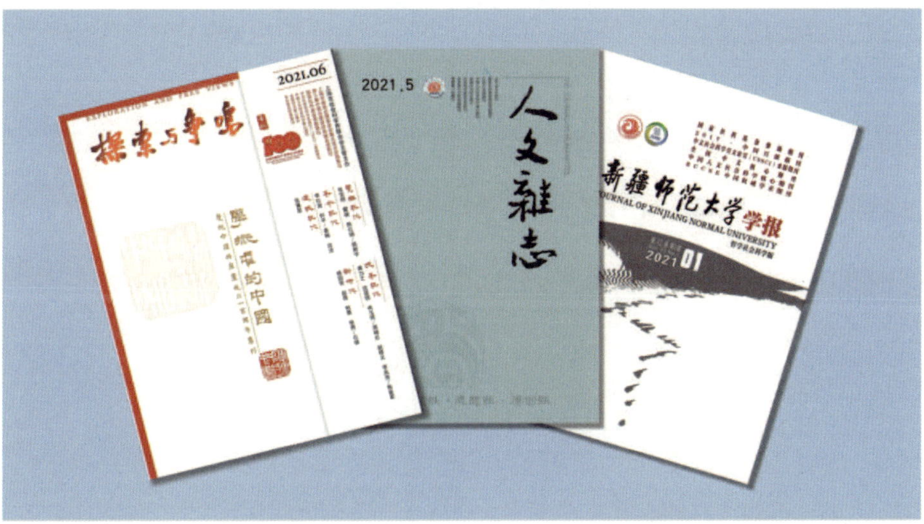

国家社科基金部分资助学术期刊

三、增补情况

按照“有进有出、优胜劣汰、激励约束”的资助机制，2021年开展了资助学术期刊增补工作，共有47家期刊进入初选名单。复审经过视频会议答辩和专家评审两个环节进行，主要考察期刊办刊水平特别是专业特色优势，以及主编学术素养和办刊思路等。根据专家评审意见，经认真研究，共增补了《思想理论教育导刊》《国外理论动态》《中国经济问题》《财政研究》《行政法学研究》《社会保障评论》《中国农业大学学报（社会科学版）》《中国地质大学学报（社会科学版）》共8家期刊为国家社科基金资助期刊。增补期刊办刊导向正确，专业特色鲜明，期刊质量较高，在相关学科领域有较强的权威性和影响力。

第十一篇 社科学术社团工作

社科学术社团是党和政府团结凝聚社科界知识分子的桥梁纽带，是构建中国特色哲学社会科学的重要力量，也是维护国家意识形态安全的重要阵地。加强对社科学术社团的指导管理，是全国哲学社会科学工作领导小组的一项重要职责，也是全国社科工作办深化职能拓展的重要领域。一年来，全国社科工作办进一步加强对社科学术社团的引导管理，扎实推进社科学术社团资助计划，社团工作框架基本形成，工作基础更加牢固，工作成效持续显现。

一、突出建章立制，持续推进社团规范化建设

（一）制定《重点联系全国性哲学社会科学学术社团管理细则》

为贯彻落实全国哲学社会科学工作领导小组有关要求，全国社科工作办对重点联系社团进行深入调研，广泛听取意见建议，研究制定了《重点联系全国性哲学社会科学学术社团管理细则》，2021 年 4 月 16 日，以中央宣传部文件形式印发各重点联系社团及其业务主管单位。

该《管理细则》对社团主要任务、阵地建设管理和联系保障机制等作了明确规定，细化和拓展了《关于加强哲学社会科学学术社团建设的指导意见》相关要求，进一步增强了对重点联系社团指导管理的针对性和可操作性。

（二）建立重点联系社团工作协调机制并召开第一次会议

为加强社科学术社团政策协调、工作指导、信息沟通和意识形态情况分析研判，推动解决社团工作中存在的突出问题，全国社科工作办积极推进建立重点联系社科学术社团工作协调机制。协调机制由全国社科工作办牵头，成员单位由民政部社会组织管理局和教育部办公厅、中国社会科学院科研局等 10 家重点联系社团较多的业务主管单位负责部门组成。2021 年 4 月 8 日，协调机制召开第一次工作会议，对重视和加强社团管理工作提出明确要求。全国社科工作办通报了社团工作有关情况，协调机制成员单位就社团管理相关工作提出了意见建议。

（三）支持社团规范有序开展学术活动

为引导社科学术社团克服疫情影响，聚焦主责主业，服务大局、服务学术、服务会员，全国社科工作办着力推动受资助社团完善工作制度、细化工作流程、创新组织方式，提高学术活动质量和水平。一年来，全国社科工作办指导和支持中国行政管理学会、中国领导科学研究会、中国高等教育学会、中国行政体制改革研究会、中国科学社会主义学会、中国审计学会、中国华侨史学会等社团开展 70 多场高质量的学术会议，吸引线下 1.5 万名专家学者参加，线上数百万人参与，有效推动了学术研讨和交流。

二、加强资助扶持，优秀社团示范引导作用日益彰显

（一）组织实施 2021 年社团主题学术活动资助

围绕“庆祝中国共产党成立 100 周年”“开局‘十四五’、开启新

征程”“全面建成小康社会”等主题，组织200家重点联系全国性社科学术社团及业务主管单位推荐的部分非重点联系社团，申报2021年主题学术活动资助。2021年6月17日，组织召开专家评审会，对通过资格审查的申报材料进行了认真评审，共152项获评审专家建议资助立项，其中课题研究66项，学术会议和国际学术交流活动86项。报经批准后正式立项，资助经费共计3075万元。总的看，受资助主题学术活动坚持正确政治方向，学术水准较高。课题研究以社团为平台，有效整合科研资源，开展联合攻关，前期研究基础扎实、论证科学严谨；学术会议和国际学术交流活动充分发挥社团组织优势和学术影响力，积极调动国内外知名专家学者和青年学者参与，活动主题明确、方案设计完善，较好地体现了社团主题学术活动资助工作的宗旨和要求。

（二）组织开展2020年奖补社团年度考核

为更好调动受资助社团工作的积极性和创造性，进一步提高奖补经费使用效益，全国社科工作办组织第三方专家对2020年奖补的50家社团进行了绩效评价和考核，主要包括社团内部建设、学术能力提升、智库作用发挥、经费使用等情况。从考核结果看，获奖补社团着力加强工作队伍建设，努力提高学术研究能力和会员服务能力，积极克服新冠肺炎疫情带来的困难，创新推动社团学术活动，有效发挥了示范带动作用。其中，基础研究类社团扎根本领域学术研究，团结和鼓励相关学者深入开展学术交流、推进传承创新，应用研究类社团注重发挥智库功能，为党和国家事业发展积极建言献策、广泛凝聚共识。同时，也发现个别社团工作开展还存在一些不足和问题。根据考核评价情况，按照奖惩并举原则，对相关社团奖补经费档次进行了调整。有2家社团学术活动质量明显提高，资助成效较为显著，上调了资助档次；1家社团学术活动质量、规模和数量均与预期存在明显差距，下调了资助档次；2家社团经费开支不规范，要求限期整改。

（三）组织实施2021年优秀社科学术社团奖励性补助

为进一步引导和推动重点联系社团规范化建设，全国社科工作办结合2020年遴选工作情况，对社团评估指标体系进行了优化完善，形成了《社科学术社团评估指标体系（2021）》。2021年10月，正式启动优秀社科学术社团奖补申报工作。奖补申报范围限定为未获得奖补的重点联系社团，共有49家重点联系社团参加申报。在对相关申报材料进行严格资格审查的基础上，11月下旬，组织具有丰富社会组织评估经验的专家组成评估专家组，按照新修订的评估指标体系，逐项对通过资格审查的申报材料进行第三方打分，按照优中选优、奖优示范的工作原则，将26家社团纳入优秀社团奖补名单。奖补周期为两年，资助经费分为3档，每年分别资助30万元、20万元、10万元，年度资助经费共计530万元。2021年新增奖补社团普遍建立了较为完善的内部管理制度，认真组织学术年会，精心打造高端学术品牌，在服务党和国家决策、推动社会智库建设上取得明显成效。

三、注重多措并举，社团服务大局能力水平稳步提升

（一）组织社团开展重点理论问题研究

为进一步加强社团凝聚专家学者智慧和理论联系实际能力，更好发挥社团服务党和国家工作大局作用，全国社科工作办向10余家社团交办重点理论研究选题，并择优报送了中国统一战线研究会、中国青少年研究会、中国辩证唯物主义学会、中国行政体制改革研究会等提交的研究成果，获得中央领导的批示肯定，发挥了社科学术社团服务工作大局的科研组织优势。

（二）指导社团拓宽信息报送渠道

受资助社团通过各种渠道将学术会议成果摘编、决策咨询报告等，积极报送中央领导或相关实务部门，部分成果得到中央领导批示或被

实务部门采纳。其中，中国行政体制改革研究会举办了“决胜全面建成小康社会：嘉善经验与启示”学术论坛，会后将论坛主要观点形成《县域推动高质量发展的生动范例——〈浙江嘉善县域科学发展示范点发展改革方案〉实施情况评估与建议》，得到中央领导同志批示。中国行政管理学会、中国华侨研究会、中国宏观经济学会、中国民营经济学会、中国犯罪学学会等报送的研究成果被有关部门采纳，发挥了为党和政府建言献策的积极作用。

（三）引导社团搭建学术服务决策平台

受资助社团开展学术活动时，普遍邀请中央有关部门和地方党政机关负责人参会，部分社团还邀请在任或退休的党和国家领导同志以不同形式参加，扩大了社团学术活动的影响力，搭建起学术服务实际工作、服务人民群众的平台，产生了良好的社会效益。譬如，中国长城学会在举办“长城国家文化公园建设推动区域经济发展”专题论坛时邀请了部分长城沿线市县党政部门领导参会，中国图书评论学会在举办“书香中国　美好生活——精品图书与全民阅读高端学术论坛”系列学术活动时邀请出版界、印刷界、图书发行界等部门领导参会，中国应急管理学会在举办“中国应急管理学会智库论坛”时邀请国家减灾委员会、中国气象局、中国疾病预防控制中心等部门领导参会，有力推动了学界与实务部门的沟通交流。

第十二篇　宣传工作

2021 年全国社科工作办牢固树立政治意识、创新意识、服务意识，充分依靠广大专家学者，大力宣介优秀学术成果，在扩宽宣传渠道、提升宣传质量和水平上下功夫，不断推动宣传工作落细落实、做大做强。

一、办好国家社科基金“两报”专刊

一年来，全国社科工作办始终牢牢把握正确政治方向、价值取向和研究导向，坚持体现国家社科水准，依托《光明日报》《中国社会科学报》国家社科基金专刊，强化选题策划，精心约稿选稿，推出了一批学理性强、可读性高、有一定思想深度的原创性文章。全年累计出刊 43 期，文章 115 篇，被人民网、新华网、求是网、“学习强国”学习平台等全国社科理论界主流媒体积极转发，今日头条等商业网站也对部分文章进行转发。“两报”专刊理论文章的受众范围不断扩大，影响力持续提升，社会反响良好。

一是始终把学习好、宣传好、贯彻好习近平新时代中国特色社会主义思想放在首位。先后刊发了《习近平法治思想对马克思主义法治理论的原创性贡献》《习近平法治思想的理论逻辑、历史逻辑与实践逻辑》《构建新发展格局的现代化理论逻辑》《在贯彻新发展理念构建新发展格局中展现新作为》等文章，深入阐释习近平新时代中国特色社会主义思想的丰厚内涵。

二是在重要时间节点推出重磅学术文章。在习近平总书记“5·17”重要讲话发表5周年之际，连续刊发3版，邀请数位知名专家，就各学科如何深入贯彻落实习近平总书记讲话精神进行展望，围绕构建“三大体系”进行深入阐述，形成宣传声势与合力。5月17日当天，在《光明日报》发布《构建全方位、全领域、全要素的哲学社会科学体系》一文，系统梳理5年来哲学社会科学领域的成就，用翔实数据展示5年来我国哲学社会科学事业发展成就。约请老中青7位知名学者撰文，

14·15 理论·国家社科基金

不忘本来 吸收外来 面向未来

——习近平总书记“5·17”重要讲话发表五年来哲学社会科学事业谱写新篇章

为党和人民述学立论

构建全方位、全领域、全要素的哲学社会科学体系

当代学人的历史使命

聆听时代声音 回应时代呼唤

哲学社会科学研究中的科学精神与科学方法

推动中华优秀传统文化创造性转化、创新性发展

坚持马克思主义在我国哲学社会科学领域的指导地位

提升我国哲学社会科学的国际话语权

在习近平总书记“5·17”重要讲话发表5周年之际，《光明日报》国家社科基金专刊特别策划通版文章

围绕深入学习贯彻习近平总书记“5·17”重要讲话精神，积极回应时代要求和人民期待，为国家发展和民族复兴提供坚实学理支撑。为迎接建党百年，刊发《中国共产党百年党性教育的历史经验》《深刻领会中国共产党精神谱系的丰富内涵》《党的百年征程中坚持理论强党的宝贵经验》《百年守正创新：社会主义的中国贡献》等文章，展现中国共产党的百年光辉历程。在习近平总书记发表“七一”重要讲话之际，刊发《伟大建党精神从哪里来》《中华民族共同体的文化构建向度》《走自己的路是党的全部理论和实践立足点》等文章，立足党的百年实践，阐发党的伟大事业在接续奋斗中的结晶。围绕习近平总书记在中央人大工作会议上的重要讲话精神，刊发《中国特色社会主义法律体系的鲜明特质》等文章，阐释我国社会主义法律体系所具有的一系列中国特色。围绕百年考古，刊发《甄器尚象：仰韶彩陶之光》《考古学极大地延伸了中国历史轴线》《从四大板块看史前中国文明的演进与互动》《从三星堆到金沙：展现中国上古精神世界的知识图景》等文章，集中

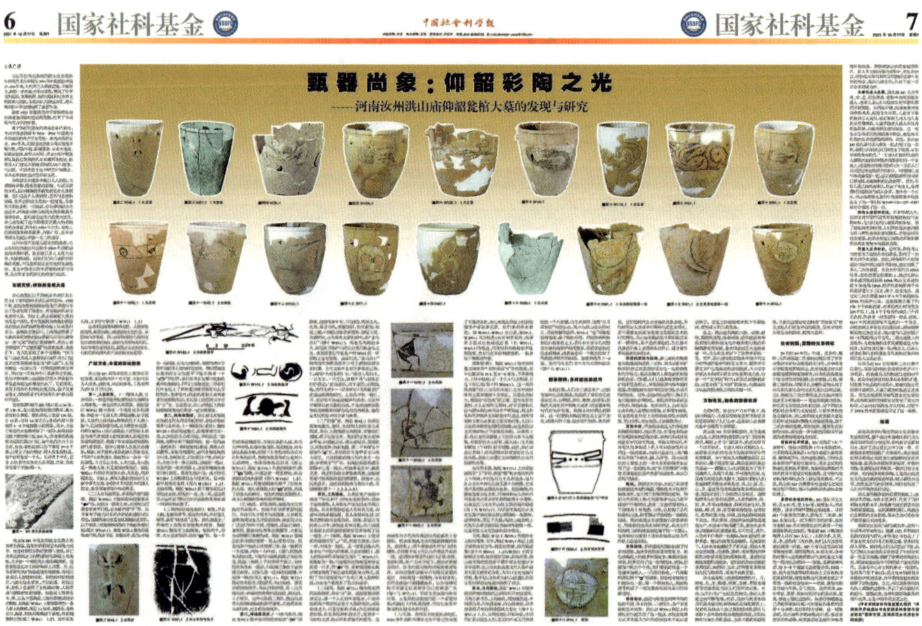
6 国家社科基金

中国社会科学报

国家社科基金 7

甄器尚象：仰韶彩陶之光

——河南汝州洪山庙仰韶瓮棺大墓的发现与研究

百年考古系列《中国社会科学报》国家社科基金专刊特别策划

展示考古学研究最新成果，凸显百年考古精神。

三是在建党100周年之际，与光明日报社联合推出专栏，全面展现在党的领导下，特别是党的十八大以来哲学社会科学领域取得的成就。刊发《中国哲学社会科学百年发展成就及经验》《建设具有主体性原创性的中国哲学社会科学》等文章，全面回顾在党的领导下，中国哲学社会科学与时代同发展、与人民齐奋进，为党和国家的事业作出的重要贡献，取得的重大成就和积累的宝贵经验。

四是突出文史哲等基础学科，推动优秀传统文化传承与跨文化交流。围绕中华优秀传统文化创造性转化、创新性发展，刊发《中国传统文化与中国现代化进程》《推动儒学创新发展》等文章，深刻回答了中华传统文化服务现代化何以可能的问题。围绕中华优秀农耕文化，刊发《丝路农业交流与中华农业文明的发展》《植根土地的文化追寻——农业文化遗产的永续价值与保护实践》等文章，深入挖掘优秀传统农耕文化蕴含的思想观念、人文精神、道德规范。围绕史学新知，刊发《海昏侯墓园考古与西汉史的新知》《非简牍材料中的早期天文学探索》《清华简与〈尚书〉学史重写》等文章。围绕语言学的发展，刊发《国家通用语言是民族认同基石》《延安时期语言改革的历史意义》《语法化·词汇化·界面及其他》等文章。围绕诗学相关领域，刊发《论元代北疆纪行诗》《象征诗派的音乐性探索》等文章。围绕中外文明互鉴，刊发《文明对话:〈老子〉德译二百年》《中外戏剧经典的跨文化研究:双向思维促进多元文明互鉴》《糯：民族社会文化构建与文明交流互鉴之视窗》等文章，生动展现我国传统文化在推动文明碰撞、互鉴融合的过程中发挥的重要纽带作用。

五是树立正确学术导向，营造良好办刊风气。约请数位优秀学术期刊主编，撰写《繁荣中国学术　发展中国理论　传播中国思想》《学术期刊的历史使命与期刊人的社会责任》《立潮头发先声　为党和人民述学立论》《努力做大时代的捕风者》《水木清华众秀钟》等文章，引

光明日报 2021年8月4日 星期三

理论·国家社科基金 11

立足伟大实践 推动创新创造 谱写哲学社会科学繁荣发展新篇章

——2021年度国家社科基金项目评审工作会议发言摘登

编者按

增强学术自信 肩负起实现中华民族伟大复兴的使命和责任

中央党校（国家行政学院）副校（院）长 李毅

党的百年奋斗历史是中国哲学社会科学研究的富矿

中央党史和文献研究院学术和编审委员会主任 陈理

深入理解中华文明 增强做中国人的骨气和底气

北京大学副校长、教授 王博

在贯彻新发展理念构建新发展格局中展现新作为

中国人民大学副校长、教授 刘元春

构建合作、开放、互利共赢的人类命运共同体

中国社会科学院世界经济与政治研究所所长、学部委员 张宇燕

《光明日报》国家社科基金专刊刊发2021年国家社科基金项目评审工作会专家发言

导哲学社会科学工作者为党和人民做学问，做党和人民的学问，为繁荣哲学社会科学作出应有贡献。

二、运营好全国社科工作办网站

一年来，全国社科工作办网站秉承为专家学者服务的宗旨，及时提供最新社科资讯，促进学术交流，弘扬优良学风。据统计，网站全年访问人次达300万次，总浏览量近500万次，相比2020年增加近400万次，日均浏览量同比增加近千次。网站更新页面基础信息数千条，其中刊发各类理论学术文章1400余篇，通知公告近百件。

一是加强网站专题策划。在习近平总书记“5·17”重要讲话发表5周年之际推出“哲学社会科学工作座谈会召开五周年”专题报道，回顾习近平总书记关于哲学社会科学工作的重要论述和对哲学社会科学工作者提出的殷切期望。专题设立“学者新声”“智库之音”“‘三大体系’建设”“地方动态”4个宣传板块，系统梳理5年来哲学社会科学战线取得的重要成就。各地社科办、社科联网站及各大资讯平台对专题积极转发和宣传报道，进一步壮大了舆论声势，营造了良好的思想舆论氛围。

二是打造一站式社科服务平台。第一时间更新“时政要闻”“社科动态”“高端智库”“社团工作”“国家社科基金专刊”等重要栏目，为广大用户提供最新的权威社科资讯。与此同时，严格按照程序，对发布的重要文件、通知公告、新闻报道进行审校，为广大专家学者提供准确的全过程查询服务。

三、办好国家社科基金《成果要报》

国家社科基金《成果要报》是全国社科工作办为推动哲学社会科

学界更好服务中央决策创办的一个内部刊物。2021年，《成果要报》进一步聚焦中央决策、加强选题策划、强化组稿选稿、提高选发标准，选编刊发40多期。其中，围绕抗击新冠肺炎疫情编发了《关于适时启动编纂〈公共卫生法典〉的建议》《积极参与〈大流行病公约〉谈判　推动中国抗疫经验法制化》等；围绕构建新发展格局、推动经济高质量发展编发了《为我国高储蓄率正名　赢得国际政策对话主动》《关于信贷支持先进制造业产业链补强的政策建议》等；围绕实现碳达峰碳中和编发了《关于依靠碳捕集利用与封存推进碳达峰碳中和的建议》《防范高碳资产搁浅引发系统性金融风险》等；围绕加快推动科技创新编发了《关于全方位提升关键核心技术预见能力的建议》《关于企业牵头组建创新联合体的分析和建议》等；围绕党史学习教育编发了《关于扩大湘江战役历史的社会影响的建议》《"国之大者"的历史与现实启示》等；围绕发展数字经济编发了《数字经济领域新就业形态的现状、问题及对策建议》《关于我国高水平参与DEPA的政策建议》等；围绕巩固脱贫攻坚成果编发了《关于适时启动"心理扶贫"全面巩固脱贫成果的建议》等；围绕金融服务实体经济编发了《加快发展农村数字普惠金融的建议》等；围绕涉外法治问题编发了《关于制定〈涉外法治战略规划〉的建议》等。全年共获得中央领导同志肯定性批示10余次，部分对策建议被吸收转化为部委决策或政策性文件，决策部门多次调阅相关成果。《成果要报》推动哲学社会科学研究成果转化应用、服务中央决策的重要作用得到进一步凸显。

第十三篇　经费管理

一、预决算情况

2021年，国家社科基金经费预算总额为27.05亿元。全年经费预算执行顺畅有序，各项任务基本完成。2021年经费使用安排总的思路是：坚持以习近平新时代中国特色社会主义思想为指导，深入贯彻落实习近平总书记关于哲学社会科学工作的重要论述，以加快构建中国特色哲学社会科学为主要目标，稳定现有项目类别和立项规模，优化资助结构，突出资助重点，强化绩效管理，提高资助效益，推动国家社科基金实现内涵式发展，更好服务党和国家工作大局。具体体现在以下几个方面。

（一）深入推进国家高端智库建设工作

贯彻落实《关于深入推进国家高端智库建设试点工作的意见》，坚持国家高端智库建设高质量发展，加强对各高端智库的组织领导和规范管理，积极开展高端智库联合研究，进一步提高服务决策的质量和水平。调整优化高端智库建设结构布局，选择一批中央决策急需、关系发展全局的专业性智库纳入培育工作，稳步扩大高端智库建设梯队。2021 年，国家高端智库建设各单位资助经费共计 2.5 亿元。

（二）积极引导扶持社科学术社团发展

为进一步加强对全国性社科学术社团的引导扶持，发挥优秀社团的示范引导作用，2021 年国家社科基金继续组织实施社科学术社团资助计划。2021 年围绕“庆祝中国共产党成立 100 周年”“开局‘十四五’、开启新征程”“全面建成小康社会”等主题资助开展学术活动 152 项。对 2020 年奖补的 50 家社团进行了年度考核，根据考核评价情况，对相关社团奖补经费档次和数额进行了调整。组织实施 2021 年优秀社科学术社团奖励性补助，遴选增补 26 家优秀全国性社科学术社团加强规范化建设。全年资助经费总额为 4000 余万元。

（三）加强对专项工程的支持力度

按照研究专题设立若干专项，将基金投向重点领域和关键环节，有利于充分发挥国家社科基金统筹协调作用，组织相关领域重点研究机构和研究力量协同攻关，服务党和政府决策，推动学术理论创新发展，取得显著成效。2021 年，国家社科基金组织实施了阐释党的十九届五中全会精神研究、中国历史研究院重大历史问题研究、铸牢中华民族共同体意识研究、冷门绝学研究、高校思想政治理论课研究等专项，大力推进相关问题研究。2021 年，专项工程资助经费共计 2.29 亿元。

（四）常规项目立项数量与上年基本持平

考虑到目前我国各级各类项目越来越多，为避免出现重复立项问题，国家社科基金坚持走内涵式发展道路，保持常规项目立项总数基本稳定，适当调整资助结构，适当向重点项目、青年项目倾斜，加强各类项目中期管理和鉴定结项工作，不断提高资助效益。从决算情况看，2021 年项目性经费执行总额为 26.3 亿元，占经费总预算的 97.2%。总的来看，2021 年国家社科基金决算与预算基本符合。

（五）加大对重大问题研究项目的资助力度

近年来，国家社科基金重大项目实施取得了显著成效，凝聚了一批具有广泛影响的学术领军人物，推出了一批具有重大理论和实践价值的研究成果。2021年国家社科基金继续加强对重大问题研究的资助力度，进一步加强对习近平新时代中国特色社会主义思想、中国共产党成立100周年、马克思主义中国化“两个结合”、全过程人民民主、中国式现代化新道路、重要文化典籍整理、学术专题数据库建设、哲学社会科学学科建设等重大基础理论问题研究，加强对“双循环”新发展格局、国家治理、共同富裕、碳达峰碳中和、关键核心技术突破、数字经济、公共卫生防疫、生态保护、法治建设等重大现实问题研究，努力推出更多代表国家水准的研究成果。国家社科基金重大项目全年共立项348项，资助经费总额为2.28亿元。

（六）加强国家社科基金资助学术期刊管理

根据《国家社会科学基金学术期刊资助管理办法》，综合各方面情况，有31家期刊考核“优秀”，118家期刊考核“良好”，19家期刊考核“合格”，5家期刊考核“不合格”，对考核“合格”以上且剩余经费较少的144家期刊进行分类资助，合计资助6360万元。另外，按照“有进有出、优胜劣汰、激励约束”的资助机制，2021年开展了资助学术期刊增补工作，共增补了8家期刊为国家社科基金资助期刊，合计资助320万元。两项共计6680万元。

二、修订《国家社会科学基金项目资金管理办法》

为贯彻落实《国务院办公厅关于改革完善中央财政科研经费管理的若干意见》（国办发〔2021〕32号）精神，财政部和全国哲学社会科学工作领导小组修订印发了《国家社会科学基金项目资金管理办法》（财教〔2021〕237号）。

此次修订工作适应我国哲学社会科学事业工作发展新形势新要求，坚持遵循特点、规范使用、提高效益，旨在更好促进多出优秀成果、培养更多优秀人才。在修订过程中坚持把握以下主要原则。一是遵循哲学社会科学研究的特点和规律。哲学社会科学研究是一种特殊的精神劳动，科研经费使用管理要遵循社科研究的特点规律，符合实际、实事求是，以科学管理促进繁荣发展。二是符合国家财政科研资金管理的总体要求。根据国家财政资金管理新要求，完善项目资金使用和管理的监督机制，努力提高资金使用效益。三是坚持以人为本。聚焦社科界关心的主要问题，回应科研人员绩效激励和经费使用上的合理诉求，激发科研人员热情，释放社科研究活力。四是坚持"放管服"结合。在充分下放管理权限的同时，强调成果导向和绩效导向，强化项目责任单位责任，突出依法规范管理。

三、加强预决算管理

加强项目经费预算管理是国内外普遍采用的科研经费管理方式，对于科学配置科研资源、提高经费使用效益具有重要作用。2021年，全国社科工作办严格按照新修订的《国家社会科学基金项目资金管理办法》的相关规定，审核项目资金预算，继续加大对预算合规性、合理性的审核力度，对存在违规列支论文发表版面费、过度购置设备、列支与项目研究目标无关的支出等情况的项目预算要求重新编制，严格防止"抄预算""拼预算""乱预算"，促进各课题组切实重视预算编制工作，提高预算编制质量和可执行性。全年共审核各类项目预算7200多份，退回不合规预算412份，均予备案。与此同时，在结项验收环节进一步强化经费决算审核。对违规列支经费开支、预决算严重不符、决算内容粗糙模糊及未附财务支出明细的项目一律不予结项。

第十四篇　2021 年度国家社科基金项目科研产出及研究热点统计分析

中国社会科学评价研究院*

本报告采用定性定量相结合的方法，对国家社科基金项目在 2021 年和过去 5 年（2017—2021 年）中的科研产出和研究热点及其变化情况进行分析和研判。以论文为主要统计对象，从项目类型、单位、所属系统、学科等角度，对科研成果的影响力（被引、下载和转载等）情况进行分析。

本报告的统计数据主要包括 3 类，共 9 种数据来源：一是项目数据来源，全国哲学社会科学工作办公室网站的项目数据库；二是被引下载等数据来源，国家哲学社会科学学术期刊数据库、中国知网、万方数据；三是转载数据来源，人民出版社的《新华文摘》、中国社会科学院的《中国社会科学文摘》、上海社会科学院的《社会科学文摘》、

---

* 项目组人员：荆林波、苏金燕、耿海英、余倩、王雅静。
此报告得到中国社会科学院图书馆、同方知网（北京）技术有限公司、人民出版社《新华文摘》编辑部、中国社会科学杂志社、上海社会科学院、中国人民大学书报资料中心、上海师范大学知识与价值科学研究所的大力支持，得到郑州大学信息管理学院周春雷教授团队的大力帮助，在此一并表示感谢。

上海师范大学的《高等学校文科学术文摘》和中国人民大学的《人大复印报刊资料》。

统计遵循“第一作者”原则，即对依托国家社科基金项目发表论文的单位、所属系统的发文和影响力情况进行分析时，以论文中第一作者的信息进行统计。其他统计参照“第一作者”原则，以标注的第一个信息为准。如在进行基金课题统计时，有的期刊论文标注了多个基金课题，那么将以其标注的第一个国家社科基金的类型、立项年度等信息为准进行统计。发文情况及其被引、下载情况等统计截止日期为2022年1月10日。

一、国家社科基金项目基本情况

（一）立项数量持续增加

国家社科基金项目立项数量持续增加，资助力度持续加强。2012—2021年共资助项目57685项，其中2012年立项数为4638，到2021年时立项数达到7149项（见表14-1），是10年前的1.5倍（见表14-1），呈快速增长趋势，尤其是2017年以来，立项数量较前一年度都有较大幅度增长。

表14-1 各类型项目立项数量（2012—2021年）

序号	项目类型①	2012	2013	2014	2015	2016	2017	2018	2019	2020	2021	合计
1	重大	179	99	165	237	213	331	339	364	338	383	2648
2	重点	247	338	379	274	283	343	342	326	363	397	3292
3	一般	1902	2006	2473	2476	2572	2850	2994	2939	3184	3530	26926

① 此处涵盖的国家社科基金项目类型分别是重大项目、重点项目、一般项目、青年项目、西部项目、后期资助项目（含优秀博士论文出版项目）、专项工程项目和中华学术外译项目，表14-1中分别简称重大、重点、一般、青年、西部、后期、外译和专项。

（续表）

序号	项目类型	2012	2013	2014	2015	2016	2017	2018	2019	2020	2021	合计
4	青年	1397	1494	1046	1027	1061	1096	959	1014	1078	1103	11275
5	西部	551	500	505	498	480	492	412	378	496	499	4811
6	后期	294	365	366	419	398	500	613	1008	1021	1049	6033
7	外译	68	60	78	113	138	169	185	154	196	237	1398
8	专项	—	—	—	—	76	79	325	397	474	374	1725
合计		4638	4862	5012	5044	5221	5860	6169	6580	7150	7149	57685

注：表中 2012—2020 年数据来自国家社会科学基金项目数据库，与全国哲学社会科学工作办公室逐年公布的立项数据略有差异，2021 年数据来自全国哲学社会科学工作办公室网站公告。

值得关注的是，自 2016 年开始，国家社科基金设立了“专项工程”，对重大理论和现实问题进行深入系统的研究（见表 14-1）。组织力量深入研究阐释党的十九大和十九届历次全会提出的新思想新观点新论断，大力推动实践基础上的理论创新，着力推出有理论说服力、有实践指导意义、有决策参考价值的重大成果，更好服务党和国家工作大局。自 2018 年起，国家社科基金设立冷门“绝学”和国别史等研究专项，除个人项目外还设学术团队项目。结合社会需要、面向现实问题，设立高校思想政治理论课研究专项（2019 年开设）、国家应急管理体系建设专项（2020 年）等，2021 年开设的中国历史研究院重大历史问题研究专项则是针对中国史、世界史、考古学 3 个基础研究领域的基金项目。这些专项课题在解决重大学术理论问题和重大社会现实问题方面发挥了重要作用。

（二）科研产出数量快速增长

国家社科基金项目科研产出的增长速度大于基金立项数量增长速度。从 2012 年到 2021 年，国家社科基金项目科研产出数量（含期刊论文、学位论文、会议论文和辑刊论文）在不断增长，虽然于 2017 年时增长速度有所放缓，但仍然高于基金立项数量的增长速度（见图 14-1）。

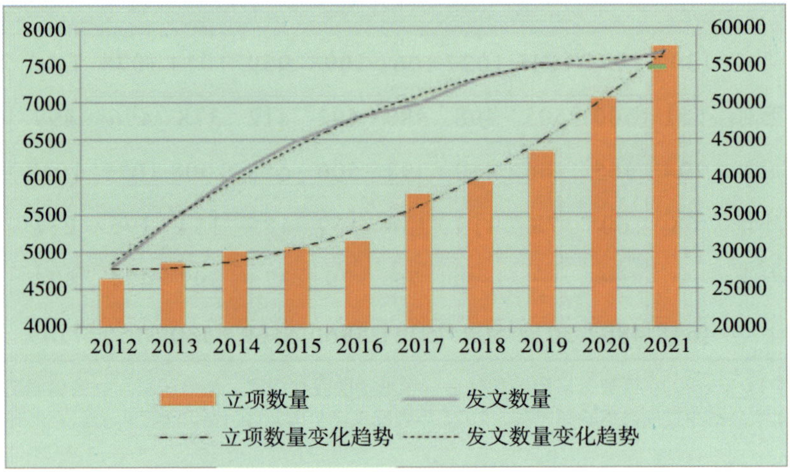

图 14-1 国家社科基金立项与发文数量（2012—2021 年）

二、国家社科基金项目论文产出及其影响情况

国家社科基金项目的科研成果形式多样，其中论文（期刊论文、会议论文、学位论文和论文集论文等）、学术著作、研究报告等是国家社科基金项目的主要科研成果形式。受学术著作、研究报告等数据获取情况影响，本报告主要从论文形式的成果出发，对国家社科基金项目的科研产出及其影响情况进行分析。

（一）各类型项目论文情况

1．2017—2021 年度发文及影响

（1）发文情况。2017—2021 年，国家社科基金项目发文共计 248690 篇，其中发文最多的是一般项目，发文数量超过 9 万篇，其次是重大项目，发文数量超过 5 万篇，两者发文之和超过了发文总数的 57%。第三是青年项目，第四是重点项目，这 4 种类型项目的发文数量之和超过了发文总数的 80%，是各类型项目发文的主要力量。从每个项

目的平均发文数量来看，重大项目无疑是发文最多的，每个重大项目平均发文29.51篇，每个重点项目平均发文14.53篇，其中青年项目的平均发文量位居第三位，达到6.61篇[①]。

分年度统计国家社科基金各类型项目发文后发现，2017—2021年，年发文总体上呈增长趋势，但各类项目发文情况略有不同。具体到各类型项目，年度发文变化明显的有：重大项目发文整体呈上升趋势，2017年发文数是8798篇，2021年上升到11839篇，专项项目发文也呈现出明显上升趋势；青年项目、重点项目和西部项目发文数量呈缓慢下降趋势，2021年比2017年发文数分别下降了1259篇、509篇和602篇；一般项目、后期项目和外译项目发文数量稳中有升。可以看出，重大项目和专项项目在国家社科基金各类项目中发挥了重要作用，分年度国家社科基金各类型项目发文数量和趋势见表14-2和图14-2。

表14-2　分年度国家社科基金各类型项目发文数量（2017—2021年）

项目类型	2017年	2018年	2019年	2020年	2021年	合计
一般	17417	19057	18739	17694	18553	91460
重大	8798	9760	10005	11391	11839	51793
青年	7917	7969	6741	5978	6658	35263
重点	5516	5317	4925	4968	5007	25733
西部	2737	2555	2420	2357	2135	12204
后期	986	899	898	1059	2615	6457
专项	245	847	983	1075	4393	7543
外译	33	28	33	28	37	159
其他	2744	6756	3354	4635	589	18078
合计	46393	53188	48098	49185	51826	248690

① 部分重大专项项目归入国家社科基金重大项目进行统计。

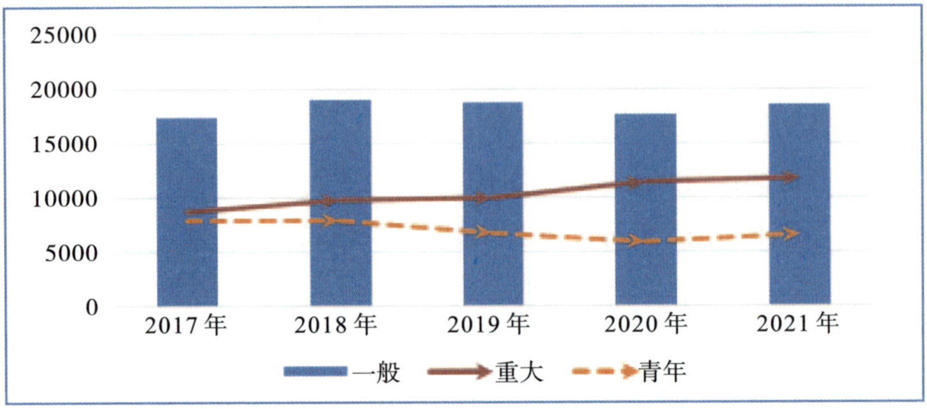

图 14-2 各类型项目发文数量年度趋势（2017—2021 年）

（2）被引和被转载情况。截至数据下载日期，2017—2021 年国家社科基金项目论文共计被引 1266299 次，篇均被引 5.09 次，其中重点项目（6.30 次）篇均被引最高，其次是重大项目（5.63 次）和青年项目（5.16 次），三者资助文章的篇均被引都超过了 5 次，随后是一般项目和专项项目。后期项目、外译项目和西部项目篇均被引较低。下载共计 107637723 次，篇均下载 432.82 次。被五大文摘共转载 17700 次，其中，重大和重点项目的篇均转载次数最多，平均每 10 篇就被转载 1 篇。2017—2021 年国家社科基金项目论文被引、下载和转载情况见表 14-3 和图 14-3。

表 14-3 国家社科基金项目论文被引、下载和转载情况（2017—2021 年）

项目类型	发文总数	被引总次数	篇均被引	下载总次数	篇均下载	转载总篇数	篇均转载[①]
重点	25733	162099	6.30	13053776	507.28	2138	0.08
重大	51793	291465	5.63	24763429	478.12	4639	0.09
青年	35263	182081	5.16	14898098	422.49	2433	0.07
一般	91460	449804	4.92	37741645	412.66	5456	0.06

① 如果一篇论文被五大文摘中任一文摘转载即计为转载论文，2017—2020 年数据是被四大文摘转载情况，2021 年新增加《社会科学文摘》转载情况。

（续表）

项目类型	发文总数	被引总次数	篇均被引	下载总次数	篇均下载	转载总篇数	篇均转载
专项	7543	27778	3.68	3697138	490.14	335	0.04
后期	6457	17272	2.67	2280908	353.25	463	0.07
外译	159	595	3.74	54142	340.52	6	0.04
西部	12204	40103	3.29	3628953	297.36	453	0.04
其他	18078	95102	5.26	7519634	415.95	1777	0.10
合计 / 平均	248690	1266299	5.09	107637723	432.82	17700	0.07

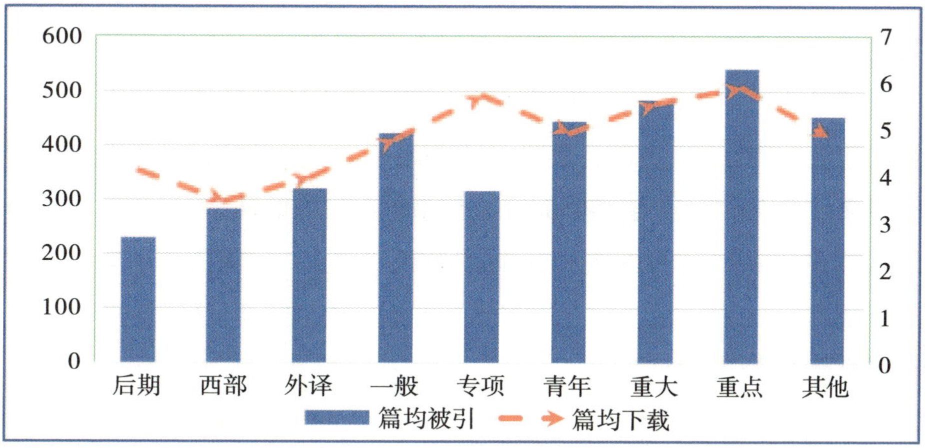

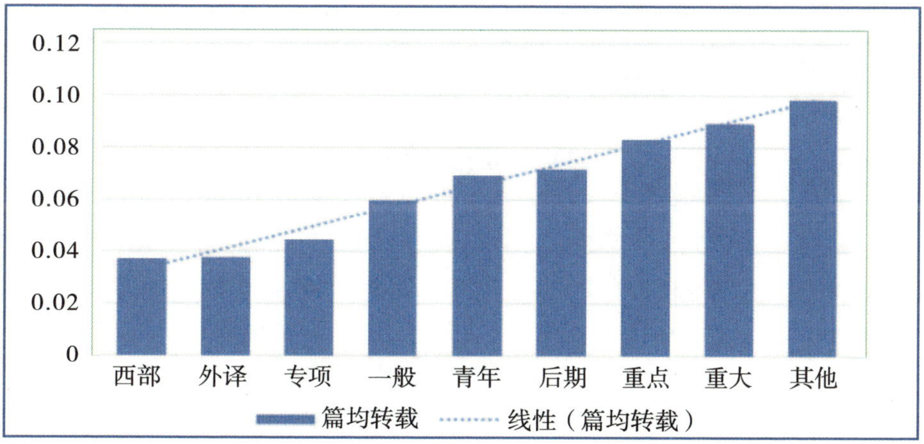

图 14–3 国家社科基金各类型项目论文篇均被引下载（上图）和篇均转载（下图）（2017—2021 年）

2．2021 年度国家社科基金各类型项目发文及影响

2021 年度国家社科基金各类型项目共计发文 51826 篇，总被引 26173 次，总下载约 1944 余万次，被五大文摘转载 3026 篇次，篇均被引 0.51 次（2020 年为 0.45 次），篇均下载 375.22 次（2020 年为 298 次）。由此可见，依托国家社科基金项目所发表论文质量有所提高。2021 年国家社科基金各类型项目发文及影响情况如表 14-4 和图 14-4 显示。从各类型项目发文角度统计来看：①重大项目发文数量超过 1 万篇，一般项目发文数量接近 2 万篇；②一般项目、重大项目、青年项目和重点项目发文数量之和超过了总发文数的 80%，是年度发文数量的主要力量；③西部项目、后期项目和外译项目发文相对较少。从各类型项目论文的被引统计来看，重点项目篇均被引最高，其次是专项项目和重大项目，3 类项目篇均被引差距不大，一般项目、青年项目和后期项目接近。从各类型项目论文的篇均转载来看，重大项目（0.09 次）最高，重点项目（0.08 次）其次，青年、一般、后期和外译项目的篇均转摘均为 0.05 次。2021 年国家社科基金各类型项目篇均被引和转载情况见图 14-5。

表 14-4 国家社科基金各类型项目发文数量及影响情况（2021 年）

项目类型	2021 年基金发文数量	被引总次数	篇均被引	下载总次数	篇均下载	转载总篇数	篇均转载
重点	5007	3084	0.62	2230498	445.48	419	0.08
重大	11839	6743	0.57	4740434	400.41	1025	0.09
青年	6658	3187	0.48	2393544	359.50	326	0.05
一般	18553	8518	0.46	6469425	348.70	901	0.05
专项	4393	2606	0.59	1884788	429.04	155	0.04
后期	2615	1153	0.44	953111	364.48	122	0.05
外译	37	5	0.14	7036	190.16	2	0.05
西部	2135	674	0.32	583778	273.43	60	0.03
其他	589	203	0.34	183395	311.37	16	0.03
合计 / 平均	51826	26173	0.51	19446009	375.22	3026	0.06

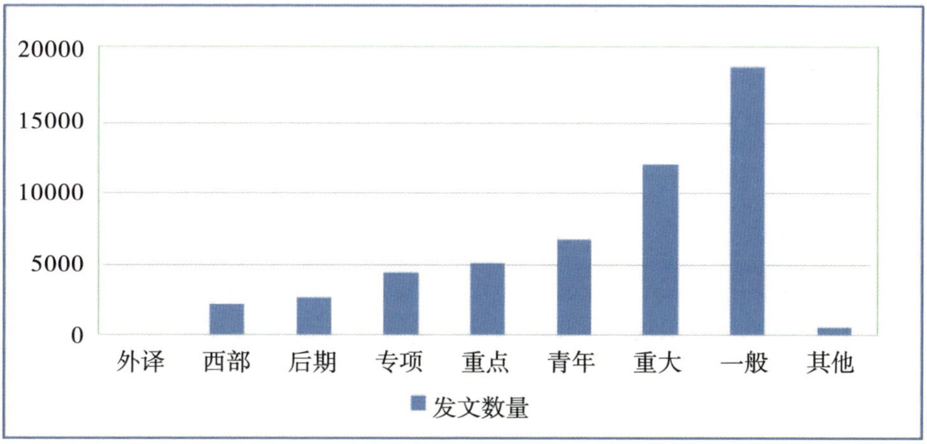

图 14-4 国家社科基金各类型项目发文数量（2021 年）

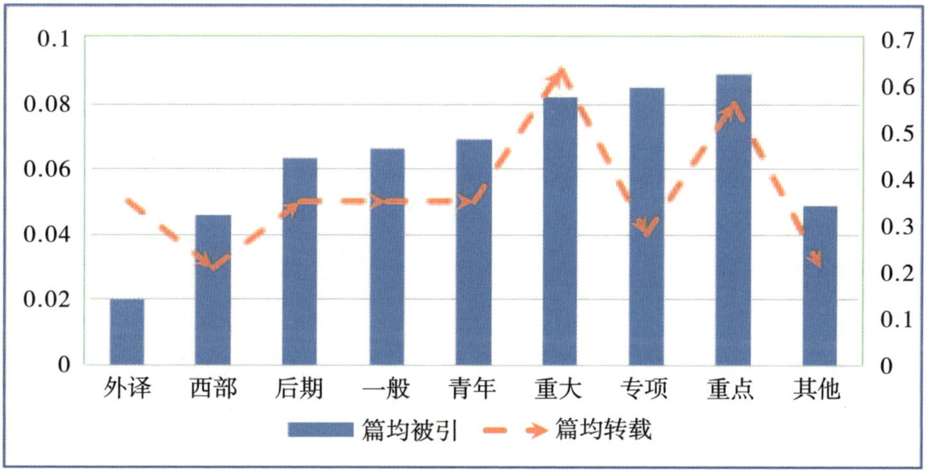

图 14-5 国家社科基金各类型项目篇均被引和转载（2021 年）

总的看，国家社科基金项目论文影响力普遍高于普通论文，重大项目、重点项目、一般项目和青年项目是国家社科基金发文的主要力量，且重大项目、重点项目发文影响力较大，专项项目、重大项目和一般项目发文整体上都呈上升趋势，青年项目发文略有下降。

（二）系统及单位发表国家社科基金项目论文情况

1．2017—2021 年发文及影响

参与国家社科基金项目的科研单位发文众多，很多成果具有重要科研影响力，被引和转载情况相对其他研究成果更好。2017—2021 年，国家社科基金项目发文涉及的单位有 1831 个，包含高校系统、社科院系统、党校系统、党政机关、军队系统等系统单位[①]。近 5 年，高校系统发文占比最高，占发文总量的 85.80%，社科院系统发文占 3.48%，党校系统发文占 2.05%（见表 14-5）。

表 14-5　不同系统单位发文量情况（2017—2021 年）

系统	发文总量	发文比例（%）	被引总次数	篇均被引次数	下载总次数	篇均下载次数
高校系统	213381	85.80	1109235	5.20	115146805	539.63
社科院系统	8643	3.48	44455	5.14	4673378	540.71
党校系统	5107	2.05	18747	3.67	2170774	425.06
党政机关	1855	0.75	14075	7.59	1217185	656.16
军队系统	1321	0.53	3737	2.83	444264	336.31
其他	18383	7.39	76050	4.14	7755931	421.91
总计	248690	100	1266299	5.09	131408337	528.40

表 14-6　机构发文被引、下载情况（2017—2021 年）

序号	单位名称	发文总量	被引总次数	篇均被引次数	下载总次数	篇均下载次数
1	中国社会科学院	5301	30829	5.82	3273318	617.49
2	武汉大学	4465	31937	7.15	3142451	703.80

① 该系统类型以国家社科基金规定的系统类型（7 种类型）为基础来划分，其中高等院校、其他学校称为“高校系统”，各级党校称为“党校系统”，各级党政机关称为“党政机关”，将省、市社会科学院与中国社会科学院数据合并称为“社科院系统”，军队系统（包括地方军队院校）称为“军队系统”，以及其他，共 6 种系统类型。

（续表）

序号	单位名称	发文总量	被引总次数	篇均被引次数	下载总次数	篇均下载次数
3	南京大学	3926	22888	5.83	2451827	624.51
4	中国人民大学	3862	32914	8.52	3187577	825.37
5	南开大学	3201	17770	5.55	2113335	660.21
6	吉林大学	3012	20371	6.76	1962761	651.65
7	北京师范大学	2948	16280	5.52	1849534	627.39
8	北京大学	2854	18461	6.47	1983412	694.96
9	华东师范大学	2854	14489	5.08	1698601	595.17
10	山东大学	2437	13208	5.42	1360775	558.38
11	复旦大学	2402	15329	6.38	1634236	680.36
12	清华大学	2376	20486	8.62	2116313	890.70
13	中山大学	2372	14554	6.14	1633249	688.55
14	四川大学	2236	9696	4.34	1083279	484.47
15	华中师范大学	2232	12075	5.41	1283382	574.99
16	南京师范大学	2036	10097	4.96	1154359	566.97
17	浙江大学	2020	12625	6.25	1268166	627.80
18	陕西师范大学	2010	7365	3.66	833986	414.92
19	上海交通大学	1855	11807	6.36	1218155	656.69
20	中南财经政法大学	1829	14468	7.91	1377018	752.88

2．2021年发文及影响

（1）发文机构性质和类型。2021年，高校系统、社科院系统、党校系统、党政机关、军队系统与2017—2021年各系统发文占比情况相似，高校系统发文仍然占比最高，占发文总量的88.18%（见表14-7和图14-6）。

表 14-7　2021 年各系统发文量情况

系统	发文总量	发文比例（%）	被引总次数	篇均被引次数	下载总次数	篇均下载次数
高校系统	45702	88.18	22978	0.50	17371403	380.10
社科院系统	1908	3.68	1245	0.65	765380	401.14
党校系统	780	1.51	290	0.37	258826	331.83
党政机关	590	1.14	384	0.65	227214	385.11
军队系统	297	0.57	99	0.33	98064	330.18
其他	2549	4.92	1177	0.46	725122	284.47
合计	51826	—	26173	0.51	19446009	375.22

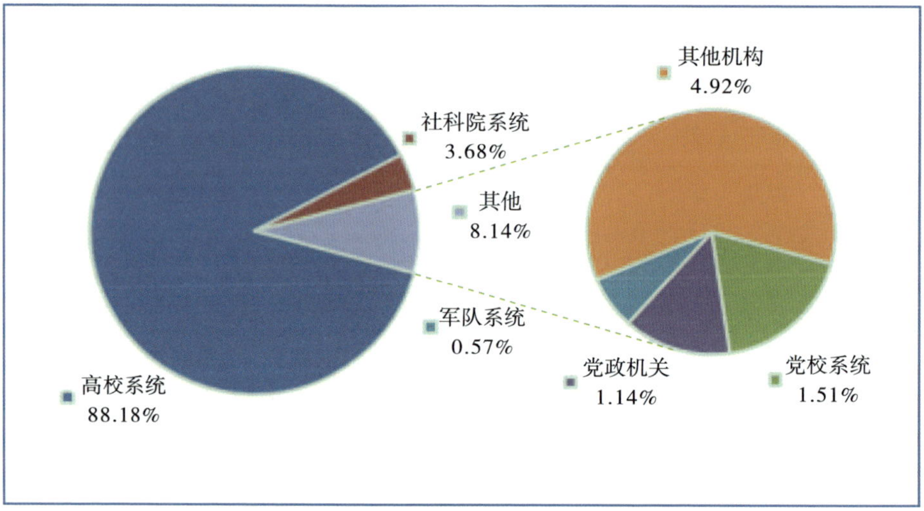

图 14-6　2021 年各系统发文比例（%）

（2）单位发文情况。在所有单位中，2021 年发文最多的是中国社会科学院（1263 篇），其次是武汉大学（891 篇），中国人民大学（869 篇）位列第三。2021 年发文量最多的前 20 个单位情况如表 14-8 所示。

表 14-8 单位发文被引、下载情况（2021 年）

序号	单位名称	发文数量	被引总次数	篇均被引次数	下载总次数	篇均下载次数
1	中国社会科学院	1263	970	0.77	553875	438.54
2	武汉大学	891	632	0.71	460507	516.84
3	中国人民大学	869	784	0.90	495647	570.36
4	南京大学	796	429	0.54	336489	422.72
5	北京大学	690	409	0.59	330180	478.52
6	华东师范大学	688	454	0.66	306323	445.24
7	南开大学	677	388	0.57	312632	461.79
8	北京师范大学	636	440	0.69	319812	502.85
9	山东大学	594	263	0.44	219334	369.25
10	吉林大学	553	497	0.90	284653	514.74
11	复旦大学	541	349	0.65	242675	448.57
12	清华大学	529	569	1.08	318953	602.94
13	华中师范大学	511	264	0.52	190920	373.62
14	四川大学	456	172	0.38	150159	329.30
15	浙江大学	447	240	0.54	198600	444.30
16	中山大学	440	195	0.44	185070	420.61
17	上海交通大学	438	222	0.51	171011	390.44
18	西南大学	436	318	0.73	191855	440.03
19	南京师范大学	418	214	0.51	161098	385.40
20	厦门大学	393	188	0.48	189959	483.36

从各系统论文的产出量来看，高校系统是哲学社会科学研究的主要阵地，发文量超过 85%。从各单位论文的产出总量来看，中国社会科学院和武汉大学是社科基金论文产出的重要单位。从各单位论文的总体影响力来看，不管是论文的总被引频次还是总的转载情况，中国社会科学院都表现较好。从各单位论文的篇均影响力来看，中国人民大

学和清华大学表现较好。

（三）各学科国家社科基金项目论文发表情况

1．2017—2021 年发文及影响情况

（1）发文、被引与下载。除教育学、艺术学和军事学 3 个单列学科外，国家社科基金共资助 23 个学科，由于部分重大项目、重点项目、专项项目等未归入具体学科，所以表 14-9 中“其他”包含了部分立项时未标注学科的重大项目、重点项目等（见表 14-9）。

按学科看，在 2017—2021 年国家社科基金项目发文中，民族学（21169 篇）、管理学（17127 篇）、应用经济（16621 篇）、法学（11925 篇）和马列·科社（11788 篇）5 个学科的发文总量最高。发文总量和被引总数是相关的，发文越多被引机会越大。

按照学科发文篇均被引情况排序，排前 5 名的分别是应用经济（7.55）、理论经济（7.44）、法学（7.43）、管理学（7.34）和人口学（6.72）。2017—2021 年各学科国家社科基金项目论文发表及影响力情况如表 14-9 所示。

表 14-9 各学科国家社科基金项目论文发表及影响情况（2017—2021 年）

序号	学科	发文数量	被引总次数	篇均被引次数	下载总次数	篇均下载次数
1	民族学	21169	112691	5.32	12279099	580.05
2	管理学	17127	125638	7.34	10971145	640.58
3	应用经济	16621	125483	7.55	10985935	660.97
4	法学	11925	88604	7.43	7298643	612.05
5	马列·科社	11788	42918	3.64	5929621	503.02
6	中国文学	11233	14720	1.31	2520892	224.42
7	政治学	10279	41189	4.01	5467257	531.89
8	理论经济	9381	69773	7.44	6349478	676.84

（续表）

序号	学科	发文数量	被引总次数	篇均被引次数	下载总次数	篇均下载次数
9	语言学	9157	31208	3.41	3750749	409.60
10	哲学	8790	21848	2.49	3077828	350.15
11	社会学	8315	50925	6.12	5167408	621.46
12	中国历史	6943	10775	1.55	1587465	228.64
13	图书馆·情报与文献学	6927	38283	5.53	3280655	473.60
14	体育学	5554	35994	6.48	3102991	558.69
15	新闻学与传播学	5392	25608	4.75	3485805	646.48
16	国际问题研究	3657	15415	4.22	1829120	500.17
17	党史·党建	3621	9526	2.63	1379925	381.09
18	外国文学	2957	4158	1.41	826448	279.49
19	宗教学	2918	13517	4.63	1063469	364.45
20	人口学	2301	15454	6.72	1443471	627.32
21	统计学	1895	10164	5.36	956331	504.66
22	世界历史	1698	2464	1.45	468439	275.88
23	考古学	1116	2183	1.96	309232	277.09

各学科中，篇均被引和篇均下载次数较多的是社会学科，如应用经济（7.55）、理论经济（7.44）、法学（7.43）、管理学（7.34）和人口学（6.72）。人文学科的篇均被引和篇均下载指标相对较低，人文学科中被引和下载指标较好的是民族学、宗教学和马列·科社等学科（见图14-7上半部分人文学科部分，形成人文学科和社会科学的“腰线”），篇均被引次数高于3.5，但要低于经济学（应用经济7.55、理

论经济 7.44)、法学（7.43)、管理学（7.34）等学科（见图 14-7 下半部分社会学科部分）。这说明，不同学科发文数量、被引和下载次数等差异较大，特别是社会科学和人文学科的差异比较明显。

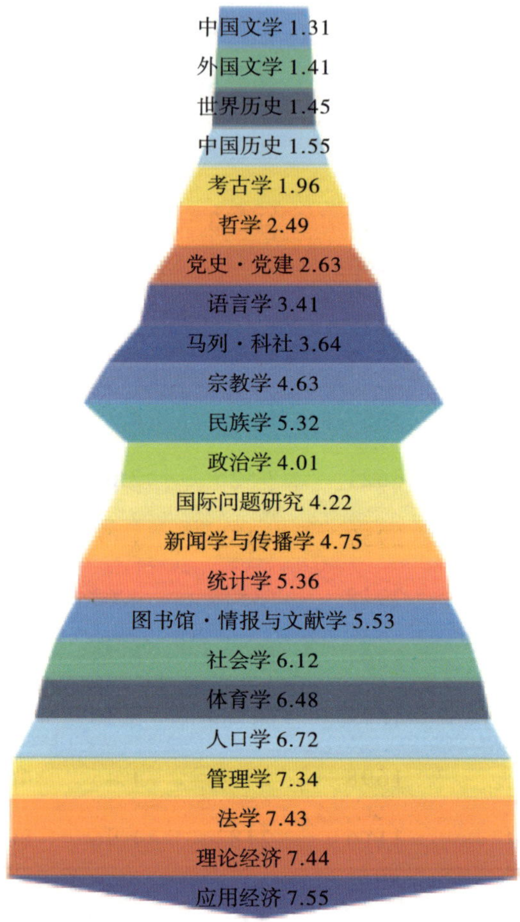

图 14-7　各学科国家社科基金项目论文篇均被引情况（2017—2021 年）

各学科下载情况具有一定的学科差异，下载情况较好的学科是理论经济（676.84)、应用经济（660.97)、新闻学与传播学（646.48)、管理学（640.58）和人口学（627.32)（见图 14-8)。由此可见，社会科学类的学科下载情况较好，人文学科的下载较好的为民族学、马

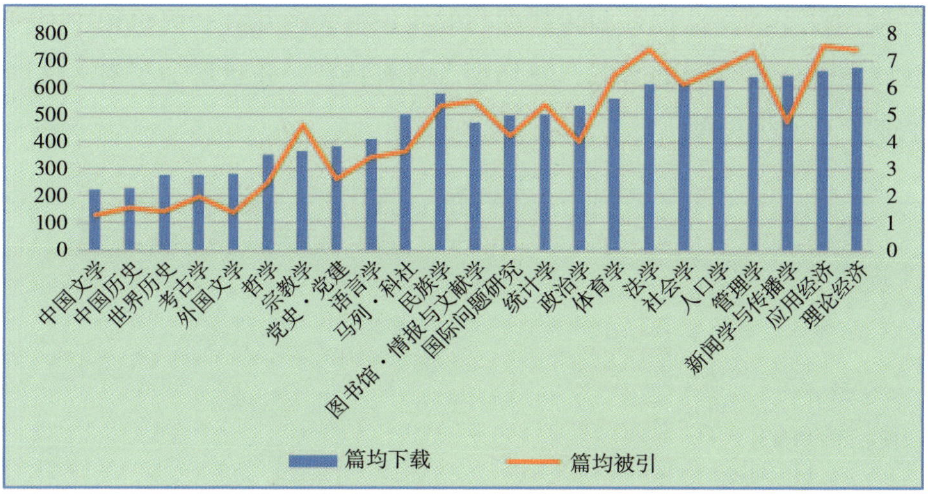

图 14-8 各学科国家社科基金项目论文篇均被引下载情况（2017—2021 年）

列·科社和语言学。这说明在被引和下载率方面，具有一定的学科逻辑，下载情况一定程度反映了学科的被引高低。

（2）发文转载情况。在学科发文转载规律上，发文总量和被引情况较好的学科转载情况一般也较好。但是，不同转载机构的转载行为不同，《人大复印报刊资料》转载较多，明显高于其他 4 家转载机构。《人大复印报刊资料》转载学科比较综合，转载情况较好的是哲学、世界历史、法学、中国文学、国际问题研究、社会学和中国历史等学科，其中既有社会科学类学科，也有人文学科类。转载较低的为考古学、语言学、新闻学与传播学、民族学和统计学，人文学科类转载情况整体上低于社会科学类，但人文学科转载有所增加。

《新华文摘》转载较多的学科为哲学、世界历史、中国历史、中国文学、政治学、新闻学与传播学等。《中国社会科学文摘》转载较多的学科为哲学、世界历史、社会学和中国历史等。《社会科学文摘》转载较多的为法学、国际问题研究、党史·党建、政治学等。《高等学校文科学术文摘》转载较多的学科为哲学、世界历史、中国文学、政治学、人口学等。这说明，在学科发文转载中，不同的转载机构对学科转载的倾向性不同，这也许和转载期刊的定位有关。几大转载机构中对理论学科和应用学科的转载比较均衡，各有特色，并且增加了对人文学科的转载量（见图 14-9）。

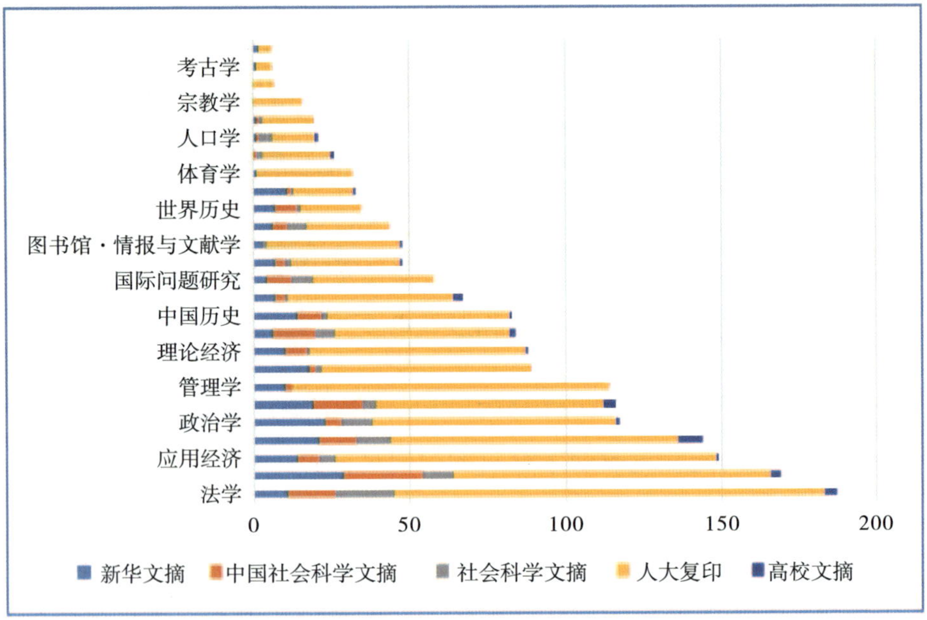

图 14-9　各学科国家社科基金项目论文转载情况（2017—2021 年）

2．2021 年各个学科发文及影响

2021 年，各学科国家社科基金项目论文发表及影响力情况如表 14-10 所示。政治学、应用经济、管理学、法学、马列·科社是发文最多的 5 个学科，政治学年度发文总量为 4724 篇，应用经济为 3267 篇，管理学为 3121 篇。篇均被引最高的 4 个学科是应用经济、法学、理论经济和体育学，篇均被引率都超过了 0.6。篇均下载前 6 名分别为应用经济、理论经济、人口学、管理学、法学、新闻学与传播学，均超过了 400 次。社科基金项目论文发文情况呈现出较为明显的学科特点。

表 14-10 各学科国家社科基金项目论文发表及影响力情况（2021 年）

序号	学科	发文数量	被引总次数	篇均被引次数	下载总次数	篇均下载次数
1	政治学	4724	2489	0.53	1968751	416.76
2	应用经济	3267	2550	0.78	1584048	484.86
3	管理学	3121	1824	0.58	1405266	450.26
4	法学	2554	1805	0.71	1088901	426.35
5	马列·科社	2402	1022	0.43	940916	391.72
6	中国文学	1904	185	0.10	256786	134.87
7	理论经济	1835	1225	0.67	882916	481.15
8	语言学	1528	354	0.23	379668	248.47
9	社会学	1516	854	0.56	617190	407.12
10	图书馆·情报与文献学	1345	736	0.55	417917	310.72
11	哲学	1184	257	0.22	294339	248.60
12	体育学	1160	770	0.66	434079	374.21
13	民族学	1155	422	0.37	318950	276.15
14	中国历史	1127	110	0.10	151170	134.13
15	新闻学与传播学	1066	424	0.40	446383	418.75
16	党史·党建	781	243	0.31	260523	333.58
17	国际问题研究	777	335	0.43	295767	380.65
18	外国文学	541	31	0.06	87201	161.18
19	人口学	469	198	0.42	217292	463.31
20	统计学	376	166	0.44	147736	392.91
21	世界历史	297	28	0.09	43931	147.92
22	宗教学	249	21	0.08	29202	117.28
23	考古学	168	24	0.14	25112	149.48

从 2021 年数据看，各学科基金项目发文的被引和下载差异较大。社会科学的学科发文后当年被引用的速度（即 2021 年发表后即被引用）明显快于人文学科，表现为图 14-10（A）社会科学学科（上半部分）完全笼罩住人文学科（下半部分）。其中，应用经济、理论经济、管理学、社会学和政治学的篇均被引次数较高［见图 14-10（A）上半部分塔底］，人文学科发文后引用速度相对较慢，尤其是外国文学、宗教学、世界历史、中国历史和中国文学［见图 14-10（A）下半部分塔尖］。2021 年当年的篇均被引与 5 年的篇均被引情况（见图 14-7）相比，人文学科更难形成篇均被引“腰线”［变现为图 14-10（B）中间部门无凸起学科］，只有当年限够长（如 5 年）后，人文学科的篇均被引次数的持续增长才得以显现（见图 14-7 中间部分“腰线”）。

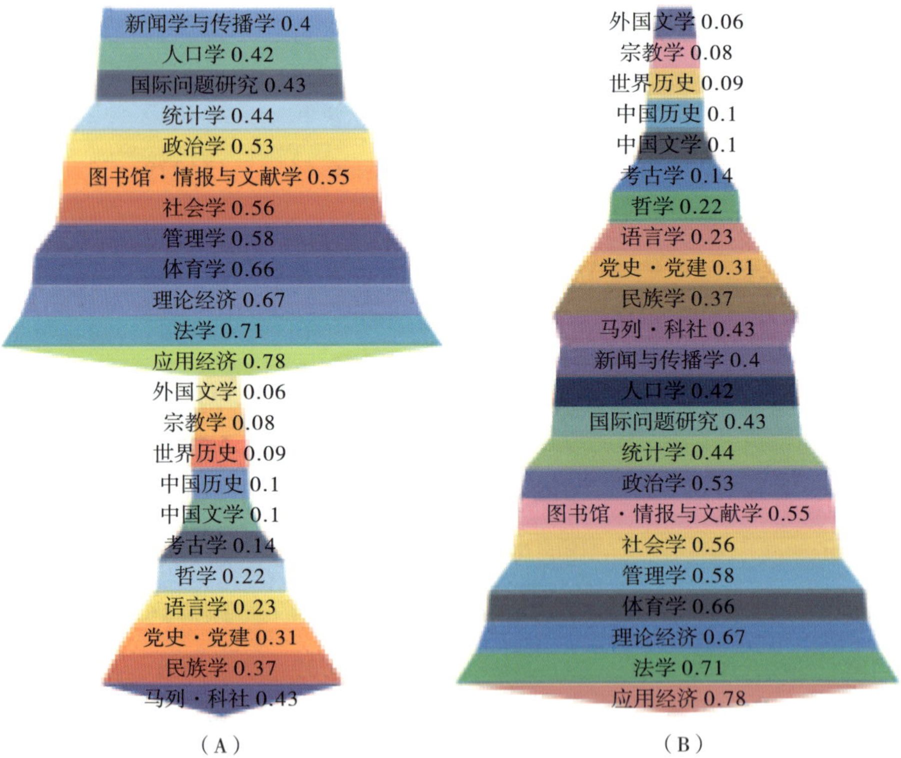

图 14-10　各学科国家社科基金项目发表论文篇均被引情况（2021 年）

各学科基金项目发文的下载情况具有一定差异，社会科学的论文篇均下载次数大于人文学科，应用经济、理论经济、人口学、管理学、法学等学科篇均下载率较高（见图14-11）。相较而言，图书馆·情报与文献学、体育学、法学、应用经济4个学科下载后更容易被引用，而外国文学、党史·党建、新闻学与传播学、人口学4个学科则正好相反，下载后被引机会更小。

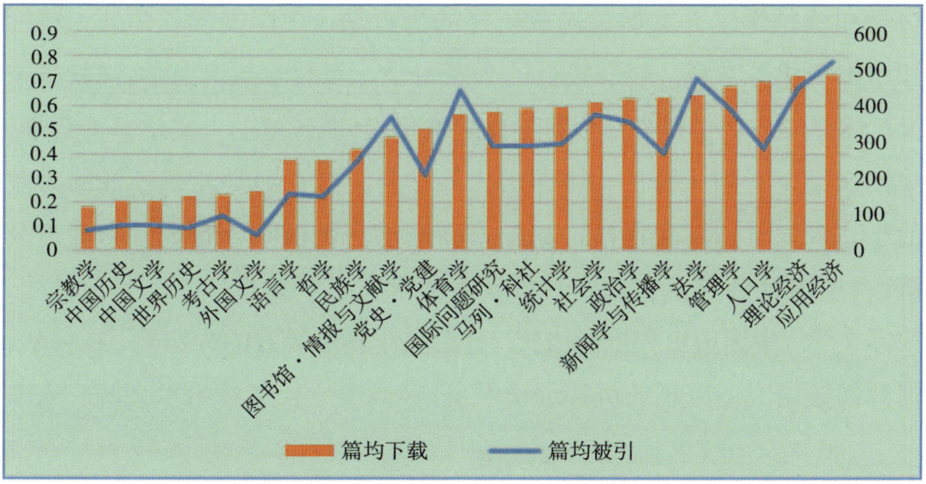

图14-11 各学科国家社科基金项目发表论文总量和下载情况（2021年）

总体来看，各学科中，篇均被引和篇均下载次数较多的是社会科学，篇均被引最高的4个学科是应用经济、法学、理论经济、体育学，篇均下载次数前5名分别为应用经济、理论经济、人口学、管理学和法学。人文学科的篇均被引和篇均下载指标相对较低，人文学科中引用和下载指标较好的为民族学、宗教学等学科，篇均被引次数高于0.3，但也远低于应用经济学0.78和法学0.71。这说明，不同学科发文数量、被引和下载次数等差异较大，特别是社会科学和人文学科的差异比较明显。

3．2021 年发文转载情况

在 2021 年的学科发文转载规律上，发文总量和被引、转载有一定相关性，被引较好的学科转载情况一般也较好。但是，不同转载机构根据学科特点的转载行为不同。《人大复印报刊资料》转载较多，明显高于其他 4 家转载机构。《人大复印报刊资料》转载学科比较综合，整体上看，社会科学比人文学科转载情况好。社会科学转载情况较好的是法学、应用经济和管理学等学科，转载较低的为新闻学与传播学、人口学和统计学。人文学科转载较好的为哲学、中国文学、马列·科社和中国历史等学科，转载较低的为考古学、宗教学与语言学。《新华文摘》转载的人文学科与社会科学比较均衡，转载较好的人文学科为哲学、中国文学、马列·科社、中国历史等学科，社会科学转载较好的为政治学、教育学、应用经济、法学、新闻学与传播学、管理学与理论经济。《中国社会科学文摘》转载较多的人文学科为哲学、马列·科社、中国文学、中国历史和世界历史，社会科学转载较好的为法学、社会学、国际问题研究、应用经济和理论经济。《高等学校文科学术文摘》人文

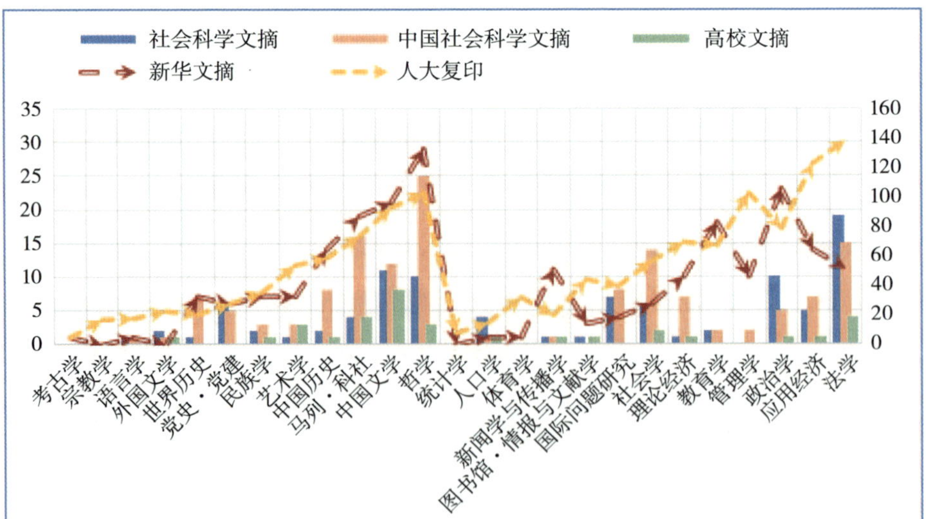

图 14－12　各学科国家社科基金项目发表论文转载情况（2021 年）

学科转载较好的为中国文学、马列·科社、哲学和艺术学，社会科学转载较好的为法学、社会学、政治学、应用经济和人口学。《社会科学文摘》人文学科转载较好的为中国文学、哲学、党史·党建和马列·科社，社会科学转载较好的为法学、政治学、国际问题研究和社会学等。各大转载机构转载都比较好的学科为法学、哲学和历史学，相较于2020年，2021年人文学科的转载数量有所增加（见图14-12）。

三、国家社科基金项目研究重点和热点变化

（一）重点研究问题

对论文关键词进行统计分析后发现，2017—2021年，习近平新时代中国特色社会主义思想是重点研究内容，其他重点研究问题和领域还包括："一带一路"、中国共产党、乡村振兴、大数据、人工智能、经济增长、马克思主义、高质量发展、人类命运共同体、精准扶贫、大学生、社会治理、改革开放等。

张文显主持的国家社科基金重大研究专项"新时代中国特色法学基本理论研究"（18VXK004）的研究成果，《习近平法治思想的理论体系》（《法制与社会发展》，2021年第1期）和《习近平法治思想的基本精神和核心要义》（《东方法学》，2021年第1期）一经发表即被大量下载并引用，下载次数分别超过1万次和7000次，被引次数分别为78次和62次，产生较大影响。刘彦随主持的国家社科基金重大项目"城镇化对我国农业农村发展的影响与对策研究"（15ZDA021）成果，《中国新时代城乡融合与乡村振兴》（《地理学报》，2018年第4期）已经被引用了1150次，是近5年来国家社科基金资助成果中的高被引论文。陈诗一、陈登科的《雾霾污染、政府治理与经济高质量发展》（《经济研究》，2018年第2期）是国家社科基金重大项目"雾霾治理与经济发展方式转变机制研究"（14ZDB144）的研究成果，已被引用640次。

而袁曾发表的《人工智能有限法律人格审视》(《东方法学》, 2017 年第 5 期), 是国家社科基金项目“海上防空识别区”(14BFX128) 的研究成果, 已被引用 552 次。这体现出近 5 年来的研究重点和热点。

2021 年恰逢中国共产党建党百年, 统计结果显示, 与近年尤其是 2020 年相比, 2021 年国家社科基金项目论文高频词表中, “中国共产党”的词频增长最多, 由 2020 年的 293 次增长为 2021 年的 1024 次, 是原来的 3 倍多。“数字经济”(291 次)是 2021 年新出现的高频词, 与高质量发展(514 次)密切相关。人工智能(425 次)和国家治理(207 次)仍然是 2021 年的研究重点, “新冠肺炎疫情”的词频有所下降。从这些高频词和新出现的关键词来看, 国家社科基金项目一方面持续关注我国经济、政治、社会发展中的重点难点问题, 另一方面也会对社会热点、突发问题作出快速反应。

(二) 2021 年各学科研究热点

由于各学科国家社科基金项目数量和发文数量的规模不同, 关注的主题或研究的视角不同, 各学科的高频关键词、被引词频区间存在较大差别。表 14-11 列出了 2021 年国家社科基金各学科论文前 10 位高频关键词。

表 14-11　2021 年国家社科基金各学科论文高频词表（取前 10 位）

学　科	各学科论文高频次数关键词及词频（取前 10 位）
马列·科社	中国共产党 224, 新时代 178, 马克思主义 92, 思想政治教育 89, 人类命运共同体 63, 乡村振兴 55, 马克思 54, 大学生 53, 意识形态 38
党史·党建	中国共产党 162, 新时代 39, 毛泽东 19, 马克思主义 16, 乡村振兴 16, 基层治理 12, 自我革命 11, 党内法规 11, 全面从严治党 11
哲学	人工智能 38, 马克思 28, 儒家 17, 人类命运共同体 17, 新时代 16, 中国共产党 15, 黑格尔 15, 现代性 15, 自由 14, 伦理 14, 唯物史观 14, 实践 14

（续表）

学 科	各学科论文高频次数关键词及词频（取前10位）
理论经济	高质量发展64，经济增长44，数字经济41，技术创新41，中介效应38，乡村振兴36，环境规制35，“一带一路”33，新发展格局31，长江经济带29
应用经济	高质量发展80，影响因素73，乡村振兴70，金融科技52，经济增长49，制造业48，数字经济46，“一带一路”46，全要素生产率45，技术创新44
统计学	高质量发展10，空间杜宾模型9，分位数回归7，区块链7，制造业7，相对贫困7，长江经济带6，全球价值链5，中介效应5，数字经济5，影响因素5，经济增长5
政治学	乡村振兴89，中国共产党69，高质量发展50，影响因素46，国家治理42，人工智能41，新时代41，基层治理40，大数据38，数字经济33
法学	民法典54，人工智能43，习近平法治思想34，比例原则31，《民法典》27，反垄断法27，知识产权24，个人信息21，大数据21，法律规制20，公共利益20
社会学	乡村振兴70，社会工作45，社会治理26，社区治理24，影响因素23，乡村治理19，社会组织18，老年人17，青少年15，社会资本15，基层治理15，大数据15，大学生15
人口学	老年人33，人口老龄化17，流动人口16，影响因素16，生育意愿15，农民工14，人口流动9，人力资本8，老龄化8，中介效应7，高龄老年人7，就业质量7，经济增长7
民族学	乡村振兴53，新时代24，中国共产党23，中华民族共同体意识22，民族地区21，精准扶贫20，“一带一路”20，铸牢中华民族共同体意识17，影响因素17，中华民族共同体16
国际问题研究	“一带一路”44，中美关系17，全球治理16，人类命运共同体15，美国15，拜登政府15，中国14，新冠肺炎疫情14，“一带一路”倡议13，俄罗斯12，数字经济12
中国历史	清代35，明代25，宋代17，中国共产党13，国民政府13，抗战时期13，晚清11，近代10，日本10，北宋10
世界历史	英国15，日本11，美国8，冷战5，俄国5，罗马4，中亚4，启蒙运动4，澳大利亚4，亚当·斯密3

（续表）

学　科	各学科论文高频次数关键词及词频（取前 10 位）
考古学	新石器时代 5，仰韶文化 5，动物考古 5，青铜时代 4，宋蒙战争 4，陶俑 3，二里头文化 3，服饰 3，红山文化 3，植物考古 3
宗教学	民间信仰 9，佛教 6，信教群众 5，西夏文 4，佛教中国化 4，伊斯兰教 4，中国化 4，明代 4，宗教工作 3，乡村振兴 3
中国文学	鲁迅 33，校勘 15，诗歌 14，小说创作 13，《文心雕龙》12，现代性 12，文学批评 11，经典化 11，新文学 11，身份认同 10
外国文学	现代性 7，世界文学 6，他者 6，歌德 6，空间 6，副文本 5，诗学 5，莎士比亚 5，记忆 4，纳博科夫 4
语言学	翻译策略 23，语料库 22，语法化 20，隐喻 20，翻译 19，语言接触 18，构式 13，可视化分析 13，词汇化 13，生态翻译学 12
新闻学与传播学	短视频 33，媒体融合 30，国际传播 23，社交媒体 19，中国共产党 16，跨文化传播 16，人工智能 14，政治传播 14，乡村振兴 13，主流媒体 13
图书馆·情报与文献学	图书馆 59，高校图书馆 58，公共图书馆 53，数字人文 50，智慧图书馆 33，影响因素 30，阅读推广 27，知识服务 24，人工智能 22，知识图谱 21
体育学	体育产业 49，学校体育 42，体教融合 34，青少年 32，民族传统体育 31，竞技体育 26，全民健身 26，健康中国 24，体育文化 24，体育管理 24
管理学	乡村振兴 73，影响因素 59，高质量发展 44，融资约束 32，演化博弈 29，人工智能 28，“一带一路”27，中介效应 27，知识图谱 26，研发投入 25，创新绩效 25，企业绩效 25，扎根理论 25

各学科研究热点知识图谱如下。

1. 马列·科社

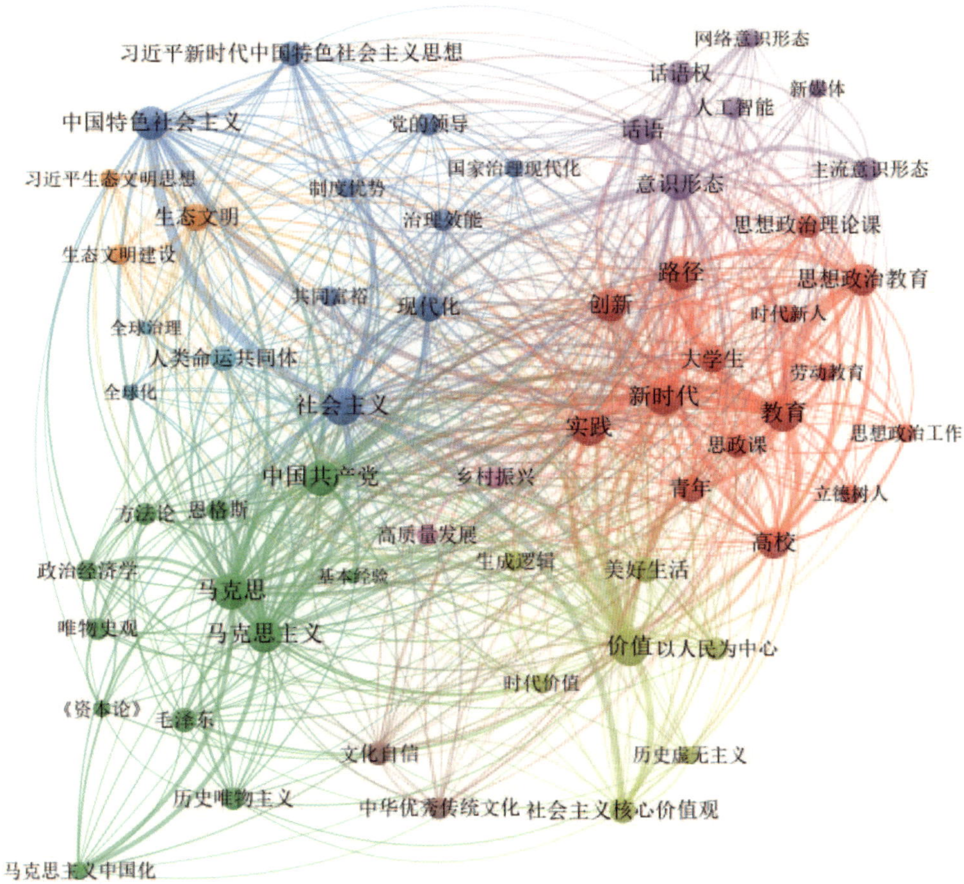

2. 党史·党建

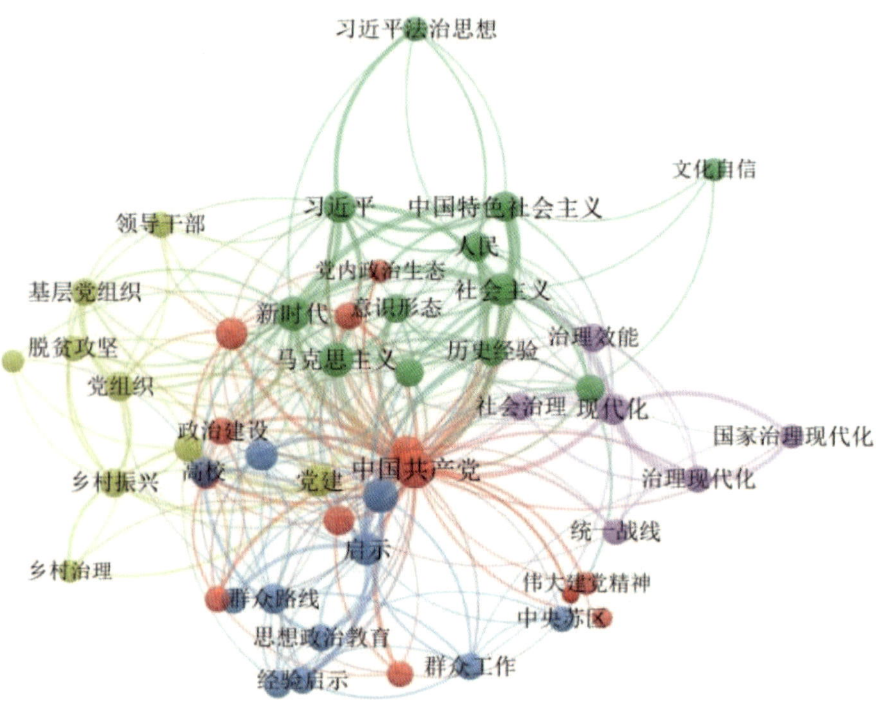
习近平法治思想
文化自信
习近平
中国特色社会主义
领导干部
人民
党内政治生态
基层党组织
社会主义
新时代
意识形态
治理效能
脱贫攻坚
马克思主义
历史经验
党组织
社会治理
现代化
政治建设
国家治理现代化
中国共产党
高校
党建
治理现代化
乡村振兴
统一战线
启示
乡村治理
伟大建党精神
群众路线
中央苏区
思想政治教育
群众工作
经验启示

3．哲学

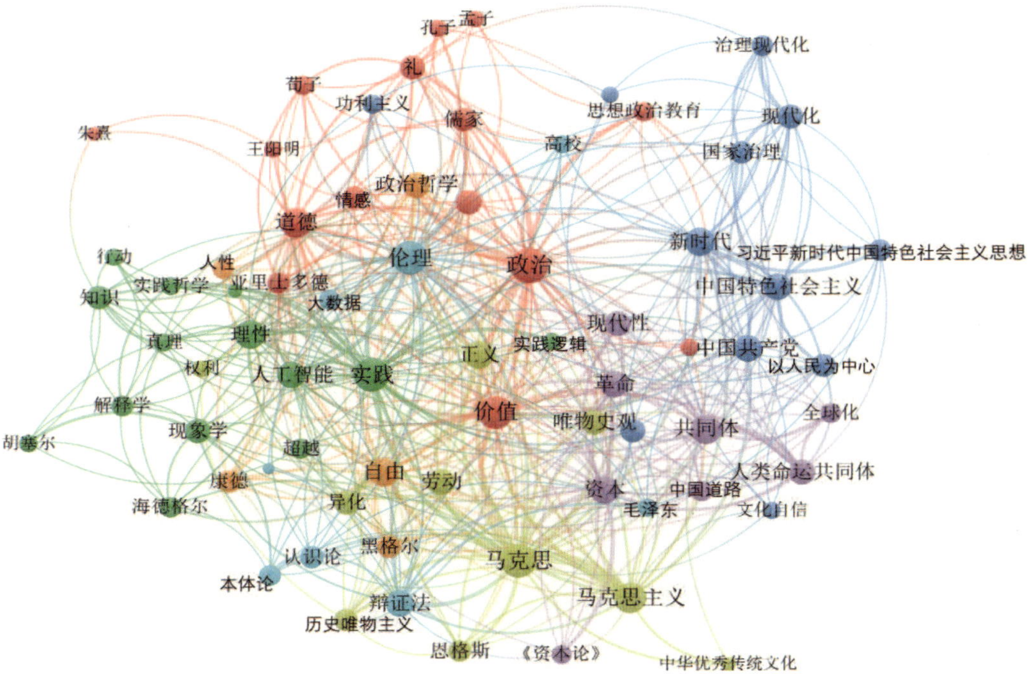
孟子
孔子
礼
荀子
功利主义
儒家
思想政治教育
治理现代化
现代化
朱熹
王阳明
高校
国家治理
政治哲学
情感
道德
新时代
习近平新时代中国特色社会主义思想
行动
人性
伦理
政治
知识
实践哲学
亚里士多德
大数据
中国特色社会主义
现代性
真理
理性
实践逻辑
中国共产党
权利
人工智能
实践
正义
以人民为中心
革命
解释学
价值
唯物史观
共同体
全球化
胡塞尔
现象学
超越
自由
劳动
人类命运共同体
康德
资本
中国道路
海德格尔
异化
毛泽东
文化自信
黑格尔
认识论
马克思
本体论
马克思主义
辩证法
历史唯物主义
恩格斯
《资本论》
中华优秀传统文化

4. 理论经济

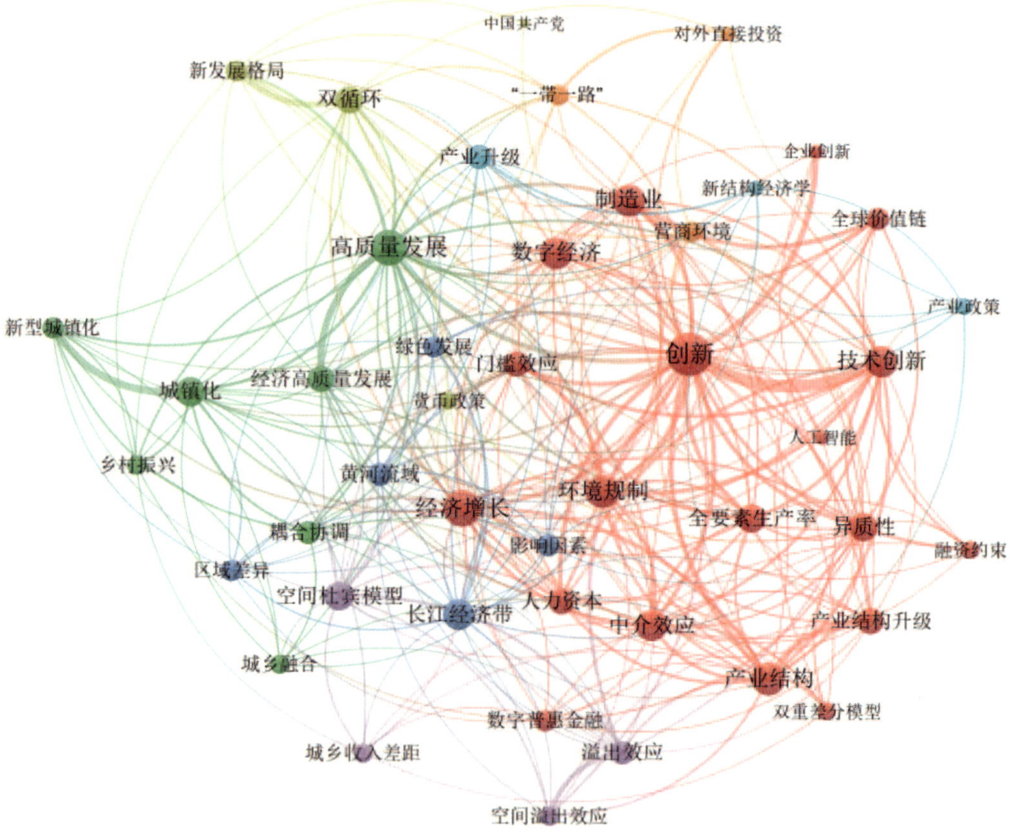
中国共产党
对外直接投资
新发展格局
双循环
"一带一路"
产业升级
企业创新
新结构经济学
制造业
全球价值链
营商环境
高质量发展
数字经济
产业政策
新型城镇化
绿色发展
创新
技术创新
门槛效应
城镇化
经济高质量发展
货币政策
人工智能
乡村振兴
黄河流域
环境规制
经济增长
全要素生产率
异质性
耦合协调
影响因素
融资约束
区域差异
空间杜宾模型
人力资本
长江经济带
中介效应
产业结构升级
城乡融合
产业结构
双重差分模型
数字普惠金融
城乡收入差距
溢出效应
空间溢出效应

5. 应用经济

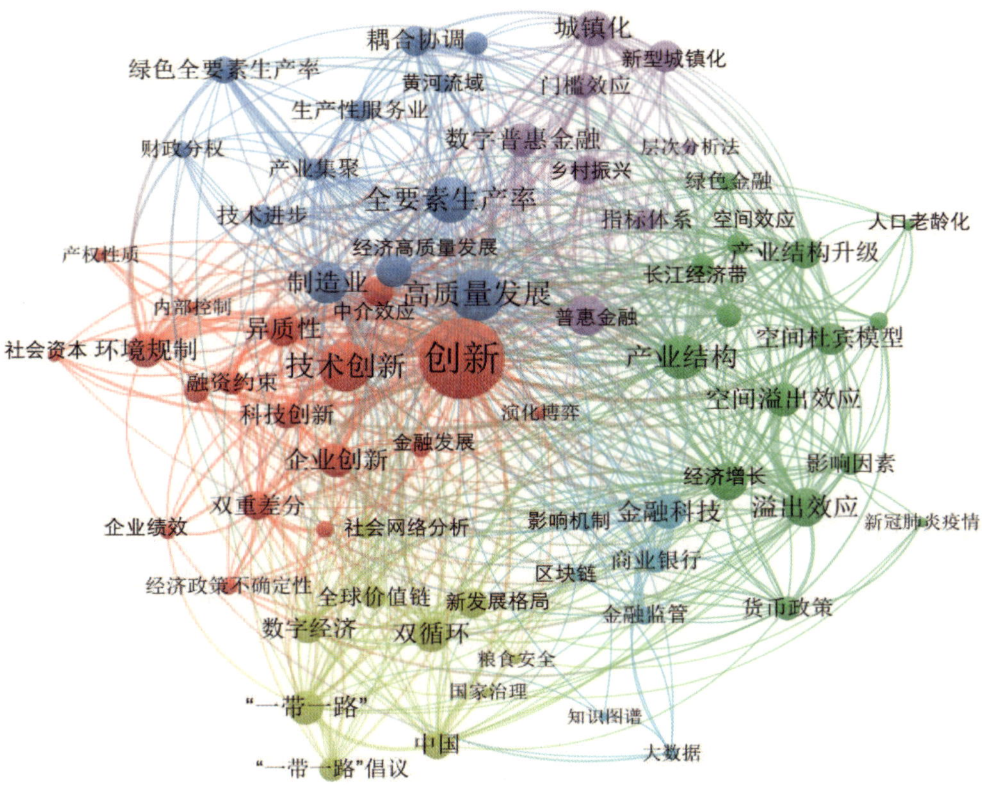
耦合协调
城镇化
绿色全要素生产率
新型城镇化
黄河流域
门槛效应
生产性服务业
数字普惠金融
层次分析法
财政分权
产业集聚
乡村振兴
绿色金融
全要素生产率
技术进步
指标体系
空间效应
人口老龄化
产权性质
经济高质量发展
产业结构升级
长江经济带
制造业
高质量发展
内部控制
中介效应
普惠金融
异质性
空间杜宾模型
社会资本
环境规制
技术创新
创新
产业结构
融资约束
空间溢出效应
科技创新
演化博弈
金融发展
影响因素
企业创新
经济增长
溢出效应
双重差分
金融科技
企业绩效
社会网络分析
影响机制
新冠肺炎疫情
商业银行
经济政策不确定性
区块链
全球价值链
新发展格局
金融监管
货币政策
数字经济
双循环
粮食安全
国家治理
“一带一路”
知识图谱
中国
大数据
“一带一路”倡议

6. 统计学

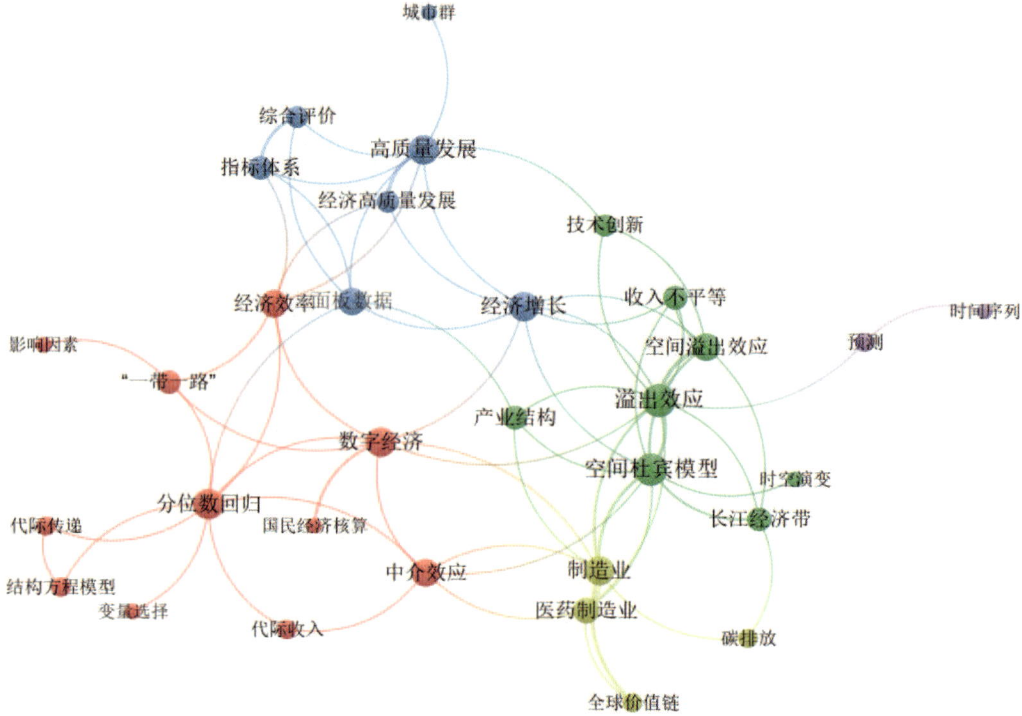
城市群
综合评价
高质量发展
指标体系
经济高质量发展
技术创新
经济效率
面板数据
经济增长
收入不平等
时间序列
影响因素
"一带一路"
空间溢出效应
预测
溢出效应
产业结构
数字经济
空间杜宾模型
时空演变
分位数回归
长江经济带
代际传递
国民经济核算
中介效应
制造业
结构方程模型
变量选择
医药制造业
代际收入
碳排放
全球价值链

7.政治学

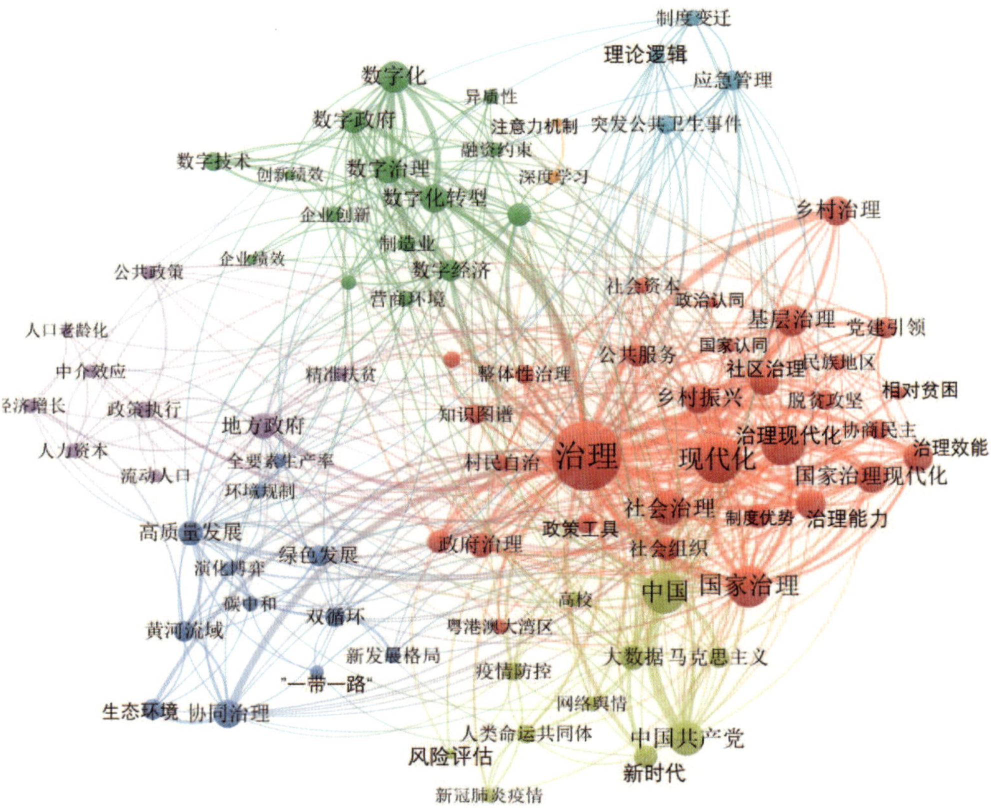
制度变迁
理论逻辑
应急管理
数字化
异质性
数字政府
注意力机制
突发公共卫生事件
融资约束
数字技术
创新绩效
数字治理
深度学习
数字化转型
企业创新
乡村治理
制造业
企业绩效
公共政策
数字经济
营商环境
社会资本
政治认同
人口老龄化
基层治理
党建引领
国家认同
公共服务
中介效应
精准扶贫
整体性治理
社区治理
民族地区
相对贫困
政策执行
乡村振兴
脱贫攻坚
地方政府
知识图谱
治理现代化
协商民主
人力资本
治理
现代化
治理效能
全要素生产率
村民自治
流动人口
国家治理现代化
环境规制
高质量发展
社会治理
制度优势
治理能力
政策工具
政府治理
社会组织
绿色发展
演化博弈
中国
国家治理
高校
碳中和
双循环
黄河流域
粤港澳大湾区
新发展格局
大数据
马克思主义
疫情防控
"一带一路"
网络舆情
生态环境
协同治理
人类命运共同体
中国共产党
风险评估
新时代
新冠肺炎疫情

8. 法学

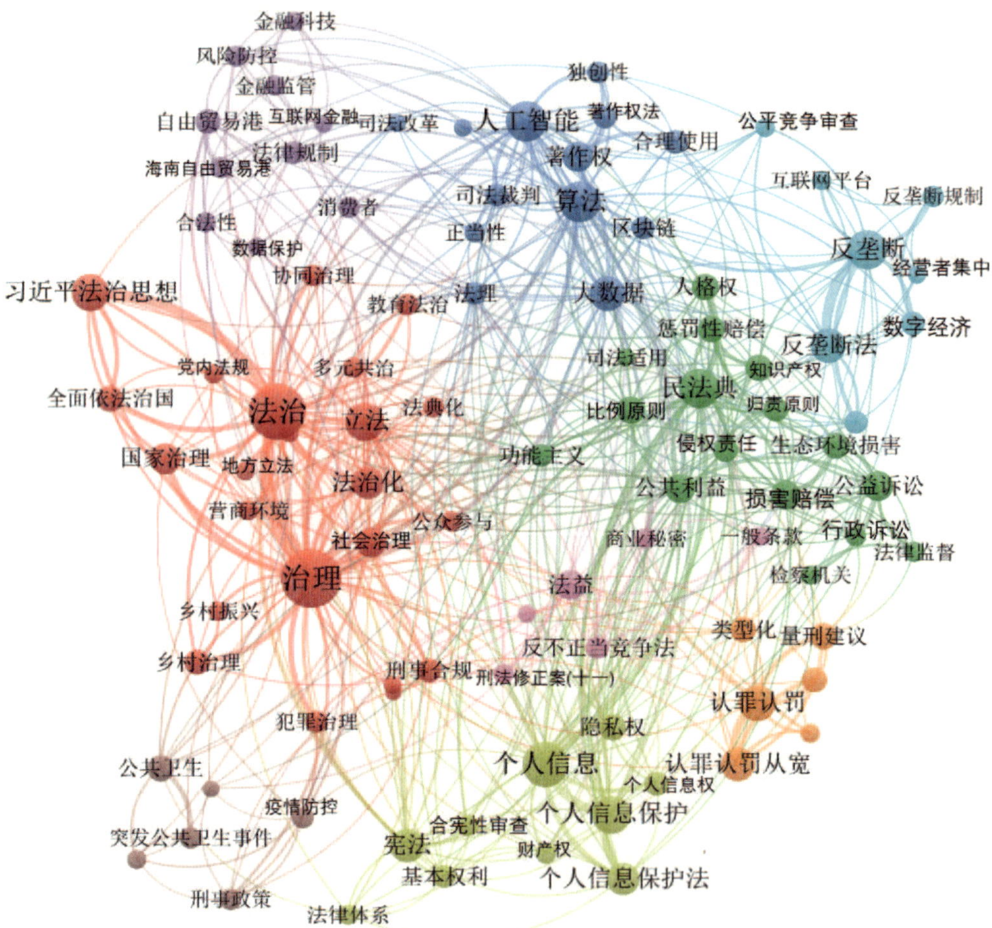
金融科技
风险防控
金融监管
自由贸易港
互联网金融
司法改革
人工智能
独创性
著作权法
合理使用
公平竞争审查
法律规制
海南自由贸易港
著作权
司法裁判
算法
互联网平台
反垄断规制
消费者
合法性
正当性
区块链
数据保护
反垄断
经营者集中
协同治理
习近平法治思想
教育法治
法理
大数据
人格权
惩罚性赔偿
数字经济
反垄断法
党内法规
多元共治
司法适用
知识产权
全面依法治国
法治
立法
法典化
民法典
比例原则
归责原则
侵权责任
生态环境损害
国家治理
地方立法
功能主义
法治化
公共利益
公益诉讼
损害赔偿
营商环境
公众参与
商业秘密
一般条款
行政诉讼
社会治理
法律监督
检察机关
治理
法益
乡村振兴
类型化
量刑建议
反不正当竞争法
乡村治理
刑事合规
刑法修正案(十一)
认罪认罚
犯罪治理
隐私权
公共卫生
个人信息
认罪认罚从宽
个人信息权
疫情防控
个人信息保护
合宪性审查
突发公共卫生事件
宪法
财产权
基本权利
个人信息保护法
刑事政策
法律体系

9．社会学

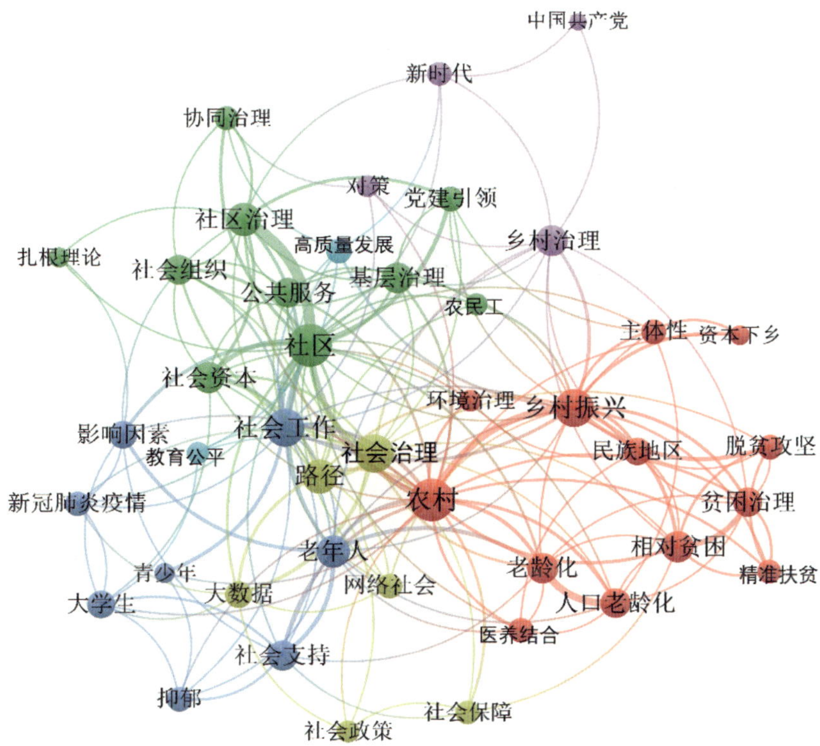
中国共产党
新时代
协同治理
对策
党建引领
社区治理
乡村治理
高质量发展
扎根理论
社会组织
基层治理
公共服务
农民工
主体性
资本下乡
社区
社会资本
环境治理
乡村振兴
社会工作
影响因素
教育公平
社会治理
民族地区
脱贫攻坚
路径
新冠肺炎疫情
农村
贫困治理
相对贫困
老年人
老龄化
精准扶贫
青少年
大数据
网络社会
大学生
人口老龄化
医养结合
社会支持
抑郁
社会保障
社会政策

10. 人口学

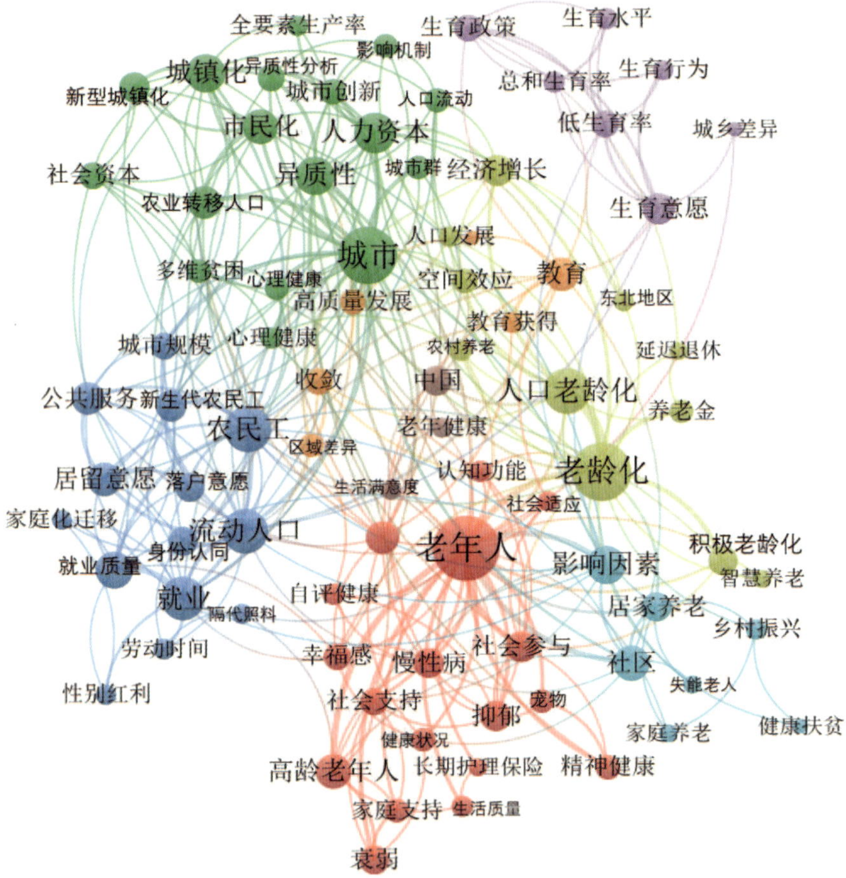
全要素生产率
生育政策
生育水平
影响机制
城镇化
异质性分析
生育行为
新型城镇化
城市创新
总和生育率
人口流动
市民化
人力资本
低生育率
城乡差异
社会资本
异质性
城市群
经济增长
农业转移人口
生育意愿
人口发展
城市
多维贫困
教育
心理健康
空间效应
高质量发展
东北地区
教育获得
城市规模
心理健康
农村养老
延迟退休
收敛
中国
人口老龄化
公共服务
新生代农民工
养老金
农民工
老年健康
区域差异
认知功能
老龄化
居留意愿
落户意愿
生活满意度
社会适应
家庭化迁移
流动人口
积极老龄化
老年人
身份认同
影响因素
智慧养老
就业质量
自评健康
居家养老
就业
隔代照料
乡村振兴
劳动时间
社会参与
幸福感
慢性病
社区
性别红利
失能老人
社会支持
宠物
抑郁
家庭养老
健康扶贫
健康状况
高龄老年人
长期护理保险
精神健康
家庭支持
生活质量
衰弱

11. 民族学

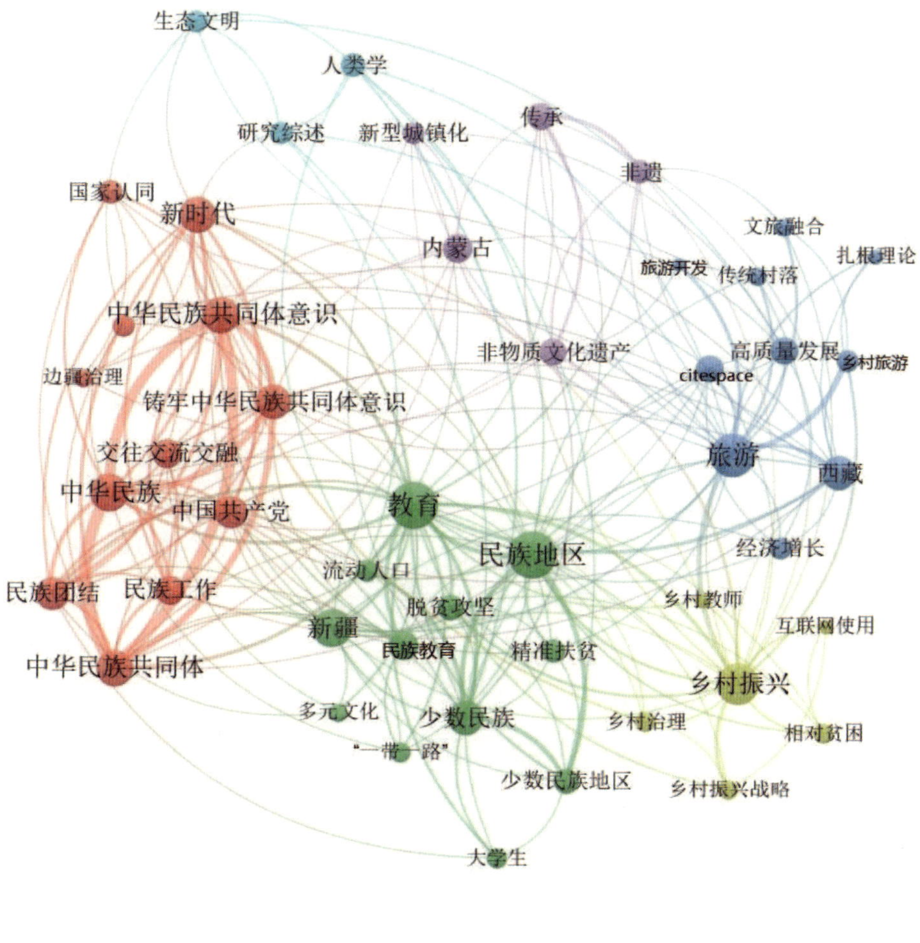
生态文明
人类学
研究综述
新型城镇化
传承
非遗
国家认同
新时代
内蒙古
文旅融合
扎根理论
旅游开发
传统村落
中华民族共同体意识
非物质文化遗产
高质量发展
乡村旅游
citespace
边疆治理
铸牢中华民族共同体意识
交往交流交融
旅游
西藏
中华民族
中国共产党
教育
民族地区
经济增长
流动人口
民族团结
民族工作
脱贫攻坚
乡村教师
互联网使用
新疆
民族教育
精准扶贫
中华民族共同体
乡村振兴
多元文化
少数民族
乡村治理
相对贫困
"一带一路"
少数民族地区
乡村振兴战略
大学生

12. 国际问题研究

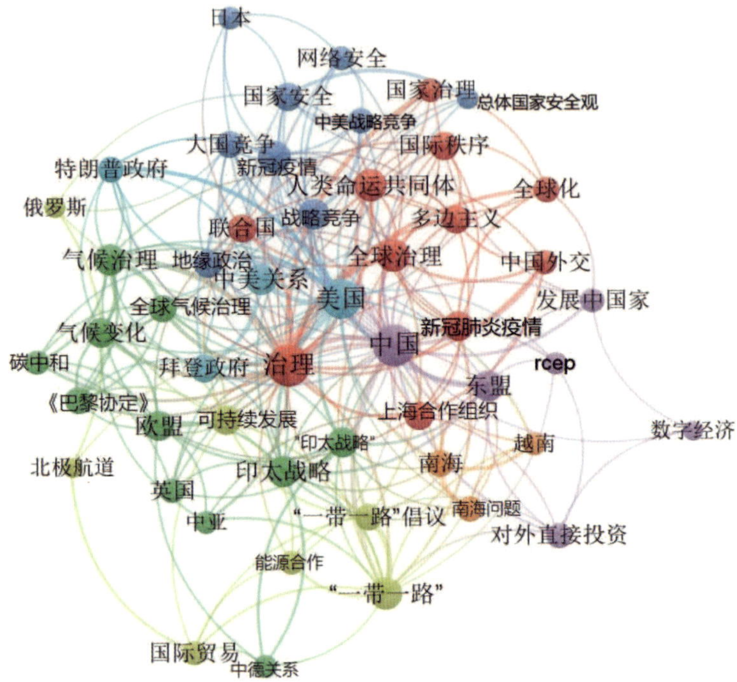

13. 中国历史

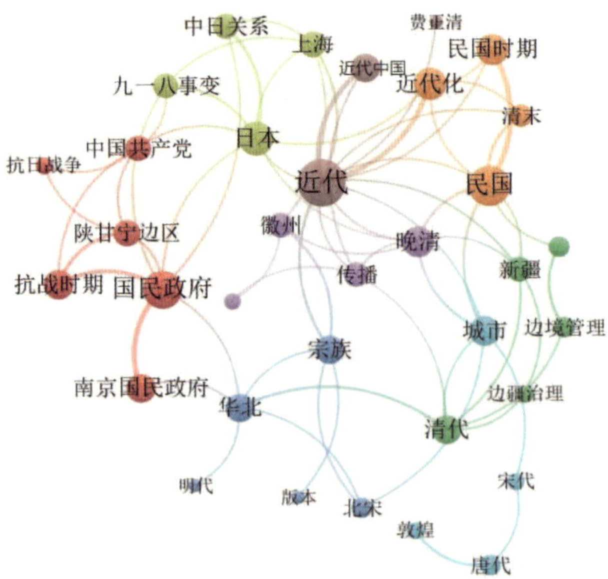

14. 世界历史

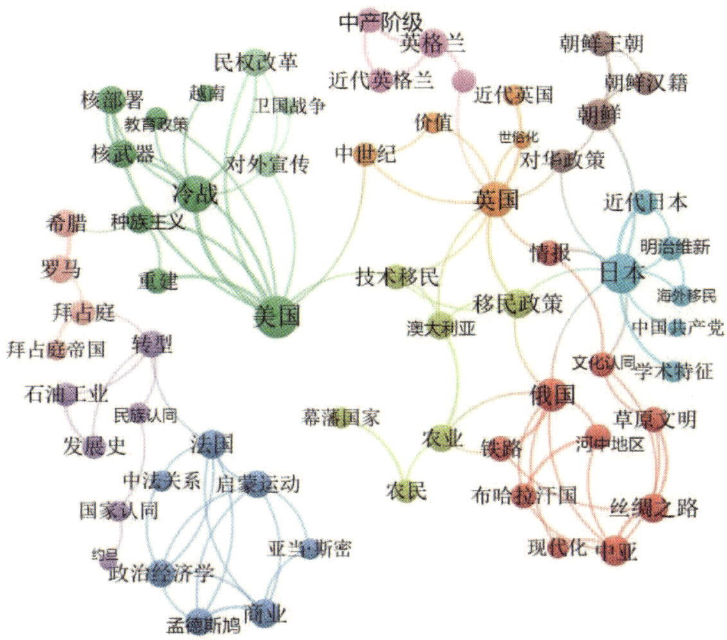

15. 考古学

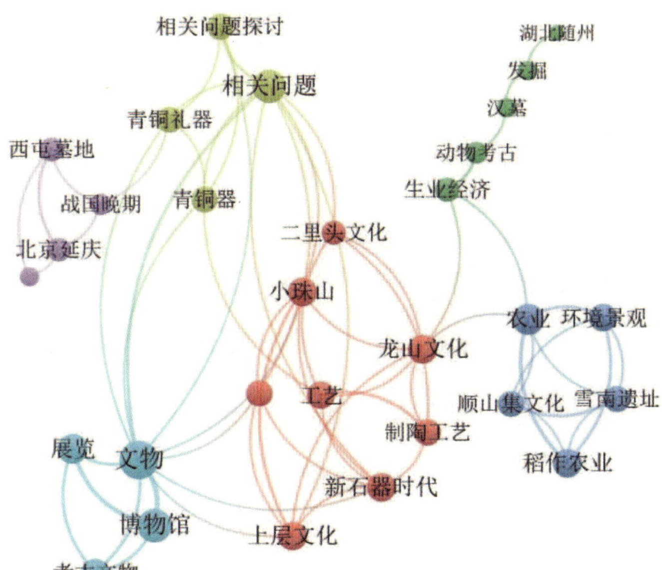

16. 宗教学

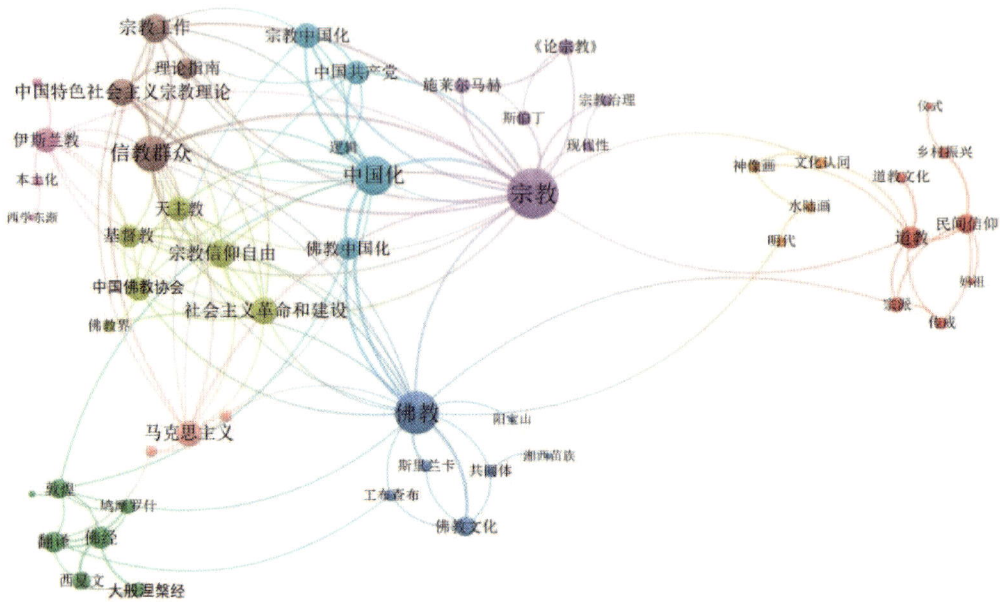

17. 中国文学

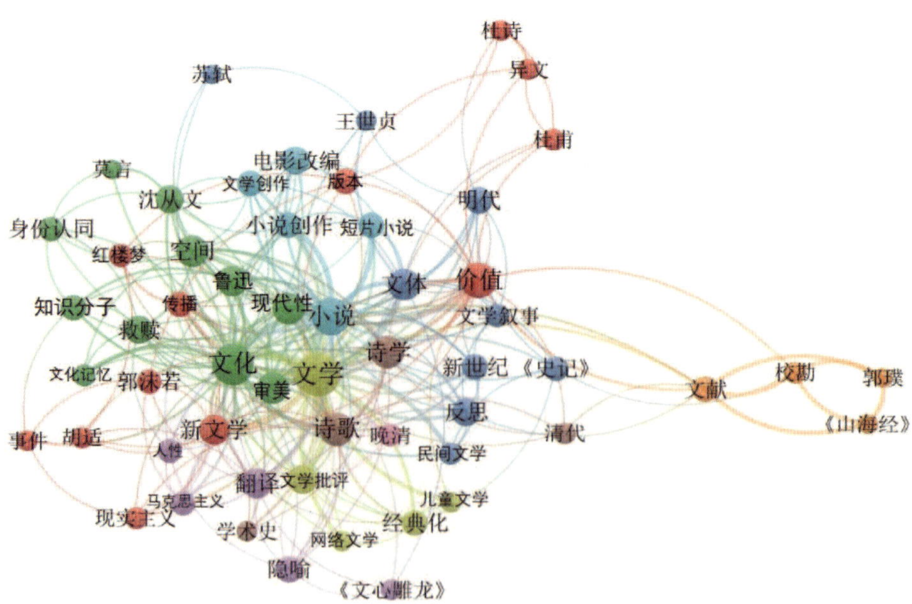

18. 外国文学

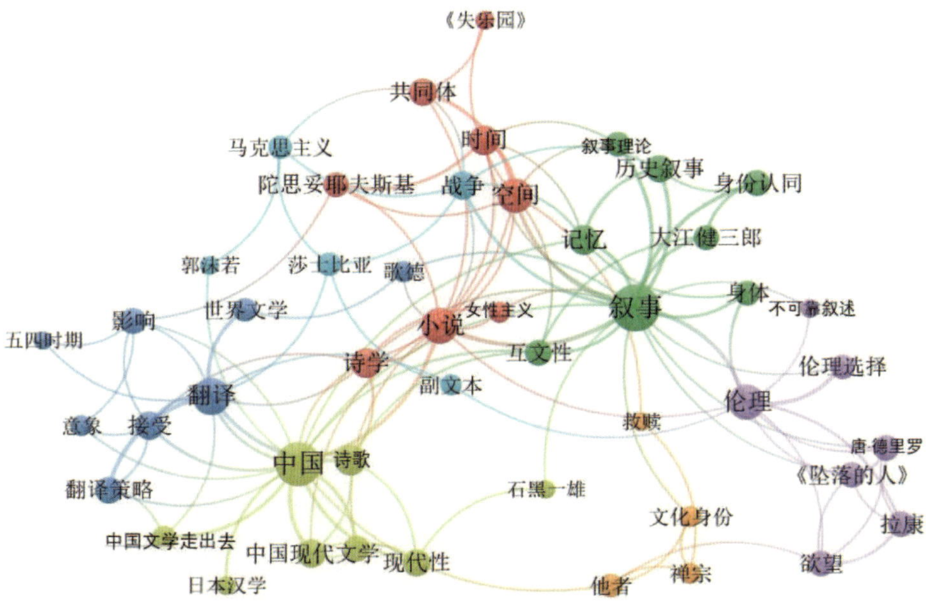

19. 语言学

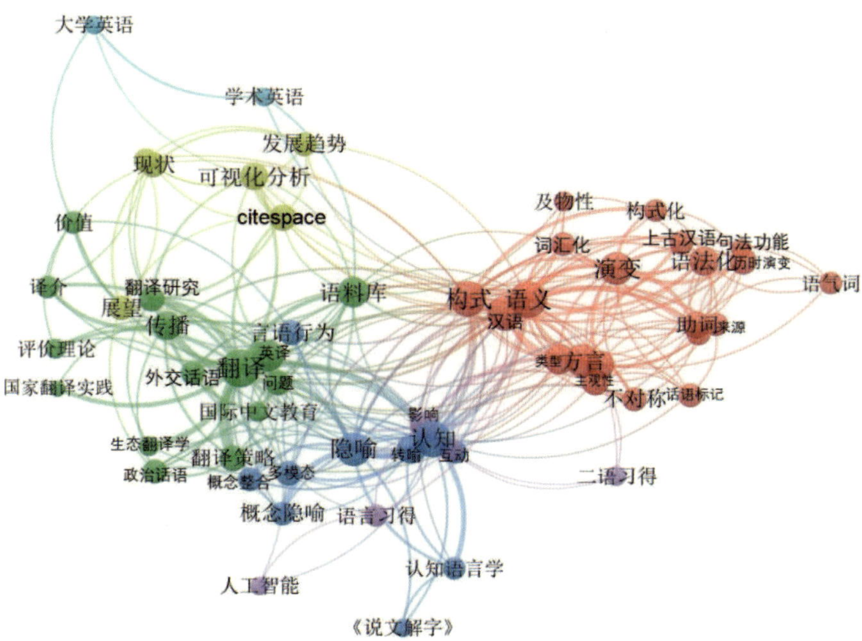

20. 新闻学与传播学

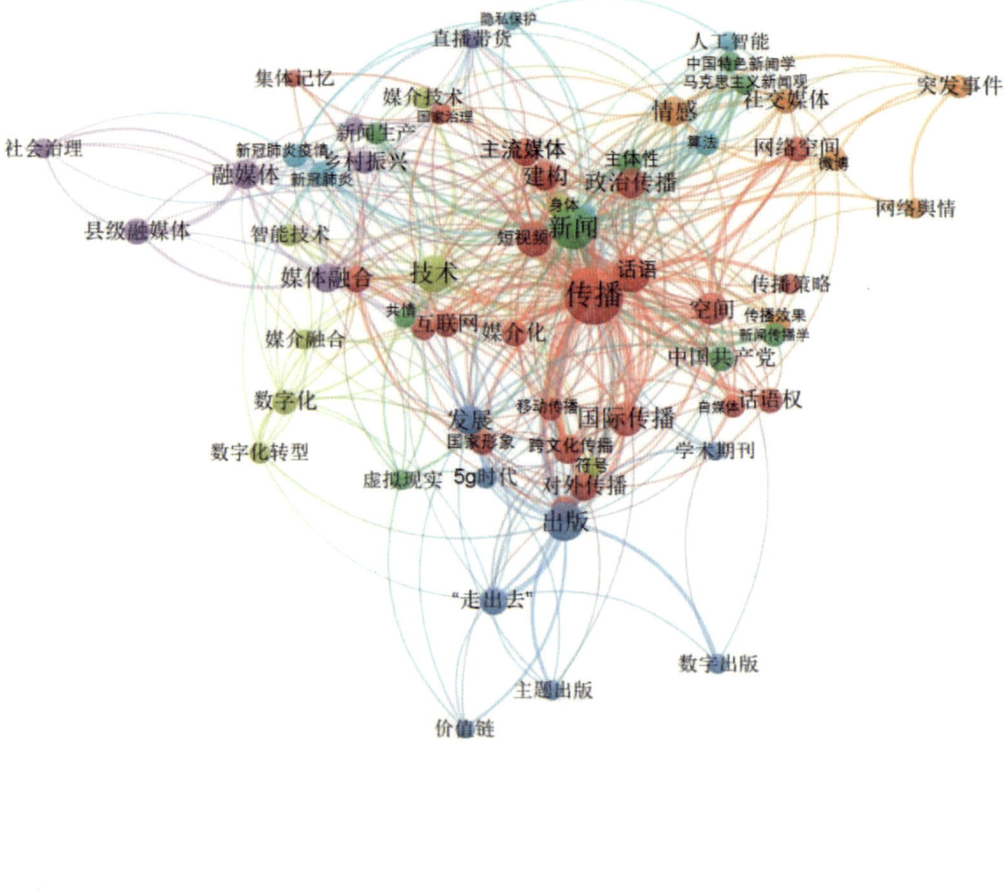
隐私保护
直播带货
人工智能
中国特色新闻学
马克思主义新闻观
集体记忆
媒介技术
国家治理
突发事件
情感
社交媒体
新闻生产
社会治理
新冠肺炎疫情
乡村振兴
主流媒体
主体性
算法
网络空间
微博
融媒体
新冠肺炎
建构
政治传播
网络舆情
身体
新闻
县级融媒体
智能技术
短视频
技术
话语
媒体融合
传播策略
传播
空间
共情
互联网
媒介化
传播效果
新闻传播学
媒介融合
中国共产党
数字化
移动传播
话语权
自媒体
发展
国际传播
国家形象
跨文化传播
学术期刊
数字化转型
符号
虚拟现实
5g时代
对外传播
出版
“走出去”
数字出版
主题出版
价值链

21. 图书馆·情报与文献学

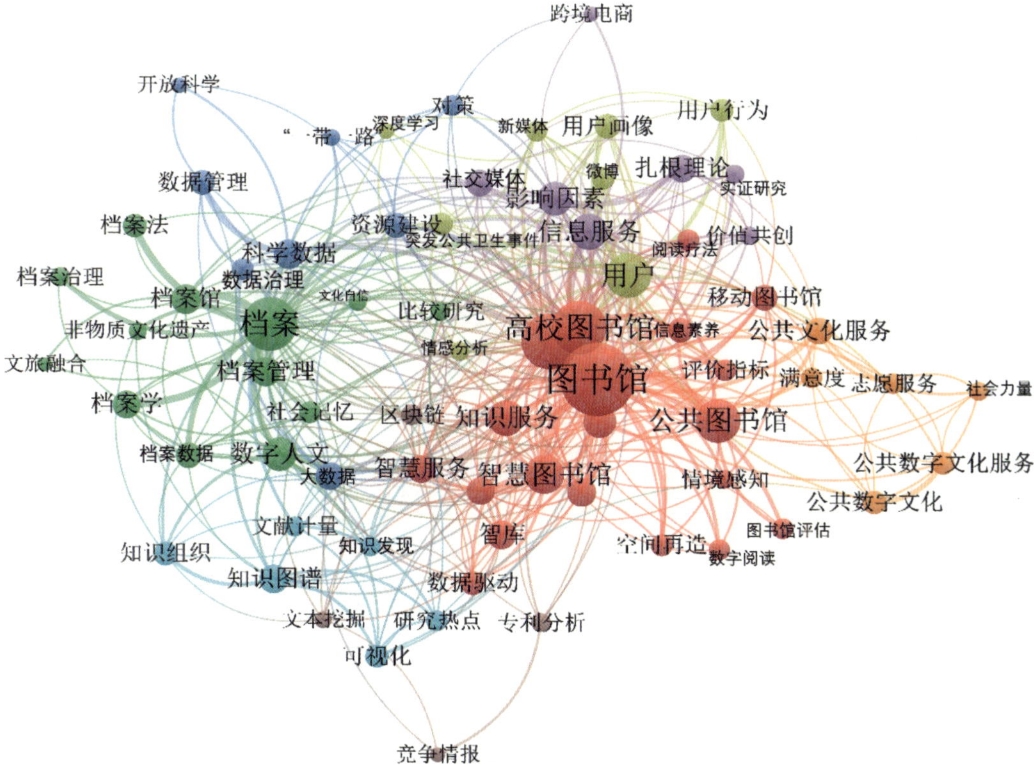

22. 体育学

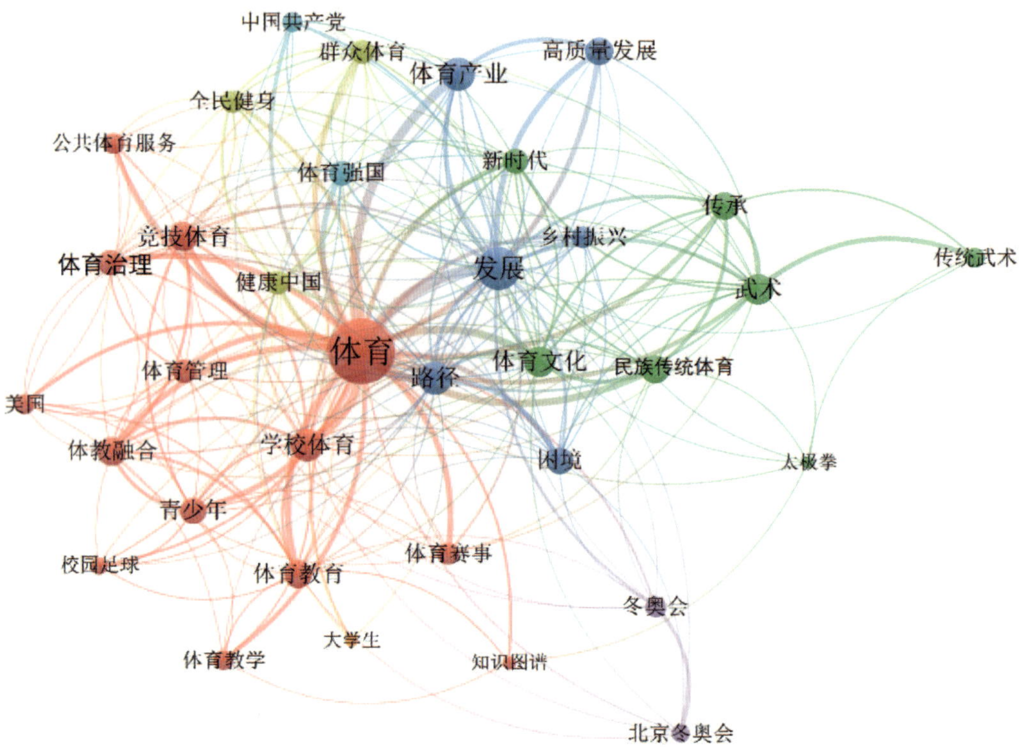
中国共产党
群众体育
体育产业
高质量发展
全民健身
公共体育服务
新时代
体育强国
传承
竞技体育
乡村振兴
传统武术
体育治理
发展
健康中国
武术
体育
体育文化
民族传统体育
体育管理
路径
美国
学校体育
体教融合
困境
太极拳
青少年
体育赛事
校园足球
体育教育
冬奥会
大学生
体育教学
知识图谱
北京冬奥会

23. 管理学

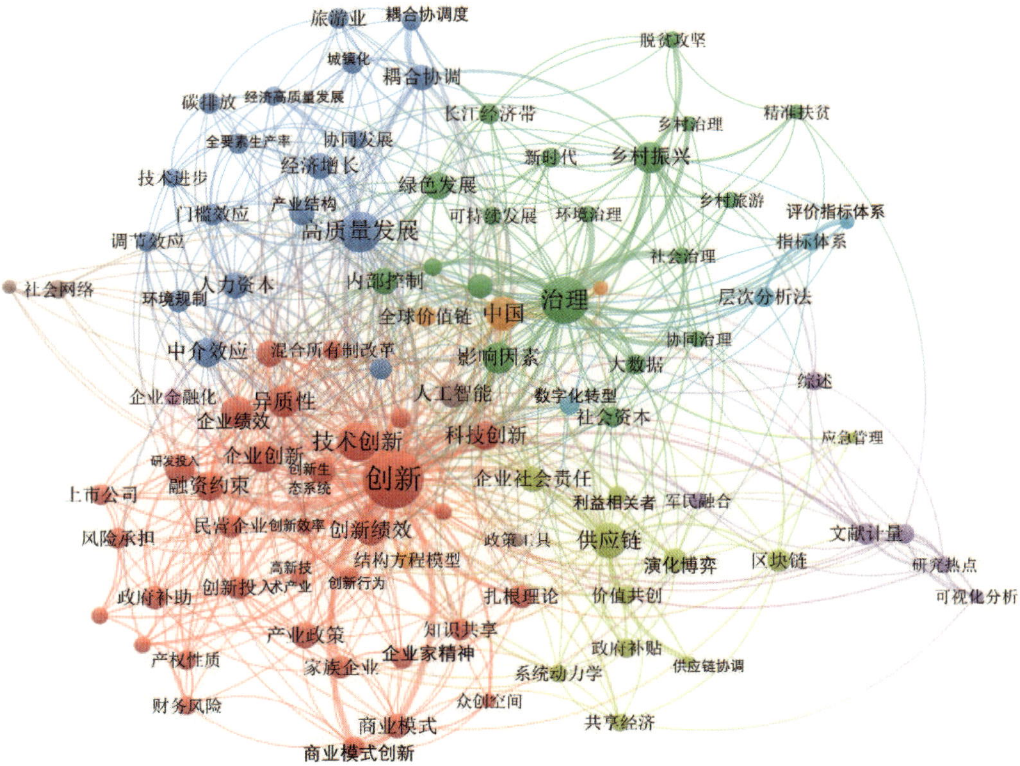
旅游业
耦合协调度
城镇化
耦合协调
碳排放
经济高质量发展
长江经济带
脱贫攻坚
乡村治理
精准扶贫
全要素生产率
协同发展
经济增长
新时代
乡村振兴
技术进步
绿色发展
乡村旅游
门槛效应
产业结构
可持续发展
环境治理
评价指标体系
高质量发展
调节效应
指标体系
社会治理
社会网络
人力资本
内部控制
环境规制
治理
层次分析法
全球价值链
中国
中介效应
混合所有制改革
协同治理
影响因素
大数据
综述
企业金融化
异质性
人工智能
数字化转型
社会资本
企业绩效
技术创新
科技创新
应急管理
研发投入
企业创新
创新生态系统
创新
企业社会责任
上市公司
融资约束
利益相关者
军民融合
民营企业
创新效率
创新绩效
风险承担
政策工具
供应链
文献计量
结构方程模型
演化博弈
区块链
研究热点
高新技术产业
创新行为
政府补助
创新投入
扎根理论
价值共创
可视化分析
知识共享
产业政策
政府补贴
企业家精神
家族企业
供应链协调
产权性质
系统动力学
财务风险
众创空间
商业模式
共享经济
商业模式创新

24. 教育学

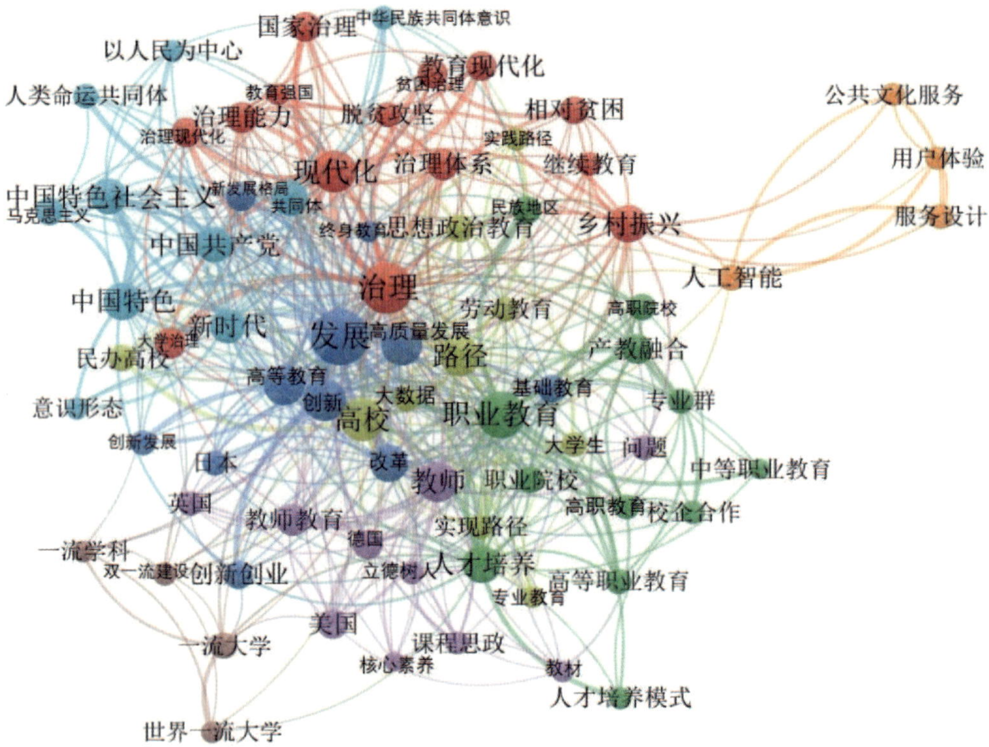
国家治理
中华民族共同体意识
以人民为中心
教育现代化
人类命运共同体
教育强国
贫困治理
治理能力
脱贫攻坚
相对贫困
公共文化服务
治理现代化
实践路径
现代化
治理体系
继续教育
用户体验
中国特色社会主义
新发展格局
共同体
马克思主义
民族地区
终身教育
思想政治教育
乡村振兴
服务设计
中国共产党
人工智能
治理
中国特色
劳动教育
高职院校
新时代
大学治理
发展
高质量发展
路径
产教融合
民办高校
高等教育
基础教育
专业群
创新
大数据
意识形态
高校
职业教育
大学生
问题
创新发展
日本
改革
中等职业教育
教师
职业院校
英国
高职教育
校企合作
教师教育
实现路径
一流学科
德国
人才培养
双一流建设
创新创业
立德树人
高等职业教育
专业教育
美国
一流大学
课程思政
核心素养
教材
人才培养模式
世界一流大学

25. 艺术学

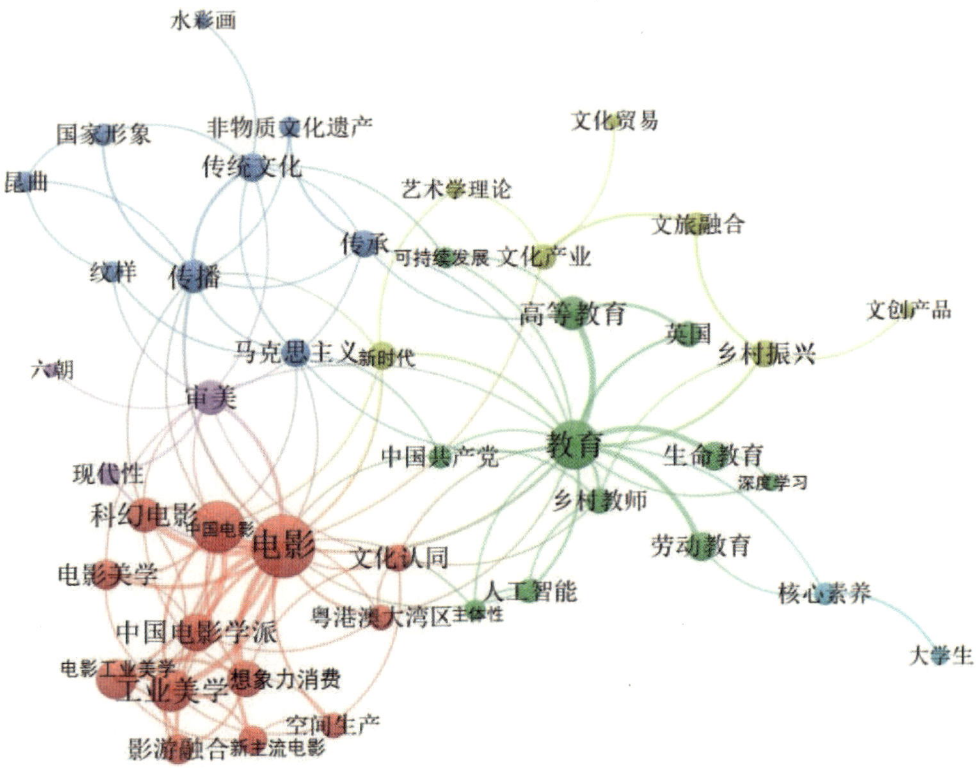
水彩画
非物质文化遗产
国家形象
传统文化
昆曲
文化贸易
艺术学理论
文旅融合
传承
可持续发展
文化产业
纹样
传播
文创产品
高等教育
英国
乡村振兴
马克思主义
新时代
六朝
审美
教育
中国共产党
生命教育
现代性
深度学习
乡村教师
科幻电影
中国电影
电影
劳动教育
文化认同
电影美学
人工智能
核心素养
粤港澳大湾区
主体性
中国电影学派
大学生
电影工业美学
工业美学
想象力消费
空间生产
影游融合
新主流电影

第三部分 附　录

一、2021 年度国家社科基金立项统计表

项目类别	立项数量（项）
重大项目	348
重点项目	370
一般项目	3169
青年项目	1103
西部项目	499
后期资助项目	1049
优秀博士论文出版项目	80
中华学术外译项目	237
特别委托项目	52
学术社团主题学术活动资助（课题研究类）	66
教育学项目	452
艺术学项目	248
总计	7673

二、2021 年度国家社科基金结项统计表

项目类别	结项数量（项）
重大项目	181
重点项目	389
一般项目	2563
青年项目	1005
西部项目	484
后期资助项目	582
中华学术外译项目	115
特别委托项目	57
教育学项目	285
艺术学项目	212
总计	5873

三、2021年度国家社科基金重大项目立项名单

序号	批准号	课题名称	首席专家	责任单位
1	21&ZD001	习近平新时代中国特色社会主义思想对科学社会主义的理论贡献研究	陶文昭	中国人民大学
2	21&ZD002		高继文	山东师范大学
3	21&ZD003	习近平总书记关于“四个自信”重要论述研究	韩美群	中南财经政法大学
4	21&ZD004	习近平总书记关于中国精神重要论述研究	吴向东	北京师范大学
5	21&ZD005	习近平总书记关于发展全过程人民民主重要论述研究	程竹汝	上海交通大学
6	21&ZD006		王炳权	中国社会科学院政治学研究所
7	21&ZD007	马克思主义人民民主思想研究	刘　林	上海师范大学
8	21&ZD008	马克思主义中国化“两个结合”及其关系研究	何中华	山东大学
9	21&ZD009		孙建华	南京林业大学
10	21&ZD010	新时代中国特色社会主义公平正义理论与实践研究	魏传光	暨南大学
11	21&ZD011	中国式现代化新道路与人类文明新形态研究	韩庆祥	中央党校（国家行政学院）
12	21&ZD012		吴晓明	复旦大学
13	21&ZD013	中国特色社会主义道路、理论、制度、文化的科学内涵和内在关系研究	肖安宝	广西大学
14	21&ZD014	全人类共同价值研究	沈湘平	北京师范大学
15	21&ZD015		龚　群	山东师范大学
16	21&ZD016	新时代英雄观的理论建构与传播体系研究	邢云文	上海交通大学
17	21&ZD017		刘明洋	山东大学
18	21&ZD018	中国共产党百年对马克思主义的整体性原创贡献研究	刘新刚	北京理工大学
19	21&ZD019		任晓伟	陕西师范大学
20	21&ZD020	中国共产党迈向第二个百年对人类社会进步发展的新贡献研究	杜艳华	复旦大学
21	21&ZD021	海外华人与人类命运共同体研究	曾少聪	中国社会科学院民族学与人类学研究所
22	21&ZD022		张振江	暨南大学

（续表）

序号	批准号	课题名称	首席专家	责任单位
23	21&ZD023	国外马克思主义关于中国特色社会主义的论述编译与研究	于海青	中国社会科学院马克思主义研究院
24	21&ZD024	伟大建党精神及其同中国共产党精神谱系关系研究	王炳林	北京师范大学
25	21&ZD025		陈　挥	上海交通大学
26	21&ZD026	中国共产党百年历程主题研究	杨凤城	中国人民大学
27	21&ZD027	（题目略）	刘旺洪	南京审计大学
28	21&ZD028	中国共产党领导意识形态建设的历史进程与基本经验研究	李　毅	中央党校（国家行政学院）
29	21&ZD029		石云霞	武汉大学
30	21&ZD030	中国共产党人百年伦理精神研究	朱金瑞	河南财经政法大学
31	21&ZD031	俄罗斯西伯利亚远东地区藏1950年前中国共产党档案文献的整理与研究	张建华	北京师范大学
32	21&ZD032	共产国际联共（布）涉疆中共党员档案搜集整理编纂研究	孙秀玲	新疆师范大学
33	21&ZD033	人民军队优抚安置史文献整理与研究	李　翔	哈尔滨工业大学
34	21&ZD034	中国共产党革命音乐百年发展史研究	徐元勇	南京师范大学
35	21&ZD035		冯　磊	上海音乐学院
36	21&ZD036	中国共产党百年医疗卫生史料收集、整理与研究	李洪河	河南师范大学
37	21&ZD037	中国共产党工农关系政策史料收集、整理与研究（1921—2021）	罗平汉	中央党校（国家行政学院）
38	21&ZD038	中国共产党关于繁荣发展哲学社会科学的历史经验研究	崔延强	西南大学
39	21&ZD039	中共党史学学科体系、学术体系、话语体系建设研究	宋学勤	中国人民大学
40	21&ZD040	党的建设理论体系研究	杨德山	中国人民大学
41	21&ZD041		刘先春	兰州大学
42	21&ZD042	中国共产党依规治党的历史逻辑、理论逻辑与实践逻辑研究	王伟国	中国法学会
43	21&ZD043	中国共产党制度体系建设的百年演进及经验启示研究	陈　朋	江苏省社会科学院
44	21&ZD044	中国共产党推进中华民族共同体建设的理论与实践研究	青　觉	中央民族大学

（续表）

序号	批准号	课题名称	首席专家	责任单位
45	21&ZD045	中国共产党领导方式和领导能力现代化的百年历程和经验研究	熊 辉	暨南大学
46	21&ZD046	中国共产党对马克思主义哲学的原创性贡献研究	赵士发	武汉大学
47	21&ZD047	中国马克思主义哲学史资料整理及研究	王海锋	中央民族大学
48	21&ZD048	潘梓年哲学思想研究	冯颜利	中国社会科学院哲学研究所
49	21&ZD049	规范性哲学研究	李 红	北京师范大学
50	21&ZD050	20世纪中国分析哲学史研究	江 怡	山西大学
51	21&ZD051	明清朱子学通史	谢晓东	厦门大学
52	21&ZD052	《江永全书》整理与研究	徐道彬	安徽大学
53	21&ZD053	近代哲学家对中国学术思想的脉络梳理与当代启示	魏义霞	黑龙江大学
54	21&ZD054	中国经典诠释学基本文献整理与基本问题研究	傅永军	山东大学
55	21&ZD055		曾 奕	同济大学
56	21&ZD056	中医哲学传承体系与创新发展研究	王旭东	上海中医药大学
57	21&ZD057	构建人类卫生健康共同体的伦理路径研究	肖 巍	清华大学
58	21&ZD058	中国乡村道德的实证研究与地图平台建设	王露璐	南京师范大学
59	21&ZD059	文化强国背景下公民道德建设工程研究	龙静云	华中师范大学
60	21&ZD060		李 萍	中国人民大学
61	21&ZD061	人工认知对自然认知挑战的哲学研究	魏屹东	山西大学
62	21&ZD062	20世纪60年代以来苏联（俄罗斯）科技哲学与科技史研究	万长松	江南大学
63	21&ZD063	负责任的人工智能及其实践的哲学研究	闫坤如	上海大学
64	21&ZD064	现代技术治理理论问题研究	刘永谋	中国人民大学
65	21&ZD065	汉译逻辑术语本土化与中国逻辑学话语体系建设研究	鞠实儿	中山大学
66	21&ZD066	马克思主义美学史	阎 嘉	四川大学
67	21&ZD067	审美意象的历史发展及其理论建构研究	朱志荣	华东师范大学
68	21&ZD068	中国古代美学命题整理与研究	张 晶	中国传媒大学

（续表）

序号	批准号	课题名称	首席专家	责任单位
69	21&ZD069	阿多诺文艺美学著作翻译、笺注与研究	朱国华	华东师范大学
70	21&ZD070	中国特色社会主义政治经济学理论体系研究	谢富胜	中国人民大学
71	21&ZD071	新发展阶段伟大实践与发展经济学理论创新研究	叶初升	武汉大学
72	21&ZD072	新发展格局下中国经济韧性的形成机理、动态评价与政策协同研究	卢现祥	中南财经政法大学
73	21&ZD073		隋建利	吉林大学
74	21&ZD074	全球产业链重构对全球经济治理体系的影响及中国应对研究	韩永辉	广东外语外贸大学
75	21&ZD075		罗长远	复旦大学
76	21&ZD076	劳动力流动视角下健全城乡融合发展机制研究	乔　雪	中国人民大学
77	21&ZD077		史清华	上海交通大学
78	21&ZD078	明清以来我国传统工商业账簿史料整理与研究（1500—1949）	袁为鹏	上海交通大学
79	21&ZD079	全球视野下的中国近代经济思想史	邹进文	中南财经政法大学
80	21&ZD080	中华人民共和国经济战略思想史研究	伍山林	上海财经大学
81	21&ZD081	“十四五”时期我国经济有效防范滞胀风险路径研究	范　金	南京林业大学
82	21&ZD082	新发展格局视阈下中国宏观调控跨周期设计与调节的理论与实验研究	靳玉英	上海财经大学
83	21&ZD083	全球价值链背景下国际贸易政策体系调整与中国应对策略研究	钱学锋	中南财经政法大学
84	21&ZD084	城乡融合与新发展格局战略联动的内在机理与实现路径研究	杨玉珍	河南师范大学
85	21&ZD085		郭冬梅	中央财经大学
86	21&ZD086	开放经济安全监测预警和综合评估研究	蔡宏波	北京师范大学
87	21&ZD087	中国家庭经济风险测度、成因及外溢性研究	尹志超	首都经济贸易大学
88	21&ZD088		臧旭恒	山东师范大学
89	21&ZD089	我国数字经济安全的动态预警、治理机制和法律保障研究	范柏乃	浙江大学
90	21&ZD090	特色农业赋能增收长效机制构建研究	万俊毅	华南农业大学
91	21&ZD091		郭红东	浙江大学
92	21&ZD092	构建面向高质量发展的农业科技进步贡献率体系研究	龚斌磊	浙江大学

（续表）

序号	批准号	课题名称	首席专家	责任单位
93	21&ZD093	RCEP对中国农业高质量发展的影响与应对战略研究	陈秧分	中国农业科学院农业经济与发展研究所
94	21&ZD094	现代财政——金融结合框架下的地方政府债务管理研究	朱　军	南京财经大学
95	21&ZD095		马光荣	中国人民大学
96	21&ZD096	促进经济高质量发展的税制结构优化与改革研究	储德银	安徽财经大学
97	21&ZD097		刘　怡	北京大学
98	21&ZD098	新发展格局下中国产业链供应链安全稳定战略研究	吕　越	对外经济贸易大学
99	21&ZD099	大国经济条件下构建自主可控的现代产业体系重大问题研究	白雪洁	南开大学
100	21&ZD100	加快建设海洋强国背景下我国“深蓝渔业”发展战略研究	韩立民	中国海洋大学
101	21&ZD101	我国粮食产业高质量发展实现路径与政策体系研究	纪月清	南京农业大学
102	21&ZD102	逆全球化时代中国战略性新兴产业供应链重塑研究	李　波	天津大学
103	21&ZD103	自然资源高效利用与经济安全和高质量发展机制研究	朱学红	中南大学
104	21&ZD104		朱俊明	清华大学
105	21&ZD105	“双循环”新格局下长三角城市群协同发展战略研究	张　军	复旦大学
106	21&ZD106	战略性矿产资源产业链供应链安全的国家战略研究	徐德义	中国地质大学（武汉）
107	21&ZD107	新型基础设施推动粤港澳大湾区经济发展与机制运行一体化研究	叶玉瑶	广东省科学院广州地理研究所
108	21&ZD108	低碳发展背景下我国新能源产业创新机制与风险防控研究	李金铠	郑州大学
109	21&ZD109	能源供给侧与需求侧协同绿色低碳发展机制与实现路径研究	孙传旺	厦门大学
110	21&ZD110	碳中和目标下可再生能源大规模发展的路径和协同机制研究	王群伟	南京航空航天大学
111	21&ZD111	新发展格局下金融结构优化与高质量技术创新研究	胡海峰	北京师范大学
112	21&ZD112		李俊青	南开大学
113	21&ZD113	数字金融有效支持实体经济高质量发展研究	战明华	广东外语外贸大学

（续表）

序号	批准号	课题名称	首席专家	责任单位
114	21&ZD114	“双循环”新格局下我国金融风险演化及防控措施研究	杨子晖	中山大学
115	21&ZD115	接续推进脱贫地区乡村振兴的金融支持研究	王修华	湖南大学
116	21&ZD116	依托中非命运共同体建设推动数字人民币国际化研究	王　芳	中国人民大学
117	21&ZD117		周光友	复旦大学
118	21&ZD118	在线平台信息价值和信息行为研究	张玉林	东南大学
119	21&ZD119		孙　元	浙江工商大学
120	21&ZD120	“双循环”新格局下现代流通体系创新及高质量发展路径研究	张　闯	东北财经大学
121	21&ZD121	国土空间规划体系下土地要素市场化改革研究	严金明	中国人民大学
122	21&ZD122	新型举国体制下技术突破的市场机制和政策路径研究	白俊红	南京师范大学
123	21&ZD123	粤港澳大湾区数据要素跨境流动路径研究	申明浩	广东外语外贸大学
124	21&ZD124	基于区块链的社区居家养老模式与质量安全体系研究	张　雷	东北大学
125	21&ZD125	数字技术赋能公共服务高质量发展研究	谭海波	湖南大学
126	21&ZD126	文化和旅游融合发展成效评估与推进机制研究	魏　敏	厦门大学
127	21&ZD127	我国突发公共卫生事件应急防控精准感知体系与能力建设研究	宋英华	武汉理工大学
128	21&ZD128	重大突发公共卫生事件区域医疗资源协同应急机制及调度优化方法研究	江志斌	上海交通大学
129	21&ZD129	开放开源科学技术创新体系构建研究	张玉明	山东大学
130	21&ZD130	聚焦关键核心技术突破的国家创新体系研究	谢富纪	上海交通大学
131	21&ZD131		吴晓波	浙江大学
132	21&ZD132	智能制造关键核心技术国产替代战略与政策研究	刘建丽	中国社会科学院工业经济研究所
133	21&ZD133	碳中和目标驱动下多能互补体系的协同机理与实现路径研究	姚　强	新疆大学
134	21&ZD134	平台企业治理研究	苏敬勤	大连理工大学
135	21&ZD135		彭正银	天津财经大学

（续表）

序号	批准号	课题名称	首席专家	责任单位
136	21&ZD136	中国企业裂变式发展重大问题研究	王凤彬	中国人民大学
137	21&ZD137	企业低碳价值创造的理论与实践研究	贾　明	西北工业大学
138	21&ZD138		郑琴琴	复旦大学
139	21&ZD139	高质量发展情境下中国企业的高端化战略变革理论研究	焦　豪	北京师范大学
140	21&ZD140		韵　江	东北财经大学
141	21&ZD141	网络化开放创新范式下企业知识产权市场化保护与价值转化法律机制研究	宁立志	武汉大学
142	21&ZD142		李永明	浙江大学
143	21&ZD143	后疫情时代“一带一路”沿线国家企业债务问题研究	李广众	中山大学
144	21&ZD144		王竹泉	中国海洋大学
145	21&ZD145	新时代中国特色管制会计制度体系与智能化实践研究	王彦超	中央财经大学
146	21&ZD146	国家治理能力现代化的测度理论、方法与进展评价研究	方匡南	厦门大学
147	21&ZD147		张维群	西安财经大学
148	21&ZD148	数字赋能中国全球价值链攀升的路径与测度研究	马晓君	东北财经大学
149	21&ZD149		马　丹	西南财经大学
150	21&ZD150	“双循环”新格局下我国大健康大产业升级的统计测度与进程监测研究	陶春海	江西财经大学
151	21&ZD151	多重复杂背景下中国经济“双循环”接驳及其协同性、有效性的统计研究	李朝鲜	北京工商大学
152	21&ZD152	工业大数据统计测度理论及应用研究	罗世华	江西财经大学
153	21&ZD153		李　勇	成都信息工程大学
154	21&ZD154	基于海洋强国战略的海洋经济统计核算、监测与评价体系创新研究	苏为华	浙江工商大学
155	21&ZD155		何广顺	国家海洋信息中心
156	21&ZD156	新发展阶段军工企业高质量发展统计测度与实现路径研究	李慧云	北京理工大学
157	21&ZD157	坚持和完善人民当家作主制度体系研究	张贤明	吉林大学
158	21&ZD158	中国核心术语国际影响力研究	袁　军	北京外国语大学
159	21&ZD159	当代西方国家政治极化的现状与趋势研究	庞金友	中国政法大学
160	21&ZD160	美式民主的理论悖论与实践困境研究	佟德志	天津师范大学
161	21&ZD161	社会组织推动共同富裕的体制机制与政策体系研究	朱仁显	厦门大学

（续表）

序号	批准号	课题名称	首席专家	责任单位
162	21&ZD162	特大城市社会治理数字化转型的机制与优化路径研究	吴建南	上海交通大学
163	21&ZD163	新时代我国数字强边战略及实施路径研究	沙勇忠	兰州大学
164	21&ZD164	新形势下我国参与知识产权全球治理的战略研究	马一德	中国科学院大学
165	21&ZD165		许春明	同济大学
166	21&ZD166	智慧社会安全风险治理体系研究	陈　红	江南大学
167	21&ZD167	新时代下国际领导力研究	阎学通	清华大学
168	21&ZD168	大数据主权安全保障体系建设研究	余　丽	郑州大学
169	21&ZD169		冉从敬	武汉大学
170	21&ZD170	（题目略）	信　强	复旦大学
171	21&ZD171	欧洲对外战略调整与中欧美关系研究	冯仲平	中国社会科学院欧洲研究所
172	21&ZD172	百年变局下全球化进路与人类命运共同体构建研究	王　栋	北京大学
173	21&ZD173		刘贞晔	中国政法大学
174	21&ZD174	社会科学影响公共政策的历史、机制与中国路径研究	孔繁斌	南京大学
175	21&ZD175	中国特色郊区社会形态研究	蓝宇蕴	华南师范大学
176	21&ZD176	数字时代的国家记忆共同体研究	周海燕	南京大学
177	21&ZD177	建立和完善农村低收入人口常态化帮扶机制研究	左　停	中国农业大学
178	21&ZD178	革命老区“红色文化＋旅游”融合发展研究	朱　虹	南昌大学
179	21&ZD179		朱　竑	广州大学
180	21&ZD180	中国与“一带一路”国家有效分享减贫经验的模式与策略研究	徐秀丽	中国农业大学
181	21&ZD181	新形势下我国面临的主要就业风险及多维治理研究	张　顺	西安交通大学
182	21&ZD182	残疾人社会组织活力的社会机制研究	朱健刚	南开大学
183	21&ZD183	跨县搬迁社区治理与后期扶持研究	陈绍军	河海大学
184	21&ZD184	发挥第三次分配作用促进慈善事业健康发展研究	苗　青	浙江大学
185	21&ZD185	生态产品价值实现与乡村振兴的协同机制研究	谢花林	江西财经大学
186	21&ZD186	健康中国战略下我国居民健康预期寿命的测量与变动趋势研究	吴士勇	国家卫生健康委统计信息中心

（续表）

序号	批准号	课题名称	首席专家	责任单位
187	21&ZD187	人口老龄化背景下的残疾预防策略与应用研究	何 平	北京大学
188	21&ZD188		周兰姝	海军军医大学
189	21&ZD189	人口老龄化对科技创新的影响机制与战略协同研究	沈 可	复旦大学
190	21&ZD190	习近平法治思想中的民生保障理论研究	胡玉鸿	华东政法大学
191	21&ZD191	行政法总则制定的理论与实践问题研究	王青斌	中国政法大学
192	21&ZD192	基于法治、国家治理和全球治理的技术法规研究	柳经纬	中国政法大学
193	21&ZD193	网络信息安全监管的法治体系构建研究	曹诗权	中国人民公安大学
194	21&ZD194		李湘宁	中央网络安全和信息化委员会办公室
195	21&ZD195	互联网平台的社会影响及治理路径研究	齐延平	北京理工大学
196	21&ZD196		王 勇	清华大学
197	21&ZD197	秦汉至唐律令立法语言分类整理、谱系建构与数据库建设	刘晓林	吉林大学
198	21&ZD198	近代中外条约研究学术文献的搜集、整理与学术史研究（1842—1949）	李传斌	湖南师范大学
199	21&ZD199	社会信用体系的法律保障机制研究	王锡锌	北京大学
200	21&ZD200	数据中国背景下公共数据技术标准的法治体系研究	杨 力	上海交通大学
201	21&ZD201	完善医疗保障基金监管法律制度研究	张 卿	中国政法大学
202	21&ZD202	我国经济制裁法律体系构建研究	简基松	中南财经政法大学
203	21&ZD203	总体国家安全观下产业知识产权风险治理现代化研究	黄玉烨	中南财经政法大学
204	21&ZD204		肖冬梅	湘潭大学
205	21&ZD205	民事司法程序现代化问题研究	杨 凯	华东政法大学
206	21&ZD206		章武生	复旦大学
207	21&ZD207	美国全球单边经济制裁中涉华制裁案例分析与对策研究	刘 瑛	中山大学
208	21&ZD208		沈 伟	上海交通大学
209	21&ZD209	数字经济的刑事安全风险防范体系建构研究	刘艳红	中国政法大学
210	21&ZD210		姜 涛	南京师范大学
211	21&ZD211	马克思主义经典作家关于民族国家与多民族国家的重要文献整理及当代意义研究	张三南	天津师范大学

（续表）

序号	批准号	课题名称	首席专家	责任单位
212	21&ZD212	新中国成立后各民族人口流动与深度交融的动力机制研究	郝亚明	贵州民族大学
213	21&ZD213		袁年兴	武汉科技大学
214	21&ZD214	西南各民族水文化调查与研究	郑晓云	湖北大学
215	21&ZD215	涉台传统村落资源调查整理及保护利用研究	张　杰	华东理工大学
216	21&ZD216	西藏及四省涉藏地区民主改革档案资料整理和民主改革史研究	侯希文	西藏民族大学
217	21&ZD217	中华优秀传统生态文化藏文文献资料收集整理与研究	英加布	西北民族大学
218	21&ZD218	敦煌石窟文献释录与图文互证研究	张小刚	敦煌研究院
219	21&ZD219	中国古代各民族相互依存关系史文献整理与研究	谢咏梅	内蒙古师范大学
220	21&ZD220	中国海关通史	戴一峰	厦门大学
221	21&ZD221	中国特殊教育通史	郭卫东	北京大学
222	21&ZD222	《中国历史海洋地图集》编绘研究	李智君	厦门大学
223	21&ZD223	古蜀地区文明化华夏化进程研究	唐　飞	四川省文物考古研究院
224	21&ZD224	三星堆文化与中国文明研究	黎海超	四川大学
225	21&ZD225	明清以来长三角地区生态环境变迁与特色农业发展研究	卢　勇	南京农业大学
226	21&ZD226	明清至民国南海海疆经略与治理体系研究	刘永连	暨南大学
227	21&ZD227	新疆巡抚治疆史料长编	赵维玺	兰州大学
228	21&ZD228	中国近代县报搜集、整理与研究	洪　煜	上海师范大学
229	21&ZD229	中国近代邮政史料整理与研究	叶美兰	南京邮电大学
230	21&ZD230	中国近代铁路投资中外档案资料整理、研究和数据库建设	马陵合	安徽师范大学
231	21&ZD231	旅顺博物馆藏新疆出土汉文文献分类释录与研究	游自勇	首都师范大学
232	21&ZD232	海外藏中国糖业资料搜集、整理与研究	赵国壮	西南大学
233	21&ZD233	中国古代海洋珍稀文献抢救性整理、研究与数据库建设	程继红	浙江海洋大学
234	21&ZD234	新时代中国特色考古学理论体系研究	陈胜前	中国人民大学
235	21&ZD235	汉代海上丝绸之路沿线国家考古遗存研究及相关历史文献整理	熊昭明	广西民族大学

（续表）

序号	批准号	课题名称	首席专家	责任单位
236	21&ZD236	湖北随州枣树林春秋曾国墓地考古发掘资料的整理和研究	郭长江	湖北省文物考古研究所
237	21&ZD237	关中地区十六国时期墓葬资料的整理与研究	刘呆运	陕西省考古研究院
238	21&ZD238	中条山地区夏商时期矿冶遗存考古调查与综合研究	王晓毅	山西省考古研究所
239	21&ZD239	安阳洹北商城铸铜、制骨、制陶作坊考古发掘整理与研究	何毓灵	中国社会科学院考古研究所
240	21&ZD240	周原遗址凤雏城址区田野考古资料整理与研究	雷兴山	首都师范大学
241	21&ZD241	人类瘟疫史	李化成	陕西师范大学
242	21&ZD242	韩国汉文史部文献编年与专题研究	孙卫国	南开大学
243	21&ZD243	外国历史教科书中的中国形象史料整理与研究	孟钟捷	华东师范大学
244	21&ZD244	东南亚藏中国南海史料文献整理与研究	王子昌	暨南大学
245	21&ZD245	美国对朝鲜半岛政策档案文献整理与研究（1945—2001）	梁　志	华东师范大学
246	21&ZD246	中东经济通史	王三义	上海大学
247	21&ZD247	欧洲近代社会主义思想史研究	李宏图	复旦大学
248	21&ZD248	法兰西第三共和国殖民扩张史料整理与研究	吕一民	浙江大学
249	21&ZD249	中国西南道教文献整理与数据库建设	盖建民	四川大学
250	21&ZD250	《佛教造像艺术大辞典》汉译与研究	王启龙	西安外国语大学
251	21&ZD251	域外藏多语种民国佛教文献群的发掘、整理与研究	王　颂	北京大学
252	21&ZD252	中国早期经典文本的形成、流变及其学术体系建构研究	孙少华	中国社会科学院文学研究所
253	21&ZD253	中国历代书院文学活动编年史	鲁小俊	武汉大学
254	21&ZD254	历代别集编纂及其文学观念研究	何诗海	中山大学
255	21&ZD255	中国共产党文学思想史料整理与研究（1921—1949）	谢　纳	东北大学
256	21&ZD256	中国共产党文艺制度史研究	李西建	陕西师范大学

（续表）

序号	批准号	课题名称	首席专家	责任单位
257	21&ZD257	百年中国文学视域下儿童文学发展史	吴翔宇	浙江师范大学
258	21&ZD258	中国现代文学批评域外思想资源整理与研究（1907—1949）	文学武	上海交通大学
259	21&ZD259	红色文艺与百年中国研究	张　均	中山大学
260	21&ZD260	红色文艺与百年中国研究	赵学勇	陕西师范大学
261	21&ZD261	百年中国乡土文学与农村建设运动关系研究	张丽军	暨南大学
262	21&ZD262	百年中国乡土文学与农村建设运动关系研究	徐志伟	哈尔滨师范大学
263	21&ZD263	中国文学学术现代化进程研究	关爱和	河南大学
264	21&ZD264	文学伦理学批评的理论资源与对外传播研究	苏　晖	华中师范大学
265	21&ZD265	中国网络文学的文化传承与海外传播研究	陈定家	中国社会科学院文学研究所
266	21&ZD266	中国现代文学地方路径起源的文史考证与学科建构研究	周保欣	浙江财经大学
267	21&ZD267	中国现当代文学思潮中的古典传统重释重构及其互动关系史研究	邵宁宁	杭州师范大学
268	21&ZD268	欧美戏剧剧场资料翻译与研究	孙大庆	中央戏剧学院
269	21&ZD269	新中国少数民族文字文学史料整理与研究	李晓峰	大连民族大学
270	21&ZD270	新出土墓志与隋唐家族文学文献整理与研究	王　伟	陕西师范大学
271	21&ZD271	辽金元笔记文献汇编及研究	查洪德	南开大学
272	21&ZD272	闽台海疆文学文献整理与研究（1602—1895）	肖庆伟	闽南师范大学
273	21&ZD273	中国小说评点史及相关文献整理与研究	谭　帆	华东师范大学
274	21&ZD274	加勒比文学史研究（多卷本）	周　敏	杭州师范大学
275	21&ZD275	印度古代文艺理论史	尹锡南	四川大学
276	21&ZD276	多维视域下的俄罗斯文化符号学研究	赵爱国	苏州大学
277	21&ZD277	流散文学与人类命运共同体研究	徐　彬	东北师范大学
278	21&ZD278	18世纪欧亚文学交流互鉴研究	金　雯	华东师范大学
279	21&ZD279	《西格蒙德·弗洛伊德全集》德译汉与研究	赵蕾莲	中国人民大学
280	21&ZD280	《普林斯顿诗歌与诗学百科全书》翻译与研究	何庆机	浙江工商大学

（续表）

序号	批准号	课题名称	首席专家	责任单位
281	21&ZD281	美国族裔文学中的文化共同体思想研究	生安锋	清华大学
282	21&ZD282		郭英剑	中国人民大学
283	21&ZD283	华兹华斯全集翻译与研究	张旭春	四川外国语大学
284	21&ZD284	尤里·洛特曼著作集汉译与研究	王加兴	南京大学
285	21&ZD285	多学科视角下的汉藏语系的起源和演化研究	王传超	厦门大学
286	21&ZD286	基于大型语料库的中原官话共时比较与历时探考研究	辛永芬	河南大学
287	21&ZD287	国家语言安全大数据平台建设与研究	彭　爽	东北师范大学
288	21&ZD288	汉语诗歌韵律的历史——空间嬗变、脑认知机制与数据库建设研究	陈庆荣	南京师范大学
289	21&ZD289	“两个一百年”背景下的语言国情调查与语言规划研究	王　敏	教育部语言文字应用研究所
290	21&ZD290	围绕汉语的超大型多语汉外平行语料库集群研制与应用研究	王克非	北京外国语大学
291	21&ZD291	湖南及周边省区汉语虚词时空立体研究及数据库建设	唐贤清	湖南师范大学
292	21&ZD292	国家通用盲文分词连写规则与词库建设研究	钟经华	中国残疾人联合会
293	21&ZD293	汉语自闭症人群的社会融合路径研究	贺荟中	北京师范大学
294	21&ZD294	我国老年人语言能力的常模、评估及干预体系研究	顾曰国	北京外国语大学
295	21&ZD295	东汉至唐朝出土文献汉语用字研究	汪维辉	浙江大学
296	21&ZD296	中古近代汉字字源及其数据库建设	邓福禄	武汉大学
297	21&ZD297	明代至民国汉语非韵书罕见同音类聚文献的音韵研究及数据库建设	周赛华	湖北大学
298	21&ZD298	《洪武正韵》系韵书与明代字书比较研究及数据挖掘分析	雷　励	湘潭大学
299	21&ZD299	清代《说文》学新材料普查、整理与研究	李运富	郑州大学
300	21&ZD300	《汉语大字典》修订研究	雷汉卿	四川大学
301	21&ZD301	晚明以来吴语白话文献语法研究及数据库建设	崔山佳	浙江财经大学
302	21&ZD302	中国苗语方言地图集	余金枝	云南师范大学

（续表）

序号	批准号	课题名称	首席专家	责任单位
303	21&ZD303	汉语方言母语深度调查研究	沈　明	中国社会科学院语言研究所
304	21&ZD304	中国民族语言大规模语法标注文本在线检索系统研制与建设研究	江　荻	江苏师范大学
305	21&ZD305	阜阳汉简整理与研究	陈　剑	复旦大学
306	21&ZD306	以定县简为代表的极端性状竹书的整理及其方法研究	贾连翔	清华大学
307	21&ZD307	战国文字研究大数据云平台建设	范常喜	中山大学
308	21&ZD308	滇黔桂越边区百部珍稀土俗字文献收集译注与研究	韦名应	云南民族大学
309	21&ZD309	基于公共数据库的古文字字符集标准研制	刘志基	华东师范大学
310	21&ZD310	中西交流背景下汉语词汇学的构建与理论创新研究	周　荐	北京师范大学珠海校区
311	21&ZD311	人类命运共同体视域下非洲百年汉语传播研究	王　辉	浙江师范大学
312	21&ZD312	基于脑科学的青少年创新素质评价与提升路径研究	邱　江	西南大学
313	21&ZD313	文明交流互鉴视域下全球传播新格局建构研究	戴元初	山东大学
314	21&ZD314	百年未有之大变局下中国共产党形象全球传播与认同研究	高金萍	北京外国语大学
315	21&ZD315		刘小燕	中国人民大学
316	21&ZD316	提升面对重大突发风险事件的媒介化治理能力研究	李春雷	广州大学
317	21&ZD317		郭小平	华中科技大学
318	21&ZD318	互联网环境下新闻理论范式创新研究	吴　飞	浙江大学
319	21&ZD319	乡村振兴视角下新媒体在乡村治理中的角色与功能研究	张淑华	郑州大学
320	21&ZD320		杨　琳	西安交通大学
321	21&ZD321	中国出版学学术史文献整理、研究与资料库建设	张志强	南京大学
322	21&ZD322	“双循环”新格局下中国数字版权贸易国际竞争力研究	崔　波	浙江传媒学院
323	21&ZD323	日本馆藏中国共产党新闻宣传史料整理与研究（1921—1945）	赵新利	中国传媒大学
324	21&ZD324	智媒时代公民隐私保护问题研究	顾理平	南京师范大学

（续表）

序号	批准号	课题名称	首席专家	责任单位
325	21&ZD325	5G时代新闻传播的格局变迁与研究范式转型	李本乾	上海交通大学
326	21&ZD326	虚拟现实媒介叙事研究	徐丽芳	武汉大学
327	21&ZD327	虚拟现实媒介叙事研究	周志强	南开大学
328	21&ZD328	面向未成年人的人工智能技术规范研究	吴永和	华东师范大学
329	21&ZD329	大数据驱动的科技文献语义评价体系研究	张智雄	中国科学院文献情报中心
330	21&ZD330	喜马拉雅南麓历史地理文献搜集、整理与研究	刀吉仁青	西北民族大学
331	21&ZD331	中国古代典籍跨语言知识库构建及应用研究	王东波	南京农业大学
332	21&ZD332	中国古农书的搜集、整理与研究	吴 平	武汉大学
333	21&ZD333	中国古农书的搜集、整理与研究	隋 斌	中国农业博物馆
334	21&ZD334	文化遗产智慧数据资源建设与服务研究	王晓光	武汉大学
335	21&ZD335	文化遗产智慧数据资源建设与服务研究	周晓英	中国人民大学
336	21&ZD336	面向数字化发展的公共数据开放利用体系与能力建设研究	马海群	黑龙江大学
337	21&ZD337	面向数字化发展的公共数据开放利用体系与能力建设研究	郑 磊	复旦大学
338	21&ZD338	政府数据的隐私风险计量与保护机制创新研究	臧国全	郑州大学
339	21&ZD339	粤港澳大湾区建设国际科创中心知识产权情报保障研究	韦景竹	中山大学
340	21&ZD340	海外藏二战中缅印战区档案整理与研究	马 静	云南大学
341	21&ZD341	体育成为中华民族伟大复兴标志性事业的理论内涵与时代推进研究	赵富学	武汉体育学院
342	21&ZD342	体育成为中华民族伟大复兴标志性事业的理论内涵与时代推进研究	黄亚玲	北京体育大学
343	21&ZD343	新发展阶段中国体育战略转型与发展模式创新研究	杨国庆	南京体育学院
344	21&ZD344	新发展阶段中国体育战略转型与发展模式创新研究	郑国华	上海体育学院
345	21&ZD345	新时代体育全媒体传播格局构建研究	张德胜	武汉体育学院
346	21&ZD346	新时代体育全媒体传播格局构建研究	张 盛	上海体育学院
347	21&ZD347	中国足球事业发展战略与对策研究	钟秉枢	首都体育学院
348	21&ZD348	中国足球事业发展战略与对策研究	潘小非	成都体育学院

四、2021 年度国家社科基金重大项目结项名单

（以结项时间排序）

序号	批准号	项目名称	首席专家	责任单位	鉴定等级
1	13&ZD180	人民币国际化的法律问题研究	韩　龙	海南大学	良好
2	15ZDB046	抗战胜利后国民政府对日本战犯审判研究（1946—1948）	刘　统	上海交通大学	优秀
3	12&ZD015	“走基层、转作风、改文风”与加强和改进新闻舆论工作研究	秦绍德	复旦大学	合格
4	12&ZD014	坚持马克思主义新闻观与完善舆论引导格局研究	童　兵	复旦大学	免于鉴定
5	14ZDB032	五代十国历史文献的整理与研究	杜文玉	陕西师范大学	良好
6	16ZDA148	吴哥古迹考古与古代中柬文化交流研究	王元林	中国文化遗产研究院	良好
7	13&ZD119	中国西北地区戏曲歌谣语言文化研究	赵学清	陕西师范大学	良好
8	12&ZD138	关中地区出土西周金文整理与研究	王　晖	陕西师范大学	良好
9	13&ZD087	敦煌与于阗：佛教艺术与物质文化的交互影响	荣新江	北京大学	良好
10	13&ZD175	城市地铁系统脆弱性评价及控制策略研究	李志纯	华中科技大学	良好
11	11&ZD151	我国儿童青少年人格发展基础性数据库构建研究	周宗奎	华中师范大学	合格
12	16ZDA015	“互联网 +”驱动传统产业创新发展路径及模式研究	张　骁	南京大学	合格
13	12&ZD156	唐诗学研究	丁　放	安徽师范大学	免于鉴定
14	16ZDA152	“一带一路”战略与新疆社会发展	赵　磊	中央党校（国家行政学院）	免于鉴定
15	14ZDB115	近代以来域外中国藏学研究经典整理与研究	王启龙	陕西师范大学	良好
16	15ZDB048	蒋介石资料数据库建设	陈红民	浙江大学	优秀
17	13&ZD064	我国多民族道德生活史系列研究	李　伟	宁夏大学	合格
18	13&ZD182	微博微信公共事件与社会情绪共振机制研究	陈力丹	中国人民大学	合格

（续表）

序号	批准号	项目名称	首席专家	责任单位	鉴定等级
19	17ZDA073	基于结构性数据分析的我国系统性金融风险防范体系研究	杨子晖	中山大学	免于鉴定
20	12&ZD225	中国少数民族语言语音声学参数统一平台建设研究	呼　和	中国社会科学院民族学与人类学研究所	优秀
21	11&ZD077	马克思主义法学方法论研究	李拥军	吉林大学	合格
22	16ZDA093	缅甸国内形势与对外关系综合调查数据库建设	孔建勋	云南大学	免于鉴定
23	15ZDB023	当代美学的基本问题及批评形态研究	王　杰	浙江大学	良好
24	16ZDA063	“一带一路”战略下法律供给机制研究	许传玺	北京政法职业学院	免于鉴定
25	15ZDB108	方志中方言资料的整理、辑录及数字化工程	李　蓝	南方科技大学	优秀
26	12&ZD212	未来十年我国城市老年人口居家养老保障体系研究	桂世勋	华东师范大学	免于鉴定
27	14ZDB024	中国古文书学研究	黄正建	中国社会科学院古代史研究所	良好
28	16ZDA006	供给侧结构性改革与发展新动力研究	叶初升	武汉大学	免于鉴定
29	13&ZD069	当代德国哲学译介与研究	庞学铨	浙江大学	良好
30	13&ZD102	军事考古学研究	赵丛苍	西北大学	良好
31	13&ZD153	中国图书馆学史	王余光	北京大学	良好
32	15ZDB126	面向大数据的数字图书馆移动视觉搜索机制及应用研究	朱庆华	南京大学	良好
33	10&ZD069	江南地域文化的历史演进	范金民	南京大学	良好
34	17ZDA122	全面二孩政策下城市地区0—3岁婴幼儿托育服务体系研究	杨菊华	中央民族大学	良好
35	14ZDB171	生物哲学重要问题研究	李建会	北京师范大学	良好
36	13&ZD110	《乐府诗集》整理与补编	吴相洲	广州大学	合格
37	14ZDB066	中国古代散文研究文献集成	郭英德	北京师范大学	优秀
38	13&ZD068	科学实践哲学与地方性知识研究	吴　彤	清华大学	良好

（续表）

序号	批准号	项目名称	首席专家	责任单位	鉴定等级
39	14ZDB028	秦统一及其历史意义再研究	王子今	中国人民大学	优秀
40	17ZDA002	改革开放以来中国特色社会主义的发展逻辑研究	韩庆祥	中央党校（国家行政学院）	良好
41	17ZDA039	“多规合一”视角下的土地供给侧结构性改革研究	严金明	中国人民大学	良好
42	16ZDA030	后危机时代全球金融经济周期理论的新发展与应用问题研究	陈昆亭	浙江工业大学	免于鉴定
43	15ZDB003	中华思想文化术语的整理、传播与数据库建设	韩　震	北京外国语大学	免于鉴定
44	17ZDA237	多卷本《中国宗教美术史》	汪小洋	东南大学	良好
45	14ZDB145	采煤沉陷区“生态—经济—社会”多维关系演化规律及调控机制研究	程　桦	安徽大学	良好
46	12&ZD184	中国古代语文辞书注音释义综合研究	蒋冀骋	湖南师范大学	良好
47	15ZDB014	中国乡村伦理研究	王露璐	南京师范大学	良好
48	14ZDB045	近代中外条约关系通史	李育民	湖南师范大学	良好
49	15ZDB036	中国书院文献整理与研究	邓洪波	湖南大学	优秀
50	17ZDA056	中国服务业发展政策的演变及有效性协同性研究	李朝鲜	北京工商大学	合格
51	17ZDA286	大数据背景下城市灾难事件社会舆情治理研究	徐玖平	四川大学	免于鉴定
52	13&ZD097	“小三线”建设资料的整理与研究	徐有威	上海大学	免于鉴定
53	18ZDA092	数字普惠金融的创新、风险与监管研究	曾　燕	中山大学	合格
54	16ZDA053	基于大数据的跨境电子商务统计监测、评估与监管体系研究	苏为华	浙江工商大学	免于鉴定
55	12&ZD210	深海采矿规章制定与海洋强国研究	刘少军	中南大学	合格
56	15ZDB011	陈康著作的整理、翻译与研究	聂敏里	中国人民大学	良好
57	15ZDB012	冯契哲学文献整理及思想研究	郁振华	华东师范大学	良好
58	11&ZD105	中国诗词曲源流史	李昌集	江苏师范大学	良好

（续表）

序号	批准号	项目名称	首席专家	责任单位	鉴定等级
59	15ZDB009	阳明后学文献整理与研究	钱 明	浙江省社会科学院	优秀
60	17ZDA082	建设世界科技创新强国的战略比较与实现路径研究	陈 劲	清华大学	良好
61	15ZDB092	东正教与俄罗斯文学研究	张 杰	南京师范大学	良好
62	14ZDB036	山西民间契约文书搜集整理与研究	刘秋根	河北大学	良好
63	15ZDB072	词体声律研究与词谱重修	田玉琪	河北大学	优秀
64	13&ZD101	西南唐宋石窟寺遗存的调查与综合研究	白 彬	四川大学	优秀
65	13&ZD187	汉语盲文语料库建设研究	钟经华	北京联合大学	优秀
66	12&ZD178-1	海外珍藏汉语文献与南方明清汉语研究	林华勇	中山大学	良好
67	17ZDA077	联合国可持续发展议程评估体系建设及实现路径研究	王 灿	清华大学	良好
68	13&ZD092	清代灾荒纪年暨信息集成数据库建设	夏明方	中国人民大学	优秀
69	14ZDB157	儿童阅读障碍的认知机制及其干预研究	刘翔平	北京师范大学	良好
70	16ZDA005	供给侧结构性改革与发展新动力研究	严成樑	中央财经大学	良好
71	14ZDB034	明清以来徽州会馆文献整理与研究	王振忠	复旦大学	良好
72	13&ZD098	敦煌石窟图像专题研究	樊锦诗	敦煌研究院	良好
73	12&ZD127	藏传佛教大辞典（藏汉双解）	嘎藏陀美	西北民族大学	优秀
74	17ZDA062	大数据背景下我国大型城市资源环境承载力评价与政策研究	申立银	重庆大学	合格
75	17ZDA052	“互联网+”背景下的税收征管模式研究	李万甫	国家税务总局	免于鉴定
76	15ZDB118	中国西南少数民族传统村落的保护与利用研究	孙九霞	中山大学	合格
77	16ZDA025	中国特色和谐劳动关系的演进路径与机制构建研究	宋晓梧	北京师范大学	合格

（续表）

序号	批准号	项目名称	首席专家	责任单位	鉴定等级
78	13&ZD144-1	柯尔克孜族百科全书《玛纳斯》综合研究	阿地里·居玛吐尔地	中国社会科学院民族文学研究所	合格
79	17ZDA104	国家治理现代化与行政管理制度体系创新研究	蓝志勇	清华大学	免于鉴定
80	14ZDB169	文化产业伦理研究	金元浦	上海交通大学	合格
81	15ZDB029	中国历法通史研究	曲安京	西北大学	良好
82	12&ZD186	当代国际史学研究及其发展趋势	陈启能	中国社会科学院世界历史研究所	良好
83	12&ZD139	敦煌吐蕃文献分类整理与研究	黄维忠	兰州大学	良好
84	13&ZD091	明清华北地区府县历史文化研究与专题数据库建设	戴建兵	河北师范大学	合格
85	14ZDB155	汉语非字面语言认知的神经心理机制研究	王小潞	浙江大学	合格
86	14ZDB053	汉魏洛阳故城宫城南区考古发掘报告	钱国祥	中国社会科学院考古研究所	优秀
87	17ZDA149	宗教工作法治化研究	冯玉军	中国人民大学	优秀
88	13&ZD112	东亚楚辞文献的发掘、整理与研究	周建忠	南通大学	良好
89	12&ZD115	简帛医书综合研究	张显成	西南大学	良好
90	12&ZD141-1	敦煌遗书数据库建设	马　德	敦煌研究院	良好
91	13&ZD167	气候变化与国际贸易问题研究	彭水军	厦门大学	良好
92	15ZDB121	人类合作行为的前沿问题研究：认知的视角	刘永芳	华东师范大学	良好
93	11&ZD145	中国会计通史系列问题研究	郭道扬	中南财经政法大学	良好
94	13&ZD162	基于智慧技术的滨海大城市安全策略与综合防灾措施研究	运迎霞	天津大学	合格
95	14ZDB078	汉译文学编年考录及数据库建设（1896—1949）	李　今	中国人民大学	优秀
96	14ZDB150	我国生育政策调整带来的新社会问题研究	风笑天	南京大学	良好

（续表）

序号	批准号	项目名称	首席专家	责任单位	鉴定等级
97	14ZDB168	云环境下国家数字学术资源信息安全保障体系研究	胡昌平	武汉大学	良好
98	13&ZD139	胡仁乌力格尔（300部）整理与研究	全 福	内蒙古大学	合格
99	14ZDB170	我国体育治理体系和治理能力现代化研究	任 海	北京体育大学	良好
100	11&ZD153	新组织理论和组织治理研究	高良谋	东北财经大学	良好
101	12&ZD163	日本馆藏近代以来中国留日文艺理论家文献资料整理与研究	彭修银	中南民族大学	良好
102	14ZDB122	外国经济思想史学科建设的重大基础理论研究	贾根良	中国人民大学	良好
103	13&ZD188	残疾人语言障碍与学习机制研究	伍新春	北京师范大学	良好
104	13&ZD075	宗教与东亚近代化研究	王新生	北京大学	良好
105	14ZDB143	环境污染群体性事件及其处置机制研究	杨立华	北京大学	良好
106	10&ZD065	中国文化产业学学科体系建设研究	尹 鸿	清华大学	合格
107	16ZDA085	大数据时代计算社会科学的产生、现状与发展前景研究	李 强	清华大学	合格
108	14ZDB116	梵蒂冈藏明清天主教文献整理与研究	张西平	北京外国语大学	合格
109	17ZDA091	大数据背景下健康保险的精算统计模型与风险监管研究	汪荣明	上海对外经贸大学	免于鉴定
110	14ZDB121	公共经济学理论体系创新研究	杨志勇	中国社会科学院财经战略研究院	免于鉴定
111	18ZDA319	全球互联网50年发展历程、规律和趋势的口述史研究	方兴东	浙江传媒学院	免于鉴定
112	18ZDA116	政府培育发展社会组织的效应研究	郁建兴	浙江大学	免于鉴定
113	15ZDB156	全球生产网络、知识产权保护与中国外贸竞争力提升研究	黄先海	浙江大学	免于鉴定
114	17ZDA061	大数据背景下我国大型城市资源环境承载力评价与政策研究	黄贤金	南京大学	免于鉴定

（续表）

序号	批准号	项目名称	首席专家	责任单位	鉴定等级
115	15ZDB157	科技型中小企业融资征信平台和数据库建设研究	张玉明	山东大学	合格
116	18ZDA341	网络与数字时代增强中华文化全球影响力的实现途径研究	江小涓	清华大学	免于鉴定
117	12&ZD133	中国国家起源研究的理论与方法	谢维扬	上海大学	合格
118	17ZDA142	国际法与国内法视野下的跨境电子商务建设研究	赵　骏	浙江大学	免于鉴定
119	14ZDB026	中国历史上的滨海地域研究	鲁西奇	厦门大学	良好
120	17ZDA038	供给侧结构性改革、异质性消费者行为与经济增长内生动力研究	臧旭恒	山东大学	良好
121	17ZDA202	近代国学文献汇编与编年史编纂	桑　兵	浙江大学	优秀
122	14ZDB125	中外土地征收制度资料整理与比较研究	许中缘	中南大学	合格
123	18ZDA143	人格权保护立法研究	王利明	中国人民大学	优秀
124	16ZDA046	中国与湄公河流域国家环境利益共同体建设研究	张　阳	河海大学	合格
125	15ZDB171	突发性海洋灾害恢复力评估及市场化提升路径研究	赵　昕	中国海洋大学	良好
126	15ZDB025	古希腊哲学术语数据库建设	王晓朝	清华大学	良好
127	16ZDA231	社会心理建设：社会治理的心理学路径	王俊秀	中国社会科学院社会学研究所	优秀
128	15ZDB085	西方新马克思主义文论与空间理论重要文献翻译和研究	阎　嘉	四川大学	良好
129	15ZDB140	百年中国新闻史史料整理与研究	王润泽	中国人民大学	优秀
130	12&ZD191	哈民忙哈·科尔沁沙地新石器时代遗址发掘与综合研究	朱永刚	吉林大学	良好
131	15ZDB086	19 世纪西方文学思潮研究	蒋承勇	浙江工商大学	良好
132	14ZDB154	汉语非字面语言大脑加工的神经机制研究	江铭虎	清华大学	良好
133	12&ZD129	密教文献文物资料整理与研究	吕建福	陕西师范大学	良好
134	16ZDA215	十八大以来中国共产党新闻舆论观研究	丁柏铨	温州大学	良好

（续表）

序号	批准号	项目名称	首席专家	责任单位	鉴定等级
135	16ZDA074	中国参与网络空间国际规则制定研究	黄志雄	武汉大学	良好
136	13&ZD059	儒学与我国少数民族哲学关系的历史发展研究	杨翰卿	西南民族大学	良好
137	11&ZD183	环境考古与古代人地关系研究	莫多闻	北京大学	良好
138	17ZDA107	总体国家安全观视野下的网络治理体系研究	熊澄宇	清华大学	免于鉴定
139	11&ZD120	中原地区晚更新世古人类文化发展研究	王幼平	北京大学	良好
140	14ZDB100	新疆国家通用语言文字抽样调查研究	李志忠	新疆师范大学	合格
141	16ZDA194	20世纪西方文论中的中国问题研究	曾　军	上海大学	免于鉴定
142	14ZDB162	多语种涉华国际舆情案例数据库建设研究	郭　可	上海外国语大学	免于鉴定
143	12&ZD110	百年中国因明研究	刘培育	中国社会科学院哲学研究所	优秀
144	16ZDA090	人口统计调查的国际前沿理论及其在中国的应用	王广州	中国社会科学院人口与劳动经济研究所	优秀
145	16ZDA225	中国体育深化改革重大问题的法律研究	王家宏	苏州大学	良好
146	14ZDB082	马克思主义与世界文学研究	王　宁	上海交通大学	良好
147	12&ZD145	《中国疫灾历史地图集》研究与编制	龚胜生	华中师范大学	良好
148	15ZDB168	基于情报流知识库的我国食品安全技术支撑体系优化策略研究	宋英华	武汉理工大学	合格
149	17ZDA131	大数据与审判体系和审判能力现代化研究	刘艳红	东南大学	合格
150	17ZDA072	金融服务养老的理论框架、国际经验、中国路径研究	江世银	南京审计大学	合格
151	16ZDA019	共享发展理念下的我国新型城乡土地制度体系构建研究	顾海英	上海交通大学	免于鉴定

（续表）

序号	批准号	项目名称	首席专家	责任单位	鉴定等级
152	15ZDB020	基于信息技术哲学的当代认识论研究	徐英瑾	复旦大学	免于鉴定
153	17ZDA049	长寿风险的宏观经济效应及对策研究	汪　伟	上海财经大学	良好
154	17ZDA001	习近平人类命运共同体思想对马克思共同体思想的继承与创新研究	石云霞	武汉大学	良好
155	11&ZD111	百年海外华文文学研究	饶芃子	暨南大学	良好
156	16ZDA222	多卷本《中国报刊阅读史》	蒋建国	华南理工大学	合格
157	17ZDA085	太阳能光伏扶贫运行机制的系统性评价与政策创新研究	帅传敏	中国地质大学（武汉）	合格
158	17ZDA045	环孟加拉湾沿岸国家安全格局对我实施“一带一路”倡议的影响研究	戴永红	四川大学	免于鉴定
159	15ZDB158	建构基于生态文明建设的公共财政体制研究	卢洪友	武汉大学	良好
160	12&ZD112	中华民族传统福利文化研究	毕天云	云南师范大学	合格
161	15ZDB007	先秦诸子综合研究	高华平	暨南大学	良好
162	10&ZD130	中国古代文献文化史	程章灿	南京大学	良好
163	16ZDA022	精准扶贫战略实施的动态监测与成效评价研究	向德平	武汉大学	免于鉴定
164	15ZDB136	人口普查质量评估理论创新研究	姜全保	西安交通大学	合格
165	12&ZD235	中国民事指导性案例库建设研究	万鄂湘	最高人民法院	免于鉴定
166	15ZDB150	工业化与信息化融合战略的体系、路径与方法研究	苏　秦	西安交通大学	合格
167	10&ZD074	中国近代经济史（1937—1949）	刘克祥	中国社会科学院经济研究所	良好
168	13&ZD146	中国特色社会主义国家审计理论研究	蔡　春	西南财经大学	合格
169	14ZDB038	盛京城考古与清代历史文化研究	刘凤云	中国人民大学	合格
170	14ZDB065	考古发现与中古文学研究	胡可先	浙江大学	免于鉴定

（续表）

序号	批准号	项目名称	首席专家	责任单位	鉴定等级
171	15ZDB093	甲骨文材料整理及图文数据库建设	曹锦炎	浙江大学	优秀
172	18ZDA114	基于市场导向的创新体系中政府作用边界、机制及优化	章文光	北京师范大学	合格
173	14ZDB113	台湾原住民族群关系研究	董建辉	厦门大学	合格
174	14ZDB091	歌德及其作品汉译研究	杨武能	西南交通大学	良好
175	13&ZD058	中国古代礼学文献整理与研究	陈戍国	湖南大学	良好
176	14ZDB105	新发现民族古文字调查研究与数据库建设	李锦芳	中央民族大学	良好
177	12&ZD226	基于汉语和部分少数民族语言的手语语料库建设研究	龚群虎	复旦大学	良好
178	12&ZD122	西方伦理思想通史	邓安庆	复旦大学	优秀
179	14ZDB001	毛泽东1949年以前著作版本的搜集、校勘与研究	萧延中	华东师范大学	良好
180	13&ZD130-2	商周金文字词集注与释译	董莲池	华东师范大学	良好
181	14ZDB004	中国老学通史	刘固盛	华中师范大学	良好

五、2021年度国家社科基金冷门绝学研究专项立项名单

学术团队项目					
序号	批准号	课题名称	学术团队名称	首席专家	责任单位
1	21VJXT001	两周金文所见周边族群与诸夏交流融合资料综合研究	北京师范大学商周文明研究团队	晁福林	北京师范大学
2	21VJXT002	敦煌河西碑铭与河西史研究	兰州大学敦煌学研究团队	郑炳林	兰州大学
3	21VJXT003	明清以来中外濒危中西文闽方言文献挖掘、集成与研究	福建师范大学闽方言文献研究团队	马重奇	福建师范大学
4	21VJXT004	山西北朝石刻遗存文献抢救性整理研究	山西大同大学北朝石刻抢救整理研究团队	张庆捷	山西大同大学
5	21VJXT005	近代中国“哲学新语汇”的形成及其哲学新知识体系的建立	北京大学近代中国“哲学新语汇”语义学研究团队	王中江	北京大学
6	21VJXT006	安大藏战国竹简儒家类文献的整理与研究	安徽大学战国文字研究创新团队	徐在国	安徽大学
7	21VJXT007	东北边疆古史谱系研究及数字人文平台建设	山东大学东亚数字人文创新团队	苗　威	山东大学
8	21VJXT008	历代大型字书疑难字考释与字典编纂	河北大学近代汉字研究团队	杨宝忠	河北大学
9	21VJXT009	辽海地区夏商周时期石构墓葬和青铜器视域下的多元文化互动研究	辽宁师范大学考古学研究团队	徐昭峰	辽宁师范大学
10	21VJXT010	《永乐大典》易学典籍辑校与研究	北京师范大学易学典籍研究团队	张　涛	北京师范大学
11	21VJXT011	广州一口通商时期东西方建筑文化交互影响研究	华南理工大学岭南地域建筑史学研究团队	吴庆洲	华南理工大学
12	21VJXT012	中国北方少数民族濒危语言调查实验研究	中国社会科学院民族语言学调查实验研究团队	呼　和	中国社会科学院民族学与人类学研究所

（续表）

学术团队项目					
序号	批准号	课题名称	学术团队名称	首席专家	责任单位
13	21VJXT013	基于语料库的《藏文大字典》（藏汉对照）编纂研究	西北民族大学藏语言文字研究团队	多 拉	西北民族大学
14	21VJXT014	东亚汉语音韵学史文献发掘与研究	厦门大学东亚汉语音韵学史文献研究团队	李无未	厦门大学
15	21VJXT015	中国历史瘟疫图像整理与疫灾文化研究	华中师范大学历史医学地理学研究团队	龚胜生	华中师范大学
16	21VJXT016	古代蒙古法律文献及法制史研究	复旦大学北方民族史研究团队	达力扎布	复旦大学
17	21VJXT017	明代西域多语种文本与国内民族交流史研究	中国人民大学西域多语种文献研究团队	乌云毕力格	中国人民大学
18	21VJXT018	清宫旧藏掐丝珐琅器（景泰蓝）的整理与研究	故宫博物院工艺学研究团队	张 荣	故宫博物院
19	21VJXT019	中国西南少数民族手工造纸技艺社区文化传承谱系研究	中国科学技术大学民族学研究团队	汤书昆	中国科学技术大学
20	21VJXT020	江西吉州窑出土瓷片的整理、复原与再现研究	景德镇陶瓷大学吉州窑研究团队	刘晓玉	景德镇陶瓷大学
21	21VJXT021	象雄文明多文种古文献搜集整理与研究	中央民族大学象雄文明研究团队	才让太	中央民族大学
22	21VJXT022	新发现古籍纸背宋元明清赋役类文献整理与研究	邯郸学院古籍纸背文献学研究团队	孙继民	邯郸学院
23	21VJXT023	铭文与文献双重视阈中的西方古典职官研究	东北师范大学古希腊语、拉丁语铭文学与文献学团队	张 强	东北师范大学

（续表）

学者个人项目				
序号	批准号	课题名称	项目负责人	责任单位
1	21VJXG001	敦煌写卷与唐代经籍丛书缮写制作研究	刘　志	中国社会科学院世界宗教研究所
2	21VJXG002	多民族大一统视域下敦煌吐鲁番所出唐代籍帐文书整理与研究	张新国	新疆医科大学
3	21VJXG003	敦煌蒙书《上大夫》及其衍生文献之整理与研究	张新朋	浙江工商大学
4	21VJXG004	中国北部边疆民间商业文书的整理、释读与研究（1636—1956）	刘秋根	河北大学
5	21VJXG005	日本外务省外交史料馆涉藏档案整理与研究	秦永章	中国社会科学院民族学与人类学研究所
6	21VJXG006	19世纪法国航行记录中我国南海维权证据整理与研究	郑　鹏	海南大学
7	21VJXG007	英美涉疆档案整理与研究	郭胜利	河南大学
8	21VJXG008	西夏文《类林》词汇语法研究	马辉芬	北方民族大学
9	21VJXG009	纳西东巴文字源考证研究	木仕华	中国社会科学院民族学与人类学研究所
10	21VJXG010	新疆尉犁县克亚克库都克烽燧遗址出土木简整理与研究	胡兴军	新疆维吾尔自治区文物考古研究所
11	21VJXG011	汉简西域史料的整理与研究	袁延胜	郑州大学
12	21VJXG012	中国传统地图绘制方法系统研究	汪前进	中国科学院大学
13	21VJXG013	考古学视野下的秦汉北部边疆研究	单月英	北京师范大学
14	21VJXG014	契丹文整理与辽史研究	康　鹏	中国社会科学院古代史研究所
15	21VJXG015	明清以来玉米史资料集成汇考	李昕升	南京农业大学
16	21VJXG016	晚清吐鲁番汉维双语司法档案释读和研究	白京兰	新疆大学
17	21VJXG017	云南汉传、藏传和南传佛教壁画摹本整理研究	付云仙	云南大学

（续表）

学者个人项目				
序号	批准号	课题名称	项目负责人	责任单位
18	21VJXG018	21世纪陕西新出土古代音乐文物整理与研究	辛雪峰	中国艺术研究院
19	21VJXG019	中国西南洞经音乐文献整理研究暨数据库构建	洪　江	云南师范大学
20	21VJXG020	清代宫廷戏曲“串头”笺注	傅　谨	中国戏曲学院
21	21VJXG021	中国史学典籍的早期西传研究（1500—1800）	胡文婷	电子科技大学
22	21VJXG022	《数书九章》校勘与研究	朱一文	中山大学
23	21VJXG023	中国古代石刻海洋文献整理与研究	程继红	浙江海洋大学
24	21VJXG024	中华武术拳谱抢救整理与动态复原研究	武　冬	北京体育大学
25	21VJXG025	丹江下游地区史前打制石器研究	宋国定	中国科学院大学
26	21VJXG026	欧洲学者对中国历史纪年和古代天象记录的研究及其影响	韩　琦	浙江大学
27	21VJXG027	中国古代的交食推步术研究	滕艳辉	咸阳师范学院
28	21VJXG028	赫梯石刻文献研究	刘　健	中国社会科学院世界历史研究所
29	21VJXG029	13—18世纪乌尔都语发展与南亚文化共变性研究	张嘉妹	北京大学
30	21VJXG030	古希腊语史诗《女英雄谱》残篇译注与研究	徐晓旭	中国人民大学
31	21VJXG031	域外瑶族《祖图》搜集、校注与研究	玉时阶	广西民族大学
32	21VJXG032	《满蒙维语三体字书》研究	晓　春	北京市社会科学院
33	21VJXG033	徽州绝技：九层镂空雕饰技艺复活与拓展研究	陈　军	安徽工程大学
34	21VJXG034	侗族掌墨师口述史、手稿资料整理与研究	褚兴彪	广西大学
35	21VJXG035	秦腔传统绝活数字化采录典藏与研究	王　衡	西安工程大学
36	21VJXG036	苯教因明学文献整理与研究	拉巴次仁	西藏大学

（续表）

学者个人项目				
序号	批准号	课题名称	项目负责人	责任单位
37	21VJXG037	文明溯源视域下三焦相火扶阳理论体系考证与构建研究	李海霞	中国中医科学院广安门医院
38	21VJXG038	中国传统医学“毒性本草”整理、挖掘与研究	陈仁寿	南京中医药大学
39	21VJXG039	甲骨文、金文与陶文中的医学史料及语词研究	李良松	北京中医药大学
40	21VJXG040	藏族民间契约文书搜集整理与研究	索端智	青海省社会科学院
41	21VJXG041	丝路重镇黑水城出土 11—15 世纪藏文文献整理与研究	多杰才旦	青海民族大学
42	21VJXG042	古音·历算·礼制：江永的著述整理与思想研究	徐道彬	安徽大学
43	21VJXG043	少数民族文字古籍文档图像智能识别与文献数字化保护研究	郭　海	大连民族大学
44	21VJXG044	侗台语群诸民族表意古文字整理与研究	韩江华	四川大学
45	21VJXG045	18 世纪法国来华汉学家钱德明未刊手稿整理与研究	龙　云	外交学院
46	21VJXG046	国家图书馆藏样式雷信札整理与研究	翁莹芳	国家图书馆
47	21VJXG047	清宫流散损毁书画调查与研究	段　莹	故宫博物院
48	21VJXG048	《语石》与《金石萃编》按语比较研究	王立民	东北师范大学

六、2021年度国家社科基金高校思想政治理论课研究专项立项名单

序号	项目批准号	项目类别	姓名	课题名称	责任单位
1	21VSZ001	重点项目	钟启东	习近平总书记关于思想政治教育重要论述原创性贡献及学理化学科化研究	北京大学
2	21VSZ002	重点项目	邓　斌	习近平法治思想融入高校思想政治理论课教学研究	西南政法大学
3	21VSZ003	重点项目	康凤云	中国共产党百年革命精神融入高校思政课教学的实践研究	江西师范大学
4	21VSZ004	重点项目	薛二勇	新时代思政政治教育体系建设体制机制研究	北京师范大学
5	21VSZ005	重点项目	林振义	新媒体时代红色资源转化为思政课教学资源实践探索研究	中央党校（国家行政学院）
6	21VSZ006	重点项目	冯　兵	新时代运用革命文化资源提升思政课教学效果路径研究	四川大学
7	21VSZ007	重点项目	赵　旻	百年红色音乐浸润思想政治理论课建设研究	中央音乐学院
8	21VSZ008	重点项目	杨祥银	口述史学与党史学习教育创新研究	中国人民大学
9	21VSZ009	重点项目	罗成翼	新时代高校“大思政课”建设研究	湖南第一师范学院
10	21VSZ010	重点项目	王肖芳	脱贫攻坚精神融入新时代“大思政课”研究	河南财政金融学院
11	21VSZ011	重点项目	杨中启	疫情防控“大思政课”育人研究	贵州师范大学
12	21VSZ012	重点项目	韩宪洲	新时代高校课程思政的理论研究与实践探索	首都经济贸易大学
13	21VSZ013	一般项目	刘　莉	中国共产党伟大精神融入高校思想政治理论课教学研究	广州大学
14	21VSZ014	一般项目	邓晶晶	中国共产党凝聚共识的百年实践与经验启示研究	广东外语外贸大学
15	21VSZ015	一般项目	王　婧	中国共产党国际宣传工作经验研究	重庆邮电大学
16	21VSZ016	一般项目	卢忠萍	中国共产党建党百年红色基因传承的历史考察与基本经验研究	南昌大学

（续表）

序号	项目批准号	项目类别	姓名	课题名称	责任单位
17	21VSZ017	一般项目	李　征	中国共产党百年红色基因融入高校思想政治理论课有效性研究	中国地质大学（北京）
18	21VSZ018	一般项目	郑崇玲	中国共产党领导高校思政课建设的百年探索史及其经验研究	闽江学院
19	21VSZ019	一般项目	王晓慧	中国共产党百年妇女思想政治工作的历史与经验研究	华中农业大学
20	21VSZ020	一般项目	林炫羽	新中国成立后高校思政课历史教育的演变与启示研究	上海工程技术大学
21	21VSZ021	一般项目	徐金超	中国共产党以史育人的基本经验与现实启示研究	河南工程学院
22	21VSZ022	一般项目	王　海	党史教育融入高校思想政治理论课教学的路径研究	河北大学
23	21VSZ023	一般项目	刘　伟	以党史为重点的“四史”教育融入思想政治理论课教学研究	大连海事大学
24	21VSZ024	一般项目	杨建坡	“四史”教育融入高校思政课“多课联动”教学模式研究	华北水利水电大学
25	21VSZ025	一般项目	任中义	新时代高校思想政治理论课引领社会思潮研究	郑州大学
26	21VSZ026	一般项目	刘艳军	袁隆平先进事迹融入新时代涉农高校思政课程和课程思政研究	湖南农业大学
27	21VSZ027	一般项目	尹　慧	工匠精神融入课程思政的实践路径研究	吉首大学
28	21VSZ028	一般项目	黄　晟	高校网络意识形态安全风险治理路径研究	燕山大学
29	21VSZ029	一般项目	孙　杰	“大思政”视域下牢牢掌握高校网络意识形态工作领导权研究	北京物资学院
30	21VSZ030	一般项目	田训龙	法治教育融入高校思政课流程优化研究	河南财经政法大学
31	21VSZ031	一般项目	韦　岚	总体国家安全观视域下高校意识形态安全及风险防范研究	广东技术师范大学
32	21VSZ032	一般项目	张　元	新时代高校网络意识形态安全风险治理体系建构研究	江苏海洋大学

（续表）

序号	项目批准号	项目类别	姓名	课题名称	责任单位
33	21VSZ033	一般项目	刘 宇	虚无主义对高校意识形态教育的影响与防范研究	浙江师范大学
34	21VSZ034	一般项目	郝书翠	新时代“大思政课”建设研究	山东大学
35	21VSZ035	一般项目	张尚字	新时代课程思政和思政课程有机结合研究	河南师范大学
36	21VSZ036	一般项目	刘爱军	儒家优秀传统文化融入高校思政课研究	哈尔滨师范大学
37	21VSZ037	一般项目	李伏清	新时代红色资源融入思政课教学的内在逻辑与实现路径研究	湘潭大学
38	21VSZ038	一般项目	陈文殿	中华优秀传统文化助力高校思政课落实立德树人根本任务研究	曲阜师范大学
39	21VSZ039	一般项目	徐建飞	“金课”建设视域下高校思想政治理论课守正创新研究	扬州大学
40	21VSZ040	一般项目	杨 芳	新时代高校课程思政的理论研究与实践探索	中南大学
41	21VSZ041	一般项目	罗 健	高校思政课讲好中国制度故事的话语创新研究	合肥工业大学
42	21VSZ042	一般项目	池芳春	新时代思政课培养学生服务国家需求意识研究	西京学院
43	21VSZ043	一般项目	张志英	中国特色自贸港建设进程中的高校思政课理论与实践创新研究	海南大学
44	21VSZ044	一般项目	肖安宝	新时代“中国特色社会主义理论与实践”专题式教学创新发展研究	广西大学
45	21VSZ045	一般项目	郝万喜	“大思政”理念下红色资源在思想政治教育中的应用研究	榆林学院
46	21VSZ046	一般项目	杨 辉	太行山红色文化资源融入高校思想政治理论课教学研究	河北师范大学
47	21VSZ047	一般项目	王恩春	“文化润疆”背景下新疆高校思想政治理论课质量提升路径研究	昌吉学院
48	21VSZ048	一般项目	欧阳媛	“大思政课”视域下新时代大学生廉洁教育研究	北京工商大学

（续表）

序号	项目批准号	项目类别	姓名	课题名称	责任单位
49	21VSZ049	一般项目	彭立威	“新工科”背景下工科院校“四全覆盖”课程思政建设的探索与实践	湖南工程学院
50	21VSZ050	一般项目	王雅丽	健全高校思想政治理论课协同育人机制研究	河北大学
51	21VSZ051	一般项目	陈晓峰	近现代爱国企业家精神与高校“大思政”育人格局融入研究	南通大学
52	21VSZ052	一般项目	陈立栋	突发事件场景下大学生思想政治工作机制研究	山东工商学院
53	21VSZ053	一般项目	祁文博	新时代高校思想政治理论课协同改革的理论与实践研究	苏州大学
54	21VSZ054	一般项目	黄　焕	高校思想政治理论课中在线协作学习的设计与干预研究	中南民族大学
55	21VSZ055	一般项目	杨林香	民办高校思政课建设差异化均衡研究	福建师范大学协和学院
56	21VSZ056	一般项目	王邵军	新时代高校研究生思想政治理论课改革创新研究	山东财经大学
57	21VSZ057	一般项目	龚志军	总体国家安全观融入高校大思政教育空间研究	湖南工商大学
58	21VSZ058	一般项目	何　莉	总体国家安全观融入大中小学思想政治理论课教学一体化研究	重庆工商大学
59	21VSZ059	一般项目	旷爱萍	新时代高校思想政治理论课社会服务能力提升研究	广西师范大学
60	21VSZ060	一般项目	黄天弘	新时代高校思政课程引领课程思政协同育人路径研究	郑州轻工业大学
61	21VSZ061	一般项目	周启迪	新时代体育在立德树人中的地位、价值与实施路径研究	北京体育大学
62	21VSZ062	一般项目	叶　妮	马克思主义新闻观线上线下混合式教学设计研究	西安交通大学
63	21VSZ063	一般项目	张家玮	文化自信视域中高校思政课实践教学创新研究	天津师范大学
64	21VSZ064	一般项目	易　鹏	制度自信教育融入高校思政课教学体系研究	西安理工大学

（续表）

序号	项目批准号	项目类别	姓名	课题名称	责任单位
65	21VSZ065	一般项目	雷江梅	中国特色社会主义制度自信教育融入高校思想政治理论课教学研究	武汉理工大学
66	21VSZ066	一般项目	吴太贵	新文科视域下基于制度优势的高校思政课教学案例库建设研究	浙江工商大学
67	21VSZ067	一般项目	曹晓飞	总体国家安全观融入高校思想政治教育理论课教学研究	广东石油化工学院
68	21VSZ068	一般项目	王新影	统筹发展和安全视域下总体国家安全观融入高校思政课教学研究	大连理工大学
69	21VSZ069	一般项目	张华春	高校思想政治理论课线上线下混合式教学模式研究	西南石油大学
70	21VSZ070	一般项目	余俊渠	基于网络应用平台的高校思政课教学模式创新研究	佛山科学技术学院
71	21VSZ071	一般项目	陆晓莉	新时代行业类高职院校思政课“学习·研习·传习”教学模式研究	宁波卫生职业技术学院
72	21VSZ072	一般项目	张文婷	民办高校思想政治理论课教学困境及对策研究	郑州科技学院
73	21VSZ073	一般项目	沈又红	红色资源有效转化为高校思想政治理论课教学资源研究	湖南师范大学
74	21VSZ074	一般项目	王　琳	脱贫攻坚精神融入思想政治理论课教学研究	中国农业大学
75	21VSZ075	一般项目	程现昆	新时代高校思想政治理论课教学有效性评价研究	大连医科大学
76	21VSZ076	一般项目	陈梓睿	思想政治理论课阐释中国道路的政治经济学视野研究	华南师范大学
77	21VSZ077	一般项目	李慧娟	突发公共卫生事件下中西方思想政治教育比较研究	长春财经学院
78	21VSZ078	一般项目	王　烨	革命文化与新时代高校现代文学课程思政研究	厦门大学
79	21VSZ079	一般项目	王　威	新时代高校应急管理类专业课程思政化建设路径研究	华北科技学院

（续表）

序号	项目批准号	项目类别	姓名	课题名称	责任单位
80	21VSZ080	一般项目	盛跃明	新时代高校课程思政的学理建构与实践路径研究	台州学院
81	21VSZ081	一般项目	郭　根	新时代高校课程思政与思政课程的协同效应评估及提升机制研究	上海理工大学
82	21VSZ082	一般项目	江晓丽	新时代来华留学生中国国情课程体系建设研究	中国人民大学
83	21VSZ083	一般项目	张振香	伟大抗疫精神融入医护类专业思想政治教育研究	郑州大学
84	21VSZ084	一般项目	张　忠	基于医学院校的新冠肺炎疫情防控“大思政课”研究	首都医科大学
85	21VSZ085	一般项目	蔡　梦	中华优秀传统文化、革命文化和社会主义先进文化融入音乐教育价值研究	首都师范大学
86	21VSZ086	一般项目	张　路	人类命运共同体理念融入国际法课程思政体系构建研究	重庆大学
87	21VSZ087	一般项目	田富强	经管课程思政话语体系与学术话语体系协同创新研究	西安文理学院
88	21VSZ088	一般项目	王　敏	新时代高校思政课教师马克思主义信仰建构研究	衡阳师范学院
89	21VSZ089	一般项目	张　峰	高校思想政治理论课教师与辅导员协同育人创新机制构建的理论与实证研究	北京理工大学
90	21VSZ090	一般项目	苏　红	高校思政课教师职业认同感形成机理及提升策略研究	华东交通大学
91	21VSZ091	一般项目	刘　洋	高校思想政治理论课教师“六要”素质及提升路径研究	吉林大学
92	21VSZ092	一般项目	张丽红	新时代民族高校思想政治理论课教师“六要”素质及提升路径研究	内蒙古民族大学
93	21VSZ093	一般项目	张　晓	思想政治理论课教师素质提升路径研究	山西财经大学
94	21VSZ094	一般项目	龙建明	高校思政教师准入、评价、激励与退出机制法治化研究	凯里学院
95	21VSZ095	一般项目	任瑞姣	高校新进青年思政课教师教学能力提升研究	北京邮电大学

（续表）

序号	项目批准号	项目类别	姓名	课题名称	责任单位
96	21VSZ096	一般项目	赵　联	新时代高校优秀思想政治理论课教师成长规律研究	青岛科技大学
97	21VSZ097	一般项目	孙卫华	优化思政课教师队伍建设的政策成效研究	衢州学院
98	21VSZ098	一般项目	子　央	新时代大中小学思想政治理论课教师协作交流机制研究	山东青年政治学院
99	21VSZ099	一般项目	周　瑾	新时代新疆中小学思想政治理论课教师队伍建设研究	新疆师范高等专科学校
100	21VSZ100	一般项目	刘钧燕	健全基础教育阶段学校、家庭、社会协同育人机制研究	华东师范大学
101	21VSZ101	一般项目	郭新昌	新时代全民国防教育指数评价与推进路径研究	中国海洋大学
102	21VSZ102	一般项目	韩梦洁	推动理想信念教育常态化制度化研究	大连理工大学
103	21VSZ103	一般项目	沙　莎	新时代大学生爱国主义教育面临的挑战及对策研究	河南大学
104	21VSZ104	一般项目	赵华珺	新时代大学生爱国主义仪式教育研究	北京航空航天大学
105	21VSZ105	一般项目	张　婵	新时代大学生知识教育与信仰培育的关系研究	浙江大学
106	21VSZ106	一般项目	樊　穗	培育新时代公安院校大学生对党忠诚思想路径研究	湖南警察学院
107	21VSZ107	一般项目	刘　睿	新时代高校思想政治理论课情感教育目标及其实现机制研究	湖北大学
108	21VSZ108	一般项目	刘伟杰	生命教育融入高校思想政治理论课研究	东北林业大学
109	21VSZ109	一般项目	陈　杨	新时代大学生法治素养培育机制研究	长沙理工大学
110	21VSZ110	一般项目	罗冠男	“大思政”视域下的校园安全法治教育研究	中国政法大学
111	21VSZ111	一般项目	郑爱华	用红色基因涵养新时代大学文化精神的实现路径研究	湖南科技大学
112	21VSZ112	一般项目	郭立场	新时代大学生革命文化认同现状与对策研究	信阳师范学院

（续表）

序号	项目批准号	项目类别	姓名	课题名称	责任单位
113	21VSZ113	一般项目	王　睿	当代国产动画作品对中华优秀传统文化的传承与传播研究	重庆邮电大学
114	21VSZ114	一般项目	许瑞芳	新时代大中小学思政课教学一体化研究	华东师范大学
115	21VSZ115	一般项目	常　青	深化大中小学思政课一体化建设机制创新的理论与实践研究	东北师范大学
116	21VSZ116	一般项目	马小辉	大中小学思政课一体化大数据评估监测模式构建研究	浙江农林大学
117	21VSZ117	一般项目	王洪彬	基于学生成长规律的大中小学思政课一体化衔接机制研究	洛阳师范学院
118	21VSZ118	一般项目	张　晖	思想政治理论课大中小学一体化建设的国际比较研究	济南大学
119	21VSZ119	一般项目	李　胜	大数据技术在思想政治理论课教学中的应用研究	中南财经政法大学
120	21VSZ120	一般项目	操菊华	人工智能背景下思想政治理论课教学精准化的路径研究	武汉工程大学
121	21VSZ121	一般项目	潘建红	人工智能赋能高校思想政治理论课教学效能提升研究	北京科技大学
122	21VSZ122	一般项目	李秋梅	人工智能融入高校思政课教学研究	青海开放大学
123	21VSZ123	一般项目	张燕翔	虚拟现实及可视化技术在思政课教学中的最佳应用模式研究	中国科学技术大学
124	21VSZ124	一般项目	刘嘉诚	运用新媒体开展思政课教学的ROM-SIW模式研究	广东科技学院
125	21VSZ125	一般项目	邹　赛	基于云网协同的思想政治理论课教学智慧化评价研究	贵州大学
126	21VSZ126	一般项目	马俊峰	网络空间中高校思想政治理论课叙事话语建构研究	西北师范大学
127	21VSZ127	一般项目	李红军	高校思政课混合式教学中学生在线学习力现状测度与提升策略研究	贵州师范大学
128	21VSZ128	一般项目	李飞雪	短视频时代专业课与大学生思政教育融合创新研究	中国传媒大学
129	21VSZ129	一般项目	齐英艳	新媒体时代影视文化对加强爱国主义教育的功能作用研究	北京邮电大学

（续表）

序号	项目批准号	项目类别	姓名	课题名称	责任单位
130	21VSZ130	一般项目	曹建军	美国自媒体的政治传播对我国高校思想政治教育的挑战研究	西北大学
131	21VSZ131	一般项目	张春敏	脱贫攻坚精神融入铸牢中华民族共同体意识教育研究	中央民族大学
132	21VSZ132	一般项目	赵　煜	西南边疆多民族地区大学生中华民族共同体意识培育的历史根基研究	昆明理工大学
133	21VSZ133	一般项目	侯江华	西北地区民族高校大学生中华民族共同体意识培育路径研究	陕西师范大学
134	21VSZ134	一般项目	李红杰	中国共产党新疆革命文化融入高校思想政治教育研究	新疆师范大学
135	21VSZ135	一般项目	季　璟	兵团文化资源在高校思想政治理论课的应用研究	石河子大学
136	21VSZ136	一般项目	康玉环	西藏高校中华民族共同体意识培育与践行成效研究	西藏大学
137	21VSZ137	一般项目	周　宏	西藏红色资源助力西藏高校思想政治理论课教育教学研究	西藏大学
138	21VSZ138	一般项目	闫伊默	增强内地高校香港学生国家认同研究	华南师范大学
139	21VSZ139	一般项目	赖凯声	增强香港青年国家认同的新媒体传播路径研究	暨南大学
140	21VSZ140	一般项目	熊　艳	澳门青年国家认同、民族认同、文化认同的分类施策研究	广西民族大学
141	21VSZ141	一般项目	龙君伟	澳门大中小幼爱国主义教育制度化的探索及其对香港的启示研究	华南师范大学
142	21VSZ142	一般项目	田　慧	两岸命运共同体背景下台湾青年国家认同及建构路径研究	河南工业大学
143	21VSZ143	一般项目	尚红娟	增强台湾青少年国家认同的机制研究	上海交通大学
144	21VSZ144	一般项目	赵刘洋	海外中共学融入思想政治理论课教学研究	复旦大学
145	21VSZ145	一般项目	王　波	共建“一带一路”背景下中国援外培训“大思政课”研究	对外经济贸易大学

（续表）

序号	项目批准号	项目类别	姓名	课题名称	责任单位
146	21VSZ146	一般项目	朱之江	新体制下军队党史军史教育创新研究	国防大学
147	21VSZ147	一般项目	刘光育	智能化背景下军队院校意识形态建设研究	国防大学
148	21VSZ148	一般项目	李志远	军队院校“本硕博”政治理论课一体化建设研究	国防科技大学
149	21VSZ149	一般项目	代小丹	一体化联合作战视域下军校学员海上安全观体系构建与培育研究	海军军医大学
150	21VSZ150	一般项目	李凤龙	新体制下军队院校政治理论课社会招聘文职教员队伍建设现状与对策研究	武警特警学院

七、2021 年度国家社科基金后期资助项目立项名单

序号	项目类别	学科分类	项目名称	负责人	工作单位
1	重点项目	马列·科社	21世纪马克思主义基础性问题研究——中国理论走向世界的标识性符号	韩庆祥	中央党校（国家行政学院）
2	重点项目	马列·科社	习近平中国特色大国外交思想与实践研究	彭大成	湖南师范大学
3	重点项目	马列·科社	中国特色社会主义文化哲学新论	孟宪平	广西师范大学
4	一般项目	马列·科社	习近平关于双循环新发展格局重要论述研究	戴　翔	南京审计大学
5	一般项目	马列·科社	马克思类概念的转换及当代价值研究	赵建建	华中科技大学
6	一般项目	马列·科社	马克思的社会关系概念及其当代价值	刘兴盛	吉林大学
7	一般项目	马列·科社	马克思资本逻辑批判思想及当代价值研究	贾丽民	天津师范大学
8	一般项目	马列·科社	马克思主义文化理论及其当代阐释	路向峰	河南财经政法大学
9	一般项目	马列·科社	马克思主义信仰在现实生活中的生成研究	袁　杰	洛阳师范学院
10	一般项目	马列·科社	马克思现代性批判视域中的自由问题研究	刘　洋	上海财经大学
11	一般项目	马列·科社	马克思社会治理思想及其当代中国发展	雷　琼	广东财经大学
12	一般项目	马列·科社	马克思生活观及当代价值研究	周梅玲	湖南大学
13	一般项目	马列·科社	马克思主义实践观视域下的生态价值研究	王宏兴	安徽理工大学
14	一般项目	马列·科社	马克思开创的人类学哲学	苗启明	云南省社会科学院
15	一般项目	马列·科社	列宁的信仰建设思想及其当代价值研究	朱晓林	南京体育学院
16	一般项目	马列·科社	《共产党宣言》的新时代解读	袁　蓓	南开大学

（续表）

序号	项目类别	学科分类	项目名称	负责人	工作单位
17	一般项目	马列·科社	中国共产党百年大义	李纪才	中央党校（国家行政学院）
18	一般项目	马列·科社	中国特色乡村治理体系建设研究	张继良	河北师范大学
19	一般项目	马列·科社	美好生活的历史唯物主义意蕴	李　谧	北京第二外国语学院
20	一般项目	马列·科社	科技意识形态竞争	任丽梅	中国社会科学院
21	一般项目	马列·科社	新时代社会主义意识形态治理研究	王　昊	湖北大学
22	一般项目	马列·科社	人类命运共同体建构方式研究	刘美平	上海海事大学
23	一般项目	马列·科社	新发展理念对人类社会发展规律认识的新贡献研究	冯　霞	厦门大学
24	一般项目	马列·科社	马克思恩格斯列宁对资产阶级意识形态教化的批判	孙清华	华中师范大学
25	一般项目	马列·科社	政治人格建构：思想政治教育本质的历史唯物主义阐释	李金和	湘潭大学
26	一般项目	马列·科社	思想政治工作科学思维研究	朱大鹏	兰州大学
27	一般项目	马列·科社	思想政治教育公共空间研究	展　伟	淮阴师范学院
28	一般项目	马列·科社	铸魂与育人：多维视角下的大学校训研究	孙　雷	东北大学
29	一般项目	马列·科社	廉洁文化论	伍洪杏	湖南工商大学
30	一般项目	马列·科社	中国共产党德育文化的百年演进及经验研究	周　芳	湖北大学
31	一般项目	马列·科社	新时代中国共产党依规治党研究	任志江	西南财经大学
32	一般项目	马列·科社	全面抗战时期中国共产党典型教育研究	马二杰	河南师范大学
33	一般项目	马列·科社	乡村治理法治化中党的领导制度研究	余　俊	安徽师范大学
34	一般项目	马列·科社	延安时期中国共产党学习马克思主义哲学研究	张廷干	盐城师范学院

（续表）

序号	项目类别	学科分类	项目名称	负责人	工作单位
35	一般项目	马列·科社	中国共产党百年粮食安全治理研究	杨 丽	河南工业大学
36	一般项目	马列·科社	人民政协专门协商机构研究	董树彬	吉林大学
37	一般项目	马列·科社	理论与实践：马克思平等思想的政治哲学考察	陈 权	中山大学
38	一般项目	马列·科社	社会自由的理论逻辑与现实基础——霍耐特的社会自由思想研究	任 远	福建师范大学
39	一般项目	马列·科社	当代青年精神现象透视与引领研究	代玉启	浙江大学
40	一般项目	马列·科社	价值观启蒙视野中的“五四模式”及后续演变	郑 伟	北京师范大学
41	一般项目	马列·科社	社会主义核心价值观大众认同机理研究	易 刚	西华师范大学
42	一般项目	马列·科社	公共德性：新时代社会主体发展的实践指向	宋 洁	上海电机学院
43	一般项目	马列·科社	双重影响与系统优化：家庭变迁背景下未成年人道德养成研究	杨静慧	江苏师范大学
44	一般项目	马列·科社	新辩证法学派对大纲的新阐释研究	付文忠	山东大学（威海）
45	一般项目	马列·科社	旧信仰的清算与新思想的阐发:《神圣家族》研究	田毅松	北京师范大学
46	一般项目	马列·科社	文化强国何以实现——社会主义文化制度的解释框架	张 波	吉林大学
47	一般项目	马列·科社	唯物史观视域中的新文明类型研究	曹 绿	陕西师范大学
48	一般项目	马列·科社	公道民本：中华文明与21世纪中国社会主义	吴文新	山东大学（威海）
49	一般项目	马列·科社	列宁文化安全理论研究	柳 丽	江西理工大学
50	一般项目	马列·科社	中华先贤契合唯物史观的睿智思想	孙寿涛	南开大学

（续表）

序号	项目类别	学科分类	项目名称	负责人	工作单位
51	一般项目	马列·科社	“四化同步”的时代意蕴与现实践履	陈　莉	安徽建筑大学
52	一般项目	马列·科社	从十月革命到中国特色社会主义演进逻辑研究	邱卫东	华东理工大学
53	一般项目	马列·科社	抗战时期毛泽东反投降斗争理论与实践研究	周玉文	湖南人文科技学院
54	一般项目	马列·科社	《资本论》的俄国传播史（1867—1899）	张　静	上海交通大学
55	一般项目	马列·科社	《资本论》比喻研究	胡士杰	中共河北省委党校
56	一般项目	马列·科社	新时代的理论张力	杜黎明	四川大学
57	一般项目	马列·科社	共享发展的微观收入分配机制研究	吴星泽	南京审计大学
58	一般项目	马列·科社	人的解放：马克思与福柯的思想比较研究	史英哲	广州大学
59	一般项目	马列·科社	“四个全面”战略布局与推进人的全面发展新论	张立鹏	江苏理工学院
60	一般项目	马列·科社	21世纪欧洲右翼民粹主义思潮研究	石立春	四川大学
61	一般项目	马列·科社	波立特与英国共产主义运动	王　杰	绵阳师范学院
62	重点项目	党史·党建	中国人民抗日军事政治大学文献整理与研究	张绍春	湖南师范大学
63	重点项目	党史·党建	中国共产党百年党性教育史	赵刚印	中共上海市委党校
64	一般项目	党史·党建	习近平同志在浙江工作期间关于党的建设重要论述研究	段治文	浙江大学
65	一般项目	党史·党建	十八大以来中国共产党对外开放思想的新发展	黎青平	杭州师范大学
66	一般项目	党史·党建	中国共产党全面从严治党的革命性淬炼	覃辉银	华南理工大学
67	一般项目	党史·党建	高校党委领导下的校长负责制研究	秦立春	湖南警察学院

（续表）

序号	项目类别	学科分类	项目名称	负责人	工作单位
68	一般项目	党史·党建	新中国成立以来中国共产党发展理论研究	曾天雄	湘潭大学
69	一般项目	党史·党建	红军时期革命根据地的医疗卫生事业研究	李乾坤	河南理工大学
70	一般项目	党史·党建	现代国家建设视角下的中共中央局制度研究	房亚明	广东工业大学
71	一般项目	党史·党建	上海大学与中国共产党早期发展	刘长林	上海大学
72	重点项目	哲学	《1844年经济学哲学手稿》思想精义研究	卜祥记	上海交通大学
73	重点项目	哲学	王船山孝道思想研究	陈力祥	湖南大学
74	重点项目	哲学	从何休到董仲舒：刘逢禄《春秋》学研究	曾　奕	同济大学
75	重点项目	哲学	高阶模态逻辑研究	董英东	湘潭大学
76	重点项目	哲学	辩证法重建与哲学革命	王清涛	山东师范大学
77	重点项目	哲学	人工智能：从物理符号操作到适应性表征	魏屹东	山西大学
78	重点项目	哲学	中国当代美学“审美”问题研究	邹　华	首都师范大学
79	重点项目	哲学	《正义论》评注	张国清	浙江大学
80	一般项目	哲学	马克思政治经济学批判的价值立场研究	黎昔柒	长沙师范学院
81	一般项目	哲学	马克思的劳动伦理：从异化到人的解放	张亲霞	西安外国语大学
82	一般项目	哲学	哲学诠释学视野下的生态马克思主义	路　强	四川师范大学
83	一般项目	哲学	马克思劳动哲学视阈中的法哲学思想研究	黄云明	河北大学
84	一般项目	哲学	马克思与黑格尔论人类自由	李仙飞	厦门大学
85	一般项目	哲学	马克思人类学唯物主义体系论	刘琼豪	广西师范大学

（续表）

序号	项目类别	学科分类	项目名称	负责人	工作单位
86	一般项目	哲学	周易两行营卫论	祁洞之	辽宁大学
87	一般项目	哲学	中国古代“感兴”问题的美学研究	曹元甲	湖北大学
88	一般项目	哲学	《周易·大象传》历代注疏歧义辨析与精义甄选	李细成	曲阜师范大学
89	一般项目	哲学	谶纬天学研究	刘　宁	郑州大学
90	一般项目	哲学	《量理宝藏论》译注与研究	彭杉杉	吉林师范大学
91	一般项目	哲学	道行两域虚静为宗——张湛虚静思想研究	孙凌宇	安徽农业大学
92	一般项目	哲学	《乡党图考》校补	吴龙灿	温州大学
93	一般项目	哲学	秦简礼俗思想研究	夏利亚	浙江科技学院
94	一般项目	哲学	《周易》诠释与清代新义理学的思想源流	姚彬彬	武汉大学
95	一般项目	哲学	毛奇龄及清初以经解经派易学研究	种　方	天津师范大学
96	一般项目	哲学	《古周易订诂》整理与史源学考辨	陈开林	盐城师范学院
97	一般项目	哲学	特点与问题：海外学者视野下的中国逻辑	王加良	云南师范大学
98	一般项目	哲学	从现象学到辩证法——技术现象学问题研究	韩连庆	北京航空航天大学
99	一般项目	哲学	面向汉语的组合范畴语法研究	满海霞	北京科技大学
100	一般项目	哲学	方以智的哲学精神	张昭炜	武汉大学
101	一般项目	哲学	北宋道学的易学哲学基础	陈睿超	首都师范大学
102	一般项目	哲学	比较视域中的宋明儒学诠释路径研究	连　凡	武汉大学
103	一般项目	哲学	北宋理学视域下的经典诠释思想研究	王金凤	上海交通大学
104	一般项目	哲学	“人”的觉醒：周代思想的启蒙景观	祁志祥	上海政法学院

（续表）

序号	项目类别	学科分类	项目名称	负责人	工作单位
105	一般项目	哲学	中国近代哲学思想史	张祥浩	东南大学
106	一般项目	哲学	士的起源与使命——从孔夫子到王船山	赵　炎	辽宁大学
107	一般项目	哲学	中国恩德文化研究	杨春时	厦门大学
108	一般项目	哲学	周公政治思想的发展演变研究	林国敬	温州大学
109	一般项目	哲学	墨学核心思想及其当代价值	杨武金	中国人民大学
110	一般项目	哲学	孟子心性论的实与虚问题研究	王觅泉	中国政法大学
111	一般项目	哲学	先秦儒家情论研究	高志强	安徽大学
112	一般项目	哲学	晚明清初儒学转型研究	鹿　博	贵州师范大学
113	一般项目	哲学	无相辩证之逆觉体证研究	王　琼	西北政法大学
114	一般项目	哲学	嵇康《声无哀乐论》研究	林　凯	中山大学
115	一般项目	哲学	纵横家论证理论研究	廖　晨	深圳大学
116	一般项目	哲学	数学哲学视域下的公理化真理论研究	孙新会	河北经贸大学
117	一般项目	哲学	当代达尔文主义纲领的哲学基础	赵　斌	山西大学
118	一般项目	哲学	行动者图式：一个自然化的认知概念框架	张志伟	西安交通大学
119	一般项目	哲学	实际因果的结构方程径路研究	吴小安	西北工业大学
120	一般项目	哲学	认识论视野中的悬置判断问题研究	舒　卓	浙江工业大学
121	一般项目	哲学	维特根斯坦与寂静主义研究	陈常燊	山西大学
122	一般项目	哲学	柏拉图《理想国》中的政治哲学研究	黄俊松	中山大学
123	一般项目	哲学	柏拉图德性伦理学体系研究	何祥迪	重庆大学
124	一般项目	哲学	柏拉图的《会饮篇》研究	陈斯一	北京大学
125	一般项目	哲学	主权理论与现代性危机研究	徐　戬	河南大学
126	一般项目	哲学	古典实用主义的线索与视域	孙　宁	复旦大学

（续表）

序号	项目类别	学科分类	项目名称	负责人	工作单位
127	一般项目	哲学	查尔斯·泰勒的框架内在化转型理论研究	陈志伟	广州大学
128	一般项目	哲学	杜威的经验形而上学思想研究	马　荣	盐城工学院
129	一般项目	哲学	从意识到生命：围绕“质料”问题的现象学研究	王嘉新	西安交通大学
130	一般项目	哲学	康德晚期实践哲学研究	陈永庆	河南师范大学
131	一般项目	哲学	海德格尔《哲学论稿（从本有而来）》研究	罗益民	宜春学院
132	一般项目	哲学	休谟人性视域下的理性观研究	栾　俊	江南大学
133	一般项目	哲学	曼纽尔·卡斯特的马克思主义城市空间批判理论研究	温　权	南京大学
134	一般项目	哲学	马克思主义空间批判理论的当代审视	张　梧	北京大学
135	一般项目	哲学	列宁新经济政策改革文本思想及其当代价值研究	黄建都	江西理工大学
136	一般项目	哲学	柏拉图伦理学研究	张波波	浙江财经大学
137	一般项目	哲学	马克思新世界观生成中的哲学革命研究	单连春	河海大学
138	一般项目	哲学	莱布尼茨技术哲学研究	张　涛	华南师范大学
139	一般项目	哲学	科学思想市场中认知与价值问题研究	王一雪	河北工业大学
140	一般项目	哲学	当代科学哲学中的不充分决定问题研究	贾向桐	南开大学
141	一般项目	哲学	辩证唯物主义视域下生物学哲学问题研究	李才华	合肥工业大学
142	一般项目	哲学	从参与到共治：STS视角下的生物技术治理	高　璐	中国科学院
143	一般项目	哲学	多元物理主义框架下的心理因果性问题研究	李　珍	中山大学
144	一般项目	哲学	金在权与心身关系	冉　奎	电子科技大学
145	一般项目	哲学	康德自我理论研究	余天放	扬州大学

（续表）

序号	项目类别	学科分类	项目名称	负责人	工作单位
146	一般项目	哲学	西方法哲学对微观和国家宏观主体认识的嬗变研究	李云峰	武汉大学
147	一般项目	哲学	大卫·哈维空间政治经济学批判的建构研究	尤作欣	杭州师范大学
148	一般项目	哲学	马克思对浪漫派的超越：以破碎性整合与人的全面发展理论为核心	赵锦英	山东大学
149	一般项目	哲学	黑格尔自由思想的生态意蕴及马克思的超越	王　萌	南京财经大学
150	一般项目	哲学	关学《中庸》学研究	李敬峰	陕西师范大学
151	一般项目	哲学	儒家心学视角下的现代虚无主义问题研究	徐瑜霞	山东大学
152	一般项目	哲学	关于普罗米修斯的身份与命运的研究	孙　斌	复旦大学
153	一般项目	哲学	实存与自由：斯宾诺莎的普遍伦理学研究	吴树博	同济大学
154	一般项目	哲学	国家治理现代化的文化治理转型研究	许继红	山西财经大学
155	重点项目	理论经济	新发展格局下中国服务业高质量发展研究	宣　烨	南京财经大学
156	重点项目	理论经济	薛暮桥年谱（1952—2005）	范世涛	北京师范大学
157	重点项目	理论经济	“去美元化”、人民币国际化与数字人民币发展研究	杨荣海	云南财经大学
158	重点项目	理论经济	科技大分流：中国古代科技人员社会地位与“李约瑟之谜”	王　珏	中国人民大学
159	一般项目	理论经济	双边投资协定与中国企业走出去研究	王　光	中国财政科学研究院
160	一般项目	理论经济	中间品贸易自由化与企业研发行为	李　杰	暨南大学
161	一般项目	理论经济	马克思主义分配理论与新时期中国劳资和谐共赢问题研究	李晓宁	西北政法大学

（续表）

序号	项目类别	学科分类	项目名称	负责人	工作单位
162	一般项目	理论经济	面向人类命运共同体的全球贫困治理机制变革研究	邢　俊	长春财经学院
163	一般项目	理论经济	集体化时期的社队企业研究	易棉阳	湖南工商大学
164	一般项目	理论经济	营商环境优化、企业创新与经济发展问题研究	周清杰	北京工商大学
165	一般项目	理论经济	环境规制、异质性企业出口行为与出口产品质量升级研究	邓玉萍	湖南大学
166	一般项目	理论经济	新兴市场跨国公司国际化扩张对企业经营绩效的影响研究	郑　磊	东北财经大学
167	一般项目	理论经济	全球价值链空间格局、产业关联效应与适应性政策研究	谢　锐	湖南大学
168	一般项目	理论经济	粤港澳大湾区产业协同发展的测度方法与政策研究	张仁寿	广州大学
169	一般项目	理论经济	能源革命与中国机遇问题研究	田洪志	西北大学
170	一般项目	理论经济	中国近代经济学主要术语的形成研究	孙大权	复旦大学
171	一般项目	理论经济	社会关系网络视角下的近代中国华资银行业发展与变迁研究（1897—1937）	孔令宇	中南财经政法大学
172	一般项目	理论经济	现代中国区域经济发展模式与聚变理论研究	李　湛	上海社会科学院
173	一般项目	理论经济	中国区域创新空间格局、收敛特征与空间分工研究	肖泽磊	华中师范大学
174	一般项目	理论经济	基于要素错配的国民收入分配格局问题研究	孙慧文	河南师范大学
175	一般项目	理论经济	收入不平等与经济效率问题研究	陈晓东	广东财经大学
176	一般项目	理论经济	区际基本公共服务平衡发展研究	吴　强	北京工商大学
177	一般项目	理论经济	政策环境、系统性金融风险和宏观政策调控	赵向琴	厦门大学

（续表）

序号	项目类别	学科分类	项目名称	负责人	工作单位
178	一般项目	理论经济	“两化”融合与中国经济高质量发展	廖雪华	福州大学
179	一般项目	理论经济	传统增长模式的形成机制与高质量发展的实现路径研究	付　强	山东大学
180	一般项目	理论经济	中国OFDI逆向技术溢出与技术进步及其异质性研究	蔡伟毅	厦门大学
181	一般项目	理论经济	“一带一路”金融合作和人民币国际化	吴舒钰	北京师范大学
182	一般项目	理论经济	近代新疆乡村借贷内生机制与演进路径研究	热依拉·依里木	陕西师范大学
183	一般项目	理论经济	贵州农村的基层政权、农业生产与国家财政（1949—1957年）	李飞龙	西南大学
184	一般项目	理论经济	布坎南和诺思的经济思想的比较与反思研究	汪毅霖	西南政法大学
185	一般项目	理论经济	供给端主导下晋冀鲁豫边区战时金融发展及现实借鉴研究（1937—1948）	王双进	天津商业大学
186	一般项目	理论经济	创新驱动价值链升级的理论与实证研究	高　煜	西北大学
187	一般项目	理论经济	技术移民政策国际经验对我国启示	孙文凯	中国人民大学
188	一般项目	理论经济	中国进口贸易的就业效应研究	李晓庆	北京物资学院
189	一般项目	理论经济	清代的粮价与市场空间结构	余开亮	上海社会科学院
190	一般项目	理论经济	人才与宜居驱动全球科创中心成长的理论探索与上海实践	姜炎鹏	华东师范大学
191	一般项目	理论经济	增强中国经济韧性的路径选择与政策研究	徐　圆	南京财经大学
192	一般项目	理论经济	中国现代海洋产业体系理论重构、实现路径与保障措施	王泽宇	辽宁师范大学
193	一般项目	理论经济	基于“生态文明体系”的生态文明基础理论若干重大问题研究	黄承梁	中国社会科学院

（续表）

序号	项目类别	学科分类	项目名称	负责人	工作单位
194	一般项目	理论经济	互联网驱动的创新与贸易：边际、动态与质量	胡馨月	杭州电子科技大学
195	一般项目	理论经济	健康的政治经济学分析	张　芬	武汉大学
196	一般项目	理论经济	“国内国际双循环”视角下英国重商主义经济理论与实践研究	张　志	西南财经大学
197	一般项目	理论经济	国外标准经济学学术前沿理论与政策研究	杨丽娟	兰州大学
198	重点项目	应用经济	地权界定方式与农户生产投入行为研究	胡新艳	华南农业大学
199	重点项目	应用经济	新发展格局下金融风险传染特征与机理研究	马若微	北京工商大学
200	重点项目	应用经济	数据资本及其对中国经济高质量发展的驱动效应研究	景　杰	南京邮电大学
201	重点项目	应用经济	新时代税收治理问题研究	李万甫	首都经济贸易大学
202	一般项目	应用经济	中国秸秆资源饲料化利用的适宜发展优势研究	曹志宏	郑州轻工业大学
203	一般项目	应用经济	预期情绪和即时情绪影响下的投资组合选择和投资者行为研究	刘晓东	吉林财经大学
204	一般项目	应用经济	投资者风险偏好的动态特征与资产价格波动研究	贺志芳	江南大学
205	一般项目	应用经济	人民币汇率波动与央行调控的市场微观结构	吴周恒	广东外语外贸大学
206	一般项目	应用经济	互联网金融对银行风险承担的影响研究	郭　品	西安交通大学
207	一般项目	应用经济	生态文明的空间实践问题研究	李　庆	中国社会科学院
208	一般项目	应用经济	异质性环境规制及其政策组合对亲环境生产行为的影响研究	唐　凯	广东外语外贸大学
209	一般项目	应用经济	公共财政理论研究	崔小勇	北京大学
210	一般项目	应用经济	中国地方政府债务前沿问题	朱　军	南京财经大学

（续表）

序号	项目类别	学科分类	项目名称	负责人	工作单位
211	一般项目	应用经济	我国学前教育财政保障制度研究	李祥云	中南财经政法大学
212	一般项目	应用经济	中国式地方政府债务	王柏杰	西北工业大学
213	一般项目	应用经济	可再生能源电力产业发展的政策路径研究	杨东晓	湖南工商大学
214	一般项目	应用经济	新发展格局下企业“碳中和”实现的理论和方法研究	李方敏	浙江工业大学
215	一般项目	应用经济	绿色转型背景下新能源汽车发展的阻滞与突破路径研究	李晓敏	河南大学
216	一般项目	应用经济	人工智能应用领域的产业创新规律研究	杜　创	中国社会科学院
217	一般项目	应用经济	数字经济背景下银行数据资产价值实现研究	程茂勇	西安交通大学
218	一般项目	应用经济	新时代国际税收治理问题研究	曹明星	中央财经大学
219	一般项目	应用经济	生态产品价值实现机制与资源税改革	熊振兴	南京财经大学
220	一般项目	应用经济	关键审计事项与审计质量研究	姚　宏	大连理工大学
221	一般项目	应用经济	中国现代流通体系建设关键问题研究	徐振宇	南京审计大学
222	一般项目	应用经济	双循环格局下中国高铁网络的经济效应研究	张梦婷	宁波大学
223	一般项目	应用经济	流动人口住房问题研究	张思思	暨南大学
224	一般项目	应用经济	京津冀地区雾霾污染治理绩效评估	李云燕	北京工业大学
225	一般项目	应用经济	制度环境视角下中国企业对外直接投资研究	李逢春	南京财经大学
226	一般项目	应用经济	金融微分博弈论	张成科	广东工业大学
227	一般项目	应用经济	半参数Copula模型及其在经济领域非线性相关问题中的研究	张卓群	中国社会科学院

（续表）

序号	项目类别	学科分类	项目名称	负责人	工作单位
228	一般项目	应用经济	部分线性时空经济系统建模理论及应用	张元庆	上海对外经贸大学
229	一般项目	应用经济	中国环境公共事务治理问题研究	祁　毓	中南财经政法大学
230	一般项目	应用经济	助力乡村振兴的金融发展战略研究	杨德勇	北京工商大学
231	一般项目	应用经济	乡村振兴中的农村金融发展与创新	赵洪丹	吉林师范大学
232	一般项目	应用经济	城郊土地征收中的利益分配问题研究	孙秋鹏	中国社会科学院
233	一般项目	应用经济	精准扶贫、绿色治理与中国经济高质量发展研究	甄红线	东北财经大学
234	一般项目	应用经济	中国制造业技术创新的多层次体系及政策研究	石军伟	中南财经政法大学
235	一般项目	应用经济	中国企业社会责任的空间互动、影响因素与推进机制研究	潘孝珍	杭州电子科技大学
236	一般项目	应用经济	金融风险跨市场传染的交易过程及干预对策研究	徐浩峰	四川大学
237	一般项目	应用经济	生态位视角下黄河流域城市高质量发展适宜性路径研究	吴玉萍	河南理工大学
238	一般项目	应用经济	城乡融合发展中农地产权流转平台及机制研究	黄宝连	浙江外国语学院
239	一般项目	应用经济	流域水污染协同治理问题研究	徐　娟	中南财经政法大学
240	一般项目	应用经济	资源型城市产业转型与共享式增长研究	严太华	重庆大学
241	一般项目	应用经济	新时代高质量发展背景下的经济绿色转型研究	孙　皓	北京邮电大学
242	一般项目	应用经济	公共卫生财政拄撑健康中国建设研究	郭宏宝	浙江工商大学
243	一般项目	应用经济	随机市场环境下缴费确定型养老金投资决策模型与应用	常　浩	天津工业大学

（续表）

序号	项目类别	学科分类	项目名称	负责人	工作单位
244	一般项目	应用经济	财政转移支付的减贫效应评估：内在机制与提升策略研究	李　丹	南京审计大学
245	一般项目	应用经济	高价值专利战略研究	王　玲	中国政法大学
246	一般项目	应用经济	中国数字经济与制造业深度融合研究	杨仁发	安徽大学
247	一般项目	应用经济	我国人工智能产业创新策源的机理及路径研究	胡　斌	上海工程技术大学
248	一般项目	应用经济	数字经济赋能制造业高质量发展与产业化实现研究	田　泽	河海大学
249	一般项目	应用经济	乡村振兴战略下的农地资源、资产、资本	胡历芳	中国政法大学
250	一般项目	应用经济	农业跨国公司发展与中国粮食安全	张学军	河南科技大学
251	一般项目	应用经济	新金融工具准则、财务报告影响与商业银行风险	孙　娜	北京国家会计学院
252	一般项目	应用经济	文化产业跨要素融合与金融资本支持研究	姬新龙	兰州财经大学
253	一般项目	应用经济	土地发展权交易、土地资源有效配置机制与经济高质量发展	唐茂钢	华东理工大学
254	一般项目	应用经济	历史性跨越：从脱贫攻坚迈向乡村振兴	高　强	南京林业大学
255	一般项目	应用经济	农业保险产品演进问题研究	谷　政	南京审计大学
256	一般项目	应用经济	乡村振兴下农民现代化研究	陈广桂	扬州大学
257	一般项目	应用经济	高速铁路与高质量发展问题研究	高彦彦	东南大学
258	一般项目	应用经济	公共服务“租售不同权”与异质性居民空间分层的理论机制研究	杨小忠	南京财经大学
259	一般项目	应用经济	“双碳”目标下京津冀雾霾协同治理的成本分担机制	周伟铎	上海社会科学院

（续表）

序号	项目类别	学科分类	项目名称	负责人	工作单位
260	重点项目	统计学	拓展基尼系数理论及其应用研究	戴平生	厦门大学
261	重点项目	统计学	政府统计导论	高敏雪	中国人民大学
262	重点项目	统计学	能源核算的最新理论与中国实践	马晓君	东北财经大学
263	一般项目	统计学	公共文化服务评价与数字化改革研究	罗　季	浙江财经大学
264	一般项目	统计学	人口普查登记误差估计	胡桂华	重庆工商大学
265	一般项目	统计学	季节调整原理及其中国化改造	何永涛	郑州大学
266	一般项目	统计学	我国知识产权密集型产业培育路径与培育配套政策研究	赵喜仓	江苏大学
267	一般项目	政治学	西方社会契约论的历史与现实问题研究	谭　牧	东华大学
268	一般项目	政治学	领土权及其证成	李　虎	同济大学
269	一般项目	政治学	德国地方自治研究	汤葆青	苏州大学
270	一般项目	政治学	约翰·密尔政治理论研究	张继亮	东北大学
271	一般项目	政治学	中国近代行政管理思想研究	贾乾初	山东大学（威海）
272	一般项目	政治学	当代现实主义政治哲学核心范畴体系研究	施向峰	南京航空航天大学
273	一般项目	政治学	世界政治中的中东发展困境	田文林	中国人民大学
274	一般项目	政治学	美国比较政治学的百年学术发展研究	张春满	复旦大学
275	一般项目	政治学	气候变化与北极安全问题研究	李建福	山西大学
276	一般项目	政治学	英国行政改革研究	宋雄伟	中央党校（国家行政学院）
277	一般项目	政治学	顶层设计与分层对接的实现机制研究	庞明礼	中南财经政法大学
278	一般项目	政治学	案例导向研究的比较技艺：哲学基础与研究设计	游　宇	厦门大学

（续表）

序号	项目类别	学科分类	项目名称	负责人	工作单位
279	一般项目	政治学	“制治”时代公共政策的道德含量评估研究	张 晒	东南大学
280	一般项目	政治学	公务员变革行为形成机制与推进路径研究	林亚清	厦门大学
281	一般项目	政治学	大数据时代的社会监督研究	蔡玉卿	临沂大学
282	一般项目	政治学	比较政党视阈下后发国家强化国家能力路径研究	唐 宇	四川外国语大学
283	一般项目	政治学	地方政府生态文明建设绩效评估的体系构建与机制创新研究	唐 斌	湘潭大学
284	一般项目	政治学	当代中国公共政策的制定逻辑研究	郝海波	民政部社会事务司
285	重点项目	法学	汉日法律词典	冷罗生	北京师范大学
286	重点项目	法学	案例中的中华法制文明	屈永华	中南财经政法大学
287	重点项目	法学	睡虎地秦简法律文献疏解	徐世虹	中国政法大学
288	重点项目	法学	残障正义：框架、议题与实践	张万洪	武汉大学
289	重点项目	法学	个性化新闻推荐的反垄断规制研究	喻 玲	江西财经大学
290	重点项目	法学	《民法典》绿色原则视域下专利制度变革研究	邓建志	湖南师范大学
291	重点项目	法学	中国担保法研究	杨立新	中国人民大学
292	重点项目	法学	新中国法学教育的开端：人大法律系档案选编（1949—1954）	赵晓耕	中国人民大学
293	一般项目	法学	德日法益说的“四维改良”及实践贯彻研究	牛忠志	河北大学
294	一般项目	法学	中华法系大典纂修	宋北平	北京政法职业学院
295	一般项目	法学	普惠性、基础性、兜底性民生保障法律制度研究	龚向和	东南大学
296	一般项目	法学	中国古典法律思想发展史	马 腾	暨南大学

（续表）

序号	项目类别	学科分类	项目名称	负责人	工作单位
297	一般项目	法学	域外制裁措施与我国刑法域外适用	蒋　娜	北京师范大学
298	一般项目	法学	刑事辩审关系研究	蔡元培	中国政法大学
299	一般项目	法学	德国物法体系的历史形成与发展	王伟伟	北京市社会科学院
300	一般项目	法学	知识产权法域外适用问题研究	张怀印	同济大学
301	一般项目	法学	民法人性论	王利民	大连海事大学
302	一般项目	法学	依法律行政原理研究	王贵松	中国人民大学
303	一般项目	法学	行政声誉制裁研究	贺译葶	湘潭大学
304	一般项目	法学	镇街执法权配置研究	杨　丹	四川大学
305	一般项目	法学	日本国家赔偿责任实现的判例研究	杨远舟	广东外语外贸大学
306	一般项目	法学	网络募捐的中国实践与法律研究	潘　晓	上海财经大学
307	一般项目	法学	税法功能的宪法整合	刘志鑫	中国社会科学院
308	一般项目	法学	自然保护地立法体系化研究	张文松	宁波大学
309	一般项目	法学	农村集体所有制法律问题研究	张保红	广东外语外贸大学
310	一般项目	法学	规范性文件附带审查制度研究	于　洋	上海财经大学
311	一般项目	法学	美国反就业歧视制度研究	杨浩楠	广东外语外贸大学
312	一般项目	法学	税法基础理论的反思与拓扑	侯　卓	中南财经政法大学
313	一般项目	法学	工伤保险法体系研究	向春华	中国劳动关系学院
314	一般项目	法学	结构型融资的审慎监管	张春丽	中国政法大学
315	一般项目	法学	奥运隐性营销法律规制反思与制度重构	崔汪卫	安庆师范大学
316	一般项目	法学	系统性金融风险的诱因、传染与监管立法改革	刘庆飞	东华大学
317	一般项目	法学	电子支付的私法结构	李建星	华东师范大学
318	一般项目	法学	影子银行的功能监管构建研究	夏戴乐	上海财经大学
319	一般项目	法学	知识产权二元保护模式研究	卢纯昕	广东外语外贸大学

（续表）

序号	项目类别	学科分类	项目名称	负责人	工作单位
320	一般项目	法学	消费者心理认知视角下的商标法研究	姚鹤徽	湖南师范大学
321	一般项目	法学	中国知识产权保护与域外法治互动机制研究	张　曼	西北大学
322	一般项目	法学	中国著作权法评注	余　俊	北京化工大学
323	一般项目	法学	担保期间规则解释与立法检讨研究	杨　巍	武汉大学
324	一般项目	法学	中国知识产权保险理论与实务研究	董慧娟	厦门大学
325	一般项目	法学	民事裁判对话构造论研究	朱福勇	西南政法大学
326	一般项目	法学	商法中的信赖责任	石一峰	浙江大学
327	一般项目	法学	双层股权结构法律制度研究	金幼芳	浙江理工大学
328	一般项目	法学	英美现代信托法制研究	于朝印	山东财经大学
329	一般项目	法学	并购法商大辞典	叶兴平	深圳大学
330	一般项目	法学	智能互联网时代新兴人格权民法保护研究	杜明强	贵州大学
331	一般项目	法学	权利的元理论研究	张洪新	周口师范学院
332	一般项目	法学	美国量刑制度研究	彭文华	上海政法学院
333	一般项目	法学	知识产权司法特别程序制度比较研究	林秀芹	厦门大学
334	一般项目	法学	传统侦查取证中执法规范化建设研究	张潋瀚	四川大学
335	一般项目	法学	英、美民事诉讼专家证人制度及其启示	杜　闻	中国政法大学
336	一般项目	法学	“反向”行政诉讼研究	闫映全	华东政法大学
337	一般项目	法学	发散性民事权利集合性救济研究	张陈果	上海交通大学
338	一般项目	法学	鉴定意见评价及其量化研究	潘　溪	南京师范大学
339	一般项目	法学	数字贸易国际规则研究	王　燕	广东外语外贸大学

（续表）

序号	项目类别	学科分类	项目名称	负责人	工作单位
340	一般项目	法学	WTO“公共道德例外”条款发展研究	徐　莉	长沙理工大学
341	一般项目	法学	跨境文物返还诉讼研究	余　萌	中国政法大学
342	一般项目	法学	《巴黎协定》遵约机制研究	冯　帅	四川大学
343	一般项目	法学	中欧投资协定监管规则导向研究	张正怡	上海政法学院
344	一般项目	法学	香港居民国家认同问题研究	叶远涛	中国社会科学院
345	一般项目	法学	新时代党规国法协同推进党的领导法治化研究	贾永健	河南大学
346	一般项目	法学	检察中心视角下的中国司法	田　夫	中国社会科学院
347	一般项目	法学	法官业绩评价机制研究	王　静	青岛大学
348	一般项目	法学	法院人员分类改革研究	娄必县	重庆理工大学
349	一般项目	法学	法治评估的理论逻辑与中国方案	杜维超	南京师范大学
350	一般项目	法学	法律漏洞及其填补研究	曹　磊	山东师范大学
351	一般项目	法学	纯粹法理论的多重面目	董静姝	中国政法大学
352	一般项目	法学	比较法视野下法的普遍性研究	李晓辉	中国政法大学
353	一般项目	法学	食品安全的社会治理法治化研究	刘　柳	中南民族大学
354	一般项目	法学	基层司法回应社会治理的机制研究	于龙刚	中南财经政法大学
355	一般项目	法学	秩序与法治：民族地区基层社会治理创新中的多元规范	梁利华	中央民族大学
356	一般项目	法学	法律的规范性与元规范理论研究	骆意中	上海师范大学
357	一般项目	法学	批判波斯纳问题研究	艾佳慧	南京大学
358	一般项目	法学	盖尤斯《法学阶梯》释义	柯伟才	苏州大学
359	一般项目	法学	美国荒野法研究	潘凤湘	湖南理工学院
360	一般项目	法学	地方政府环境质量责任研究	姜　渊	浙江财经大学

（续表）

序号	项目类别	学科分类	项目名称	负责人	工作单位
361	一般项目	法学	生态保护补偿的法理阐释与制度构造	潘　佳	北京物资学院
362	一般项目	法学	积极预防性刑法观的反思与修正	徐　伟	重庆邮电大学
363	一般项目	法学	利益衡量视角下刑法规制尖端网络技术问题研究	储陈城	安徽大学
364	一般项目	法学	被害人自陷风险的刑法归责研究	王焕婷	扬州大学
365	一般项目	法学	国际数字经济规则建构中的个人信息保护研究	赵海乐	吉林大学
366	一般项目	法学	以礼为旨归：早期中国法律之形成	宁全红	四川省社会科学院
367	一般项目	法学	传统礼经的法意释读	范忠信	上饶师范学院
368	一般项目	法学	延安时期宪制民主论（1935—1948）	韩　伟	西北工业大学
369	一般项目	法学	华北人民政府法治实践研究	黄东海	北京邮电大学
370	一般项目	法学	魏玛宪法社会权的中国转译（1919—1949）	李富鹏	中国政法大学
371	一般项目	法学	南京国民政府时期行政审判法律适用研究	徐　进	南京财经大学
372	一般项目	法学	“读书万卷不读律”辨	张田田	沈阳师范大学
373	一般项目	法学	清代刑罚研究（1736—1911）	张本照	哈尔滨师范大学
374	重点项目	社会学	重大公共卫生事件下社会心理干预与重建	任志洪	华中师范大学
375	重点项目	社会学	“家”作为方法	肖　瑛	上海大学
376	一般项目	社会学	认知科学与贫困治理研究	谢治菊	广州大学
377	一般项目	社会学	自我欺骗消极后果的背后机制研究	范　伟	湖南师范大学
378	一般项目	社会学	互联网时代的居民生活模式研究	雷　雳	中国人民大学
379	一般项目	社会学	累积风险视角下的青少年欺凌行为研究	王兴超	山西大学

（续表）

序号	项目类别	学科分类	项目名称	负责人	工作单位
380	一般项目	社会学	孝道变迁的社会心理研究	杨　曦	郑州大学
381	一般项目	社会学	文化转向与应急工作	王　篪	中国人民大学
382	一般项目	社会学	生命健康与叙事生态	杨晓霖	南方医科大学
383	一般项目	社会学	转型农村的贫困治理与社会工作研究	邓　锁	北京大学
384	一般项目	社会学	新中国农业农村现代化问题研究	张慧鹏	中山大学
385	一般项目	社会学	迈向精准治理的基层社会治理机制研究	何　健	西南大学
386	一般项目	社会学	儿童友好社区理论与实践	沈　瑶	湖南大学
387	一般项目	社会学	流动儿童积极心理适应的促进机制与干预研究	张春妹	武汉大学
388	一般项目	社会学	自闭症儿童家长的育儿实践与身份认同研究	刘　莹	东南大学
389	一般项目	社会学	乡村空间重构与治理研究	李红波	南京师范大学
390	一般项目	社会学	黔北小镇的教育与社会变迁研究	单丽卿	杭州师范大学
391	一般项目	社会学	中国东部城郊的夫妻代耕农场研究	黄志辉	中央民族大学
392	一般项目	社会学	当代青年个体化趋势及公共精神培养研究	王国枫	杭州电子科技大学
393	一般项目	社会学	大城市公共空间的集体性休闲理论研究	林敏慧	华南农业大学
394	一般项目	社会学	旅游地跨国婚姻研究	张蔼恒	广东外语外贸大学
395	一般项目	社会学	基于人—物互动的茶道实践研究	王　路	中山大学
396	一般项目	社会学	闽海民系传统聚落空间形态研究	王量量	厦门大学
397	一般项目	社会学	印度华裔空间实践研究	章立明	云南大学
398	一般项目	社会学	组织弹性：理解中国农村集体经济组织的新视角	李　婷	武汉大学

（续表）

序号	项目类别	学科分类	项目名称	负责人	工作单位
399	一般项目	社会学	社会流动与人际信任的变迁	高学德	兰州大学
400	一般项目	社会学	中国古代图像中的女性文化与生活研究	范银花	扬州大学
401	一般项目	社会学	海洋生态文明建设的社会文化机制研究	刘 敏	中国海洋大学
402	一般项目	社会学	关系求职与人职匹配	郝明松	西安交通大学
403	一般项目	人口学	中国与“一带一路”沿线国家人口问题、经济增长比较研究	晏月平	云南大学
404	一般项目	人口学	农村流动人口的“双重”婚姻风险及化解研究	杨 婷	华中科技大学
405	一般项目	人口学	生育与老年人福利问题研究	杨华磊	中南财经政法大学
406	一般项目	人口学	民办养老服务机构社会企业化改革路径研究	范西莹	陕西师范大学
407	一般项目	人口学	城市基层社会治理体系建设研究	刘妮娜	华北电力大学
408	重点项目	民族学	广府文化史	谭元亨	华南理工大学
409	重点项目	民族学	汉、蒙、英、俄、日语经济管理大词典的编辑整理及数据库建设	额尔敦陶克涛	内蒙古财经大学
410	一般项目	民族学	蒙古族古代氏族部资料集	九 月	内蒙古工业大学
411	一般项目	民族学	内蒙古民族贸易史	韩 柱	内蒙古师范大学
412	一般项目	民族学	十六国北朝政教关系专题研究	王怀成	四川省社会科学院
413	一般项目	民族学	俄罗斯藏学史略	王启龙	陕西师范大学
414	一般项目	民族学	瑶族的视觉文化研究	陈 杉	四川师范大学
415	一般项目	民族学	土家语言文化研究	彭秀模	吉首大学
416	一般项目	民族学	青藏牧民的生态想象与保护行动	范长风	华东师范大学
417	一般项目	民族学	马来西亚民族国家建构研究	齐顺利	广东工业大学
418	一般项目	民族学	乡村振兴背景下西南民族村寨多元协同反贫困治理经验	李 军	凯里学院

（续表）

序号	项目类别	学科分类	项目名称	负责人	工作单位
419	一般项目	民族学	历史人类学视野中荷兰中餐饮食文化适应与创新研究	陈肖英	浙江师范大学
420	一般项目	民族学	民族文化创新与产业链研究	李红伟	河南师范大学
421	一般项目	国际问题研究	摩洛哥国家治理的多维研究	张玉友	西北大学
422	一般项目	国际问题研究	当代越南华人社会地位变迁研究	衣　远	厦门大学
423	一般项目	国际问题研究	美国军人的身份、思想与权威研究	尚　洁	三江学院
424	一般项目	国际问题研究	正义与发展党执政时期土耳其的国家转型研究	杨　晨	上海大学
425	一般项目	国际问题研究	韩国对华认知问题研究	王星星	上海外国语大学
426	一般项目	国际问题研究	早期西欧国家的构建与兴衰（1492—1848）	叶成城	上海社会科学院
427	一般项目	国际问题研究	东北亚海洋安全治理及中国战略选择	史春林	大连海事大学
428	一般项目	国际问题研究	探寻国家对外战略转型的观念驱动力	王鹏权	山东大学
429	一般项目	国际问题研究	全球公域资源开发与美国外交政策	沈　鹏	中国社会科学院
430	一般项目	国际问题研究	水资源安全化背景下的国际河流管理	王志坚	河海大学
431	一般项目	国际问题研究	世界文明的多元发展与互鉴研究	刘贞晔	中国政法大学
432	一般项目	国际问题研究	大国战略克制与权力的和平变迁研究	赵懿黑	上海社会科学院
433	一般项目	国际问题研究	政治衰退的国家根源与逻辑问题研究	王　强	铁道党校
434	一般项目	国际问题研究	最低工资标准对企业生产和贸易行为的影响效应研究	赵瑞丽	上海对外经贸大学

（续表）

序号	项目类别	学科分类	项目名称	负责人	工作单位
435	一般项目	国际问题研究	外国防空识别区现行规则研究	曹　群	中国国际问题研究院
436	一般项目	国际问题研究	美苏关系与大国竞争性共处问题研究	肖　斌	中国社会科学院
437	一般项目	国际问题研究	联盟政治：大战间的欧洲外交	黄宇兴	清华大学
438	一般项目	国际问题研究	欧盟扩大和深化进程中的差异性一体化研究	陈　洁	南京航空航天大学
439	一般项目	国际问题研究	冷战后美国对外军事干预的政治决策	谢思强	军事科学院
440	一般项目	国际问题研究	当代东南亚海洋经济研究	王　勤	厦门大学
441	一般项目	国际问题研究	国际贸易背景下的全球气候治理：回顾、问题与进路	刘　磊	四川大学
442	一般项目	国际问题研究	疫情邮轮的国际救助问题研究	马明飞	大连海事大学
443	重点项目	中国历史	胡林翼年谱长编	王继平	湘潭大学
444	重点项目	中国历史	中外对西南沙群岛的认知与中国政府的维权研究（1909—1937）	王　静	暨南大学
445	重点项目	中国历史	近代中国铁路体制的早期探索	朱从兵	苏州大学
446	重点项目	中国历史	日本精神侵略民间史料研究	齐红深	大连理工大学
447	重点项目	中国历史	汉代丝绸之路生态史	王子今	中国人民大学
448	重点项目	中国历史	宋代政治观念与治国方略研究	田志光	河南大学
449	重点项目	中国历史	明代《孔府档案》整理与研究	吴佩林	曲阜师范大学
450	一般项目	中国历史	清季总理衙门与直省之关系研究（1861—1901）	许安朝	惠州学院
451	一般项目	中国历史	张謇年谱长编（晚清篇）	庄安正	南通大学
452	一般项目	中国历史	清代北京五城治理研究	刘仲华	北京市社会科学院
453	一般项目	中国历史	中国机床工具工业的演化（1949—2019）	严　鹏	华中师范大学

（续表）

序号	项目类别	学科分类	项目名称	负责人	工作单位
454	一般项目	中国历史	北洋时期国家财政预算研究	王　梅	四川大学
455	一般项目	中国历史	民国福建永佃制研究	张少筠	山东师范大学
456	一般项目	中国历史	南京国民政府税务行政与财政治理研究	任同芹	河南师范大学
457	一般项目	中国历史	《北洋官报》出版研究	杨莲霞	天津理工大学
458	一般项目	中国历史	民国历史教科书演进的文化透视	张绪忠	浙江工商大学
459	一般项目	中国历史	近代黑龙江烟毒治理研究	刘丽丽	哈尔滨师范大学
460	一般项目	中国历史	东南大学的治理结构与学术文化（1921—1927）	牛　力	南京大学
461	一般项目	中国历史	近代江南隐逸文化研究	邹桂香	苏州大学
462	一般项目	中国历史	成都儿童日常生活研究（1927—1937）	王青山	太原理工大学
463	一般项目	中国历史	全面抗战时期日伪统治青岛实态研究	赵秀宁	河北师范大学
464	一般项目	中国历史	中共在国民党统治区的反日运动（1927—1937）	周　斌	中国社会科学院
465	一般项目	中国历史	沦陷时期天津民众日常生活研究	冯成杰	河南师范大学
466	一般项目	中国历史	民国时期海关税款的保管与分配（1912—1945）	傅　亮	苏州大学
467	一般项目	中国历史	新中国早期中医药的历史叙事	李　剑	广州中医药大学
468	一般项目	中国历史	《中国近代史资料丛刊》与中国近代史研究（1949—1966）	张泓林	山东科技大学
469	一般项目	中国历史	1950年代北京的城市再造与文化变迁	李　扬	北京联合大学
470	一般项目	中国历史	南京国际旅游事业研究（1949—1966）	王素君	江苏理工学院
471	一般项目	中国历史	西周金文中的天子礼仪研究	李春艳	宝鸡文理学院
472	一般项目	中国历史	巴蜀地区汉代碑刻集释	赵宠亮	河北师范大学

（续表）

序号	项目类别	学科分类	项目名称	负责人	工作单位
473	一般项目	中国历史	简帛农事资料分类汇释疏证	高一致	武汉大学
474	一般项目	中国历史	秦汉政权合法性理论的建构与演变	高海云	聊城大学
475	一般项目	中国历史	生态环境对西周历史演进影响研究	张　强	新乡学院
476	一般项目	中国历史	汉代关内侯问题研究	师彬彬	许昌学院
477	一般项目	中国历史	大一统思想在魏晋南北朝时期的实践研究	王东洋	河南科技大学
478	一般项目	中国历史	魏晋南北朝南人北迁研究	王　娟	信阳师范学院
479	一般项目	中国历史	汉晋简牍石刻的古文书学研究	汪华龙	扬州大学
480	一般项目	中国历史	肩水金关汉简校释	李洪财	湖南大学
481	一般项目	中国历史	魏晋南北朝丝路贸易研究	方高峰	湘潭大学
482	一般项目	中国历史	上博简灾异类文献整理与思想研究	孙飞燕	厦门大学
483	一般项目	中国历史	“亡秦必楚”的历史文化探究	张梦晗	中国社会科学院大学
484	一般项目	中国历史	魏晋南北朝城市发展变迁研究	冯　剑	青岛大学
485	一般项目	中国历史	考古学视野下的先秦铜剑与礼制研究	樊　森	重庆师范大学
486	一般项目	中国历史	秦汉丝织业研究	吴方浪	江西师范大学
487	一般项目	中国历史	南昌海昏侯墓“孔子衣镜”研究	王　刚	江西师范大学
488	一般项目	中国历史	山海经传校理	刘思亮	上海交通大学
489	一般项目	中国历史	唐代宦官家族石刻文献汇考	黄　楼	武汉大学
490	一般项目	中国历史	唐代营缮事务管理与运行机制研究	彭丽华	湖南师范大学
491	一般项目	中国历史	唐宋多都制与府县关系研究	齐子通	中南民族大学
492	一般项目	中国历史	中古时期德政碑考论	刘琴丽	中国社会科学院
493	一般项目	中国历史	淮西地域社会与中晚唐藩镇政治	杨文春	信阳师范学院

（续表）

序号	项目类别	学科分类	项目名称	负责人	工作单位
494	一般项目	中国历史	10—13世纪星命术与星神崇拜研究	韦　兵	四川大学
495	一般项目	中国历史	西夏与唐宋辽金经济制度诸问题比较研究	骆详译	南京师范大学
496	一般项目	中国历史	南宋前期财政研究（1127—1194）	吴业国	华南理工大学
497	一般项目	中国历史	宋代地理术文献研究	余格格	华南农业大学
498	一般项目	中国历史	辽金贵族政治、皇权与官员选任	关树东	中国社会科学院
499	一般项目	中国历史	御书与宋代皇权政治研究	宋晓希	西南财经大学
500	一般项目	中国历史	南宋村落研究	傅　俊	浙大城市学院
501	一般项目	中国历史	宋代举人群体的日常生活研究	孙　继	重庆师范大学
502	一般项目	中国历史	王安石新法体制与北宋晚期政局研究	张呈忠	上海大学
503	一般项目	中国历史	郭实猎与“开放中国”	李骛哲	中山大学
504	一般项目	中国历史	金代华北社会动乱与政府应对政策研究	曹文瀚	四川师范大学
505	一般项目	中国历史	宋代马政管理机构研究	张显运	洛阳师范学院
506	一般项目	中国历史	苏轼书法研究	曹　建	西南大学
507	一般项目	中国历史	明代分封制下山西宗室的权势网络研究	吕　双	中山大学
508	一般项目	中国历史	明代勋臣制度研究	秦　博	中国社会科学院
509	一般项目	中国历史	明代科举防惩作弊制度研究	牛明铎	河南师范大学
510	一般项目	中国历史	明代会议制度研究	李小波	南京师范大学
511	一般项目	中国历史	明代浙直地区乡贤祀传研究	张会会	辽宁师范大学
512	一般项目	中国历史	西安钟鼓楼的营修与西安城明清至近代的历史变迁研究	林　源	西安建筑科技大学
513	一般项目	中国历史	技术社会史视野下中国传统水力机械研究	方万鹏	南开大学
514	一般项目	中国历史	明清易代之际的宋史研究	高　远	四川师范大学

（续表）

序号	项目类别	学科分类	项目名称	负责人	工作单位
515	一般项目	中国历史	吴派与清代的今文经学	赵四方	华东师范大学
516	一般项目	中国历史	明清云贵交通研究	姜建国	苏州科技大学
517	一般项目	中国历史	清代顺天乡试研究	张 森	河北经贸大学
518	一般项目	中国历史	清史《文苑传》和清代文史书写研究	戚学民	清华大学
519	一般项目	中国历史	清代监狱卫生生活保障体系研究	张 波	中央司法警官学院
520	一般项目	中国历史	洪亮吉及其《春秋左传诂》研究	吕东超	陕西师范大学
521	一般项目	中国历史	热河地区藩部一体化研究	许富翔	吉林师范大学
522	一般项目	中国历史	《日知录》版本研究	张京华	台州学院
523	一般项目	中国历史	清代海难救助制度研究	周向阳	湖州师范学院
524	一般项目	中国历史	清代黄河水患治理策略研究（1644—1855）	曹志敏	天津师范大学
525	一般项目	中国历史	清前期官员升转制度研究	王敬雅	中国政法大学
526	一般项目	中国历史	清代书院历史教育研究	周 倩	扬州大学
527	一般项目	中国历史	乾隆石经整理与研究	王琳琳	中国国家博物馆
528	一般项目	中国历史	明代士大夫家书与家国观研究	王 伟	齐齐哈尔大学
529	一般项目	中国历史	明清浙江阳明学讲会研究（1521—1781）	兰 军	江苏师范大学
530	一般项目	中国历史	唐中书门下两省属官年表	李振中	汕头大学
531	重点项目	世界历史	15—17世纪英国农民主体权利演变研究	雍正江	扬州大学
532	一般项目	世界历史	西方历史人类学新探	刘海涛	中国社会科学院
533	一般项目	世界历史	柯林武德的“历史理性批判”研究	顾晓伟	中山大学
534	一般项目	世界历史	德国近代历史观念史研究	张 骏	四川大学
535	一般项目	世界历史	大西洋视野下的美国捕鲸移民与环境变迁研究	张宏宇	西北大学

（续表）

序号	项目类别	学科分类	项目名称	负责人	工作单位
536	一般项目	世界历史	美国进步主义时期环境保护运动中的女性	李　婷	西安外国语大学
537	一般项目	世界历史	美国保守主义的时代缩影（1938—1975）	蔺晓林	海南大学
538	一般项目	世界历史	俄罗斯国家机构史	许金秋	吉林大学
539	一般项目	世界历史	俄国修道院与国家、社会研究（14—18世纪）	杨翠红	吉林大学
540	一般项目	世界历史	俄国大臣会议与经济发展问题研究（1905—1917）	安　岩	安徽师范大学
541	一般项目	世界历史	战后东南亚国家义务教育政策变迁研究（1945—2018）	吴晓山	广西师范大学
542	一般项目	世界历史	日本近世孔庙祭祀研究	李月珊	山东大学
543	一般项目	世界历史	晚清在朝“领事裁判权”研究（1882—1894）	周国瑞	中国石油大学（华东）
544	一般项目	世界历史	日本帝国兴亡史	杨栋梁	南开大学
545	一般项目	世界历史	青年与英国宗教改革研究（1530—1580）	冀占强	郑州大学
546	一般项目	世界历史	18世纪英国社会的科学精神：自然哲学讲座研究	征　咪	南京大学
547	一般项目	世界历史	从维京人到福利国家：北欧千年史	王云龙	东北师范大学
548	一般项目	世界历史	近代法国城市化进程中的游戏和休闲研究	唐运冠	温州大学
549	一般项目	世界历史	早期中德语言文化交流史（1600—1800）	柯　卉	凯里学院
550	一般项目	世界历史	非政府组织与美国对外人权政策的演变	刘　祥	四川大学
551	一般项目	世界历史	美国反国际恐怖主义政策研究	张　杨	苏州大学
552	一般项目	世界历史	瑜伽：概念、历史与文明（公元前3000—前600年）	巢　巍	北京第二外国语学院
553	一般项目	考古学	西周基层地域组织研究	林　森	吉林大学

（续表）

序号	项目类别	学科分类	项目名称	负责人	工作单位
554	一般项目	考古学	宁夏地区汉墓出土人骨的生物考古学研究	张　群	厦门大学
555	一般项目	考古学	北方地区史前社会的考古学研究	富宝财	天津师范大学
556	一般项目	考古学	纸质文物科技分析进展	李　涛	武汉大学
557	一般项目	考古学	长江流域隋唐墓葬文化与社会发展研究	曹　昭	武汉大学
558	一般项目	考古学	宋元仿古器的考古学研究	葛林杰	重庆师范大学
559	一般项目	考古学	宋金时期墓葬仿木构研究	俞莉娜	北京大学
560	重点项目	宗教学	玄奘唯识学的基本问题	傅新毅	南京大学
561	一般项目	宗教学	谢灵运《辨宗论》新探	洪绵绵	中山大学
562	一般项目	宗教学	汉唐时期毗昙学研究	向　慧	河北大学
563	一般项目	宗教学	释氏稽古略校注	杨志飞	西安外国语大学
564	一般项目	宗教学	人间佛教女性观研究	常红星	山东师范大学
565	一般项目	宗教学	佛教苦行、禅定与智慧的印度源流	赵立研	梧州学院
566	一般项目	宗教学	南北朝时期佛教中国化研究	昌　如	中国佛学院
567	一般项目	宗教学	近代华严宗发展史	韩朝忠	东北财经大学
568	一般项目	宗教学	贵州傩文化研究	李寿旭	宜春学院
569	一般项目	宗教学	宗教学在数字人文方向的研究初探	向　宁	中国社会科学院
570	重点项目	中国文学	中国现代社团《文学丛书》叙录	付建舟	浙江师范大学
571	重点项目	中国文学	先秦“立言”文化与文学	胡大雷	广西师范大学
572	重点项目	中国文学	中国古代采诗研究	王志清	西安电子科技大学
573	重点项目	中国文学	晚清革命诗潮研究	胡全章	河南大学
574	重点项目	中国文学	二三十年代北京文教界研究	陆建德	中国社会科学院
575	重点项目	中国文学	张燕公集校注	王太阁	安阳师范学院
576	重点项目	中国文学	诗话总龟笺校	汤华泉	安徽大学

（续表）

序号	项目类别	学科分类	项目名称	负责人	工作单位
577	重点项目	中国文学	《删补唐诗选脉笺释会通评林》校补	丁　放	江苏师范大学
578	重点项目	中国文学	中国远古之美研究	张　法	四川大学
579	重点项目	中国文学	中国多民族文学史之宏观	刘亚虎	中国社会科学院
580	重点项目	中国文学	中国儿童文学源流论	吴其南	温州大学
581	重点项目	中国文学	网络文艺生产规制研究	聂　茂	中南大学
582	重点项目	中国文学	晏子春秋汇校集注	刘文斌	常州工学院
583	重点项目	中国文学	明代《文选》广续补本整理与研究	王晓鹃	陕西师范大学
584	一般项目	中国文学	中国海赋史论稿	倪浓水	浙江海洋大学
585	一般项目	中国文学	敦煌变文小说校释评鉴	俞晓红	安徽师范大学
586	一般项目	中国文学	宋初士风与文学演进	张再林	南宁师范大学
587	一般项目	中国文学	盛世危言：杜甫与政治	陈岸峰	广西民族大学
588	一般项目	中国文学	宋代笔记涉医资料研究	章　原	上海中医药大学
589	一般项目	中国文学	文化光谱中的艺术与体育比较研究	刘汉林	山西师范大学
590	一般项目	中国文学	六朝陈郡谢氏家族文学与文献研究	周昌梅	广州大学
591	一般项目	中国文学	《世说新语》人物口谈的诗性美研究	宁淑华	长沙理工大学
592	一般项目	中国文学	魏晋文人理想人格新变研究	吕辛福	青岛科技大学
593	一般项目	中国文学	中国古代商贾小说文化价值研究	邱绍雄	湖南理工学院
594	一般项目	中国文学	“柳青传统”与陕西当代长篇小说的艺术流变	宋海婷	西安科技大学
595	一般项目	中国文学	中国古代灾害诗史	文航生	西华师范大学
596	一般项目	中国文学	中国古代闺秀才女文学演变研究	周淑舫	湖州学院
597	一般项目	中国文学	岭南诗僧今释澹归研究	江　宏	桂林电子科技大学

（续表）

序号	项目类别	学科分类	项目名称	负责人	工作单位
598	一般项目	中国文学	元代苏门山文人群研究	张 艳	南阳师范学院
599	一般项目	中国文学	明清诗文史料述略	周生杰	苏州大学
600	一般项目	中国文学	晚清求著时新小说活动研究	梁苍泱	绍兴文理学院
601	一般项目	中国文学	“刘柳”的思想与文学的关系	范洪杰	山东师范大学
602	一般项目	中国文学	中国现当代纪实文学（1898—2021）	章罗生	湖南大学
603	一般项目	中国文学	现代出版文化视野下鲁迅的新文学生产研究（1922—1936）	何 旻	首都师范大学
604	一般项目	中国文学	中西文化交融下的古剧生成研究	张志峰	中山大学
605	一般项目	中国文学	元曲家考实	都刘平	河北大学
606	一般项目	中国文学	元代族群涵化与戏曲研究	刘 卓	江汉大学
607	一般项目	中国文学	南戏《张协状元》研究	张勇风	山西师范大学
608	一般项目	中国文学	元杂剧经典化研究	韦 强	湖南工业大学
609	一般项目	中国文学	马克思主义悲剧理论研究	何信玉	浙江大学
610	一般项目	中国文学	马克思主义文艺批评与科技时代的文学艺术	王东昌	洛阳师范学院
611	一般项目	中国文学	屈骚神话研究	李进宁	新乡学院
612	一般项目	中国文学	汉赋篇名分歧考辨	彭春艳	集美大学
613	一般项目	中国文学	《史记》十二本纪文本生成研究	刘彦青	陕西师范大学
614	一般项目	中国文学	《史记》风格论	魏耕原	西安培华学院
615	一般项目	中国文学	王充与东汉学术思想	李 浩	河北师范大学
616	一般项目	中国文学	先秦两汉谏说文辞研究	吴 娇	重庆大学
617	一般项目	中国文学	明代僧诗考论	李玉栓	上海师范大学
618	一般项目	中国文学	王世贞散佚文献整理与研究	贾 飞	南通大学
619	一般项目	中国文学	明清之际梁溪诗人群体研究	邱林山	西北师范大学

（续表）

序号	项目类别	学科分类	项目名称	负责人	工作单位
620	一般项目	中国文学	清初诗文中的离散书写研究	李秉星	南通大学
621	一般项目	中国文学	古代小说与类书关系论稿	刘天振	浙江师范大学
622	一般项目	中国文学	伦理叙事与明清通俗小说的文化史研究	朱锐泉	天津师范大学
623	一般项目	中国文学	清代笔记小说研究——以顺康雍乾四朝为中心的考察	宋世瑞	阜阳师范大学
624	一般项目	中国文学	拉康理论视域中的清代志怪小说及其现代影视重述研究	厉　梅	大连海事大学
625	一般项目	中国文学	龙榆生词学研究	童雯霞	广东财经大学
626	一般项目	中国文学	多维视野下的南社研究	郭建鹏	山东大学
627	一般项目	中国文学	欧洲汉学话语中的中国形象建构研究	周建萍	江苏师范大学
628	一般项目	中国文学	作为文化译者的田汉：左翼“波西米亚”的文体转译与社会观念	席艺洋	深圳大学
629	一般项目	中国文学	英语世界的杜甫研究	范利伟	中国社会科学院
630	一般项目	中国文学	沈从文创作研究	张　永	宁波财经学院
631	一般项目	中国文学	沈从文的美术实践与文学创作	刘　媛	同济大学
632	一般项目	中国文学	波德莱尔与中国新文学	韩　亮	南京大学
633	一般项目	中国文学	中国左翼文学对高尔基的接受史研究	侯　敏	辽宁大学
634	一般项目	中国文学	武汉抗战与新文学“大众传统”转型研究	王应平	湖北工程学院
635	一般项目	中国文学	抗战时期“桂林文化城”空间与文化实践研究	黄相宜	中国社会科学院
636	一般项目	中国文学	中国现代文学礼教批判的叙事策略与偏颇研究	杨红军	肇庆学院
637	一般项目	中国文学	穆旦诗歌语言研究	叶琼琼	武汉理工大学
638	一般项目	中国文学	晚清民国古典文学研究	成　玮	华东师范大学
639	一般项目	中国文学	地域视角与王安忆的小说创作	程　旸	中国社会科学院

（续表）

序号	项目类别	学科分类	项目名称	负责人	工作单位
640	一般项目	中国文学	当代农村题材小说中的村社共同体研究	陈湘静	清华大学
641	一般项目	中国文学	先锋小说批评与当代文学批评转型研究	余竹平	河南师范大学
642	一般项目	中国文学	《云韶集》校正	钟　锦	华东师范大学
643	一般项目	中国文学	唐宋文人访古活动与诗咏研究	陶　禹	中山大学
644	一般项目	中国文学	盛唐政治与文学	钟志辉	武汉大学
645	一般项目	中国文学	词学史上的唐宋词批评研究	孙克强	南开大学
646	一般项目	中国文学	中国古典诗歌话语体系研究	谢　琰	北京师范大学
647	一般项目	中国文学	唐代歌行体的生成问题研究	辛晓娟	中国人民大学
648	一般项目	中国文学	唐传奇接受史论	任明华	曲阜师范大学
649	一般项目	中国文学	李白杜甫儒释道思想比较研究	郑家治	西华大学
650	一般项目	中国文学	两《唐书》与唐代文学史建构研究	陶　慧	南京师范大学
651	一般项目	中国文学	尤袤本《文选》文献研究	王　玮	华侨大学
652	一般项目	中国文学	黄庭坚在两宋时期的经典化与文化塑形	范金晶	四川大学
653	一般项目	中国文学	宋代禅宗颂古研究	袁贝贝	长江师范学院
654	一般项目	中国文学	先秦西汉儒道类出土文献研究	黄人二	华东师范大学
655	一般项目	中国文学	选本学视野下的《古文苑》辞赋研究	彭安湘	湖北大学
656	一般项目	中国文学	魏晋公牍文的文学演进与文化阐释	仲秋融	中国计量大学
657	一般项目	中国文学	子集兴替：中古学术著述方式的转型	伏　煦	山东大学
658	一般项目	中国文学	三国吴地文化与文学	徐昌盛	山东大学
659	一般项目	中国文学	诗赋兴替与六朝文学的演进	陈　特	复旦大学
660	一般项目	中国文学	黑格尔与中国当代文论思维范式建构及转型研究	杨水远	湖南第一师范学院

（续表）

序号	项目类别	学科分类	项目名称	负责人	工作单位
661	一般项目	中国文学	德里达文学批评的性质特点研究	肖锦龙	南京大学
662	一般项目	中国文学	卢卡奇的人民性思想研究	王银辉	河南大学
663	一般项目	中国文学	中性之欲：罗兰·巴尔特研究	金松林	安庆师范大学
664	一般项目	中国文学	新时代中国审美教育理论研究	张　弓	华东政法大学
665	一般项目	中国文学	白蛇传经典的建构与阐释	高艳芳	安阳师范学院
666	一般项目	中国文学	新史料视域下胡风文艺思想研究	吴宝林	中南大学
667	一般项目	中国文学	田间诗歌创作研究	熊　辉	上海交通大学
668	一般项目	中国文学	中西话语的互证和阐发：钱钟书诗学思想探析	孙　媛	韶关学院
669	一般项目	中国文学	福建词史	刘荣平	厦门大学
670	一般项目	中国文学	动物观与中国文学动物形象塑造	张国龙	北京师范大学
671	一般项目	中国文学	近现代女作家的北京书写和文化身份建构	黄　华	首都师范大学
672	一般项目	中国文学	中国现代作家作品广告的搜集与整理	彭林祥	广西大学
673	一般项目	中国文学	产业环境网络文学原创问题研究	赖　敏	成都信息工程大学
674	一般项目	中国文学	计算机艺术的形态发生	朱恬骅	上海社会科学院
675	一般项目	中国文学	认知神经美学视域下的美感问题研究	孟凡君	吉林大学
676	一般项目	中国文学	生态记忆的审美救赎研究	刘坛茹	安徽师范大学
677	一般项目	中国文学	数字技术时代的“娱乐狂欢”问题研究	田　昊	渤海大学
678	一般项目	中国文学	百年中国留日学生文学叙事研究	林　祁	厦门大学嘉庚学院
679	一般项目	中国文学	唐代律赋在日本的传播与影响研究	冯　芒	鲁东大学

（续表）

序号	项目类别	学科分类	项目名称	负责人	工作单位
680	一般项目	中国文学	中国与朝鲜半岛近现代文学关系研究（1894—1949）	张乃禹	苏州大学
681	一般项目	中国文学	银雀山汉简《阴阳时令、占候之类》文本考释与所涉问题研究	刘爱敏	山东师范大学
682	一般项目	中国文学	出土文物与汉代乐府诗歌表演研究	柳卓娅	淄博师范高等专科学校
683	一般项目	中国文学	中国散文起源研究	蒋　瑞	湖州师范学院
684	一般项目	中国文学	赋学范畴研究	程　维	安徽师范大学
685	一般项目	中国文学	王渔洋《秋柳》唱和诗资料汇编	李清华	洛阳师范学院
686	一般项目	中国文学	绝妙好词校笺疏证	孙　虹	江南大学
687	一般项目	中国文学	熙丰元祐文学编年	李一飞	湖南科技大学
688	一般项目	中国文学	皎然集校注	甘生统	海南师范大学
689	重点项目	外国文学	朝鲜半岛古代宋诗接受研究	曹春茹	曲阜师范大学
690	重点项目	外国文学	俄罗斯古代诗歌发展史	吴　笛	浙江越秀外国语学院
691	重点项目	外国文学	盎格鲁—诺曼语文学史	张亚婷	陕西师范大学
692	一般项目	外国文学	雷蒙·威廉斯小说的思想价值研究	周铭英	深圳大学
693	一般项目	外国文学	福音主义与达尔文主义：维多利亚社会意识形态研究	萧　莎	中国社会科学院
694	一般项目	外国文学	生态符号学视角下自然文学的意义范式研究	岳国法	郑州大学
695	一般项目	外国文学	新世界文学：范式重构与多维共生	郝　岚	天津师范大学
696	一般项目	外国文学	现代性的对话：英国文学的中国想象（1750—1935）	王冬青	广东外语外贸大学
697	一般项目	外国文学	“垮掉派”诗歌与“第三代”诗歌后现代性比较研究	邱食存	四川文理学院

（续表）

序号	项目类别	学科分类	项目名称	负责人	工作单位
698	一般项目	外国文学	英美汉学明清世情小说译介的副文本研究	曾景婷	江苏科技大学
699	一般项目	外国文学	莎士比亚在近现代中国的传播与流变研究	李伟民	浙江越秀外国语学院
700	一般项目	外国文学	《红楼梦》日译研究	宋　丹	湖南大学
701	一般项目	外国文学	《摩诃婆罗多》叙事结构研究	刘　潋	河北师范大学
702	一般项目	外国文学	古埃及神话研究与译注	李　川	中国社会科学院
703	一般项目	外国文学	陀思妥耶夫斯基现代性思想研究	俞　航	广西师范大学
704	一般项目	外国文学	布罗茨基诗歌意象隐喻研究	杨晓笛	太原理工大学
705	一般项目	外国文学	梭罗荒野思想研究	张明娟	烟台大学
706	一般项目	外国文学	济慈个体身份构建的焦虑与超越	崔　丹	吉林外国语大学
707	一般项目	外国文学	沃尔特·司各特历史小说的苏格兰文化记忆建构研究	张秀丽	上海大学
708	一般项目	外国文学	非裔美国小说主题研究	庞好农	广东外语外贸大学
709	一般项目	外国文学	文化记忆语境中的美国“9·11”小说研究	王　薇	青岛大学
710	一般项目	外国文学	英国维多利亚小说中的文化记忆研究	王　欣	四川大学
711	一般项目	外国文学	新时代西方通俗文学新发展研究	袁　霞	南京师范大学
712	一般项目	外国文学	儿童文学改编研究	惠海峰	华中科技大学
713	一般项目	外国文学	加拿大英语文学中的动物书写演变研究	涂　慧	华中科技大学
714	一般项目	外国文学	海明威作品多角探视	杨仁敬	厦门大学
715	一般项目	外国文学	奈保尔小说中的世界主义研究	胥维维	西南大学
716	一般项目	外国文学	谢默斯·希尼与英语诗歌传统	戴从容	复旦大学
717	一般项目	外国文学	普鲁斯特作品的存在论与伦理学研究	郭晓蕾	中山大学

（续表）

序号	项目类别	学科分类	项目名称	负责人	工作单位
718	一般项目	外国文学	多元视角下的古罗马作家卢奇安	牛红英	天津工业大学
719	一般项目	外国文学	“异域”的书写与迁移：从梅特林克到谢阁兰	邵　南	北京外国语大学
720	一般项目	外国文学	前卫思潮下的17世纪欧洲小说研究	任　远	上海工程技术大学
721	重点项目	语言学	林语堂年谱长编	张　旭	广西民族大学
722	重点项目	语言学	具身语言认知的理论与实证研究	王慧莉	大连理工大学
723	重点项目	语言学	大数据名词多语种翻译研究	杜家利	广东外语外贸大学
724	重点项目	语言学	《大正藏》疑难字考释	李国英	北京师范大学
725	一般项目	语言学	汉英文字名词识别的脑电研究	丁彧藻	福建商学院
726	一般项目	语言学	语料库与数据科学应用研究	李文中	浙江工商大学
727	一般项目	语言学	基于《全球华语大词典》的华语词汇研究	史维国	黑龙江大学
728	一般项目	语言学	英汉专科学习型词典语境化设计研究	卢华国	南京信息工程大学
729	一般项目	语言学	我国自然科学领域研究人员在国际发表中的论文干预服务研究	罗　娜	武汉科技大学
730	一般项目	语言学	新中国成立初期术语规范化实践与研究	王　琪	全国科学技术名词审定委员会
731	一般项目	语言学	少数民族学生国家通用语言文字的认知研究	崔占玲	河北师范大学
732	一般项目	语言学	基于新媒体文本的汉语语法创新现象研究	覃业位	武汉大学
733	一般项目	语言学	全球华语视角下的马来西亚华语研究	王晓梅	厦门大学
734	一般项目	语言学	学术及行业语域语言差异多维度分析	朱　宇	厦门大学
735	一般项目	语言学	生物语言学视阈下语用能力整合模型多维建构与实验研究	毛眺源	苏州大学

（续表）

序号	项目类别	学科分类	项目名称	负责人	工作单位
736	一般项目	语言学	会话叙事标记的语用理论阐释研究	朱冬怡	陕西师范大学
737	一般项目	语言学	汉语致谢类言语交际模式研究	董振邦	贵州民族大学
738	一般项目	语言学	基于大数据的国际中文教材设计评估	周小兵	北京语言大学
739	一般项目	语言学	全球西班牙语史	卢晓为	广东外语外贸大学
740	一般项目	语言学	比较修辞学视域下的语篇修辞策略研究	刘东虹	华中师范大学
741	一般项目	语言学	基于古汉字形声字声系的上古音断代研究	郭　飞	盐城师范学院
742	一般项目	语言学	《史记》三家音注与《资治通鉴音注》的比较研究	廖秋华	浙江树人学院
743	一般项目	语言学	宋代笔记词汇考论	冯雪冬	鞍山师范学院
744	一般项目	语言学	现代汉语动词及动词性结构的立场表达和立场构建研究	冯军伟	河北大学
745	一般项目	语言学	义素层级析出对语法结构的影响研究	陈建萍	上海体育学院
746	一般项目	语言学	汉语“动＋介＋宾”结构的构式化与构式演变	罗耀华	华中师范大学
747	一般项目	语言学	现代汉语情态动词语义分析	吴芸莉	中山大学
748	一般项目	语言学	汉语中动句形义关系研究	蔡淑美	厦门大学
749	一般项目	语言学	浮现视角下当代汉语程度量级构式演变研究	曹春静	杭州电子科技大学
750	一般项目	语言学	汉语构式的认知与语用	温锁林	天津师范大学
751	一般项目	语言学	汉语图式构式及能产性研究	李延波	北京第二外国语学院
752	一般项目	语言学	致使复合动词组构中的词汇化研究	王辰玲	信阳师范学院
753	一般项目	语言学	基于使用的语言观下汉语构式中的频率效应研究	杨黎黎	苏州大学

（续表）

序号	项目类别	学科分类	项目名称	负责人	工作单位
754	一般项目	语言学	接触语言学视域下的“日汉皮钦语”研究	刘　剑	东北财经大学
755	一般项目	语言学	汉语自闭症儿童词汇语义加工研究	张　强	江苏师范大学
756	一般项目	语言学	基于汉语的儿童语言障碍研究与矫正	陆　烁	中山大学
757	一般项目	语言学	阅读障碍筛查与干预体系研究	李　欢	西南大学
758	一般项目	语言学	清末民初汉语词汇发展演变研究	华树君	淮阴师范学院
759	一般项目	语言学	汉语同族词孳生机制研究	胡海宝	苏州科技大学
760	一般项目	语言学	上古汉语变韵构词研究	赵团员	大连理工大学
761	一般项目	语言学	《狼图腾》多语译本对比研究	陈水平	南方医科大学
762	一般项目	语言学	英汉翻译难度测量模型构建及应用研究	邹　兵	广东外语外贸大学
763	一般项目	语言学	交替传译策略能力构成及其运行机制研究	许　艺	广东外语外贸大学
764	一般项目	语言学	译者行为研究	周领顺	扬州大学
765	一般项目	语言学	西学东渐视野下《文始》的理论体系与同源组群研究	刘丽群	北京师范大学
766	一般项目	语言学	西南官话研究	李　蓝	南方科技大学
767	一般项目	语言学	缅北土生华人族系的汉语方言与文化	肖自辉	暨南大学
768	一般项目	语言学	吴方言背景与普通话声调范畴感知研究	杨　锋	浙江越秀外国语学院
769	一般项目	语言学	江西都昌方言语音研究	卢继芳	南昌大学
770	一般项目	语言学	宣州片吴语语音演变研究	袁　丹	华东师范大学
771	一般项目	语言学	新出东周金文研究	傅修才	龙岩学院
772	一般项目	语言学	《说文段注》与汉语词汇史	于建华	泰山学院
773	一般项目	语言学	《玉篇》发展与传播史	吕　浩	上海交通大学

（续表）

序号	项目类别	学科分类	项目名称	负责人	工作单位
774	一般项目	语言学	吴承仕《三礼名物》整理与研究	徐　渊	同济大学
775	一般项目	语言学	汉字知觉专家化的实验研究	曹晓华	浙江师范大学
776	一般项目	语言学	跨学科学术语篇中的作者话语权构建多维度研究	董记华	山东大学
777	一般项目	语言学	基于语料库的医患会话人际语用模式研究	郭　丽	临沂大学
778	一般项目	语言学	中国译学研究的诗意哲思构式与叙事样态	包通法	江南大学
779	一般项目	语言学	华语研究的理论与实践	刁晏斌	北京师范大学
780	一般项目	语言学	《东方杂志》（1904—1948）翻译与文化重构	侯　杰	淮北师范大学
781	一般项目	语言学	霍克思《红楼梦英译笔记》转写与整理	鲍德旺	南京航空航天大学
782	一般项目	语言学	实验语用学视域下的话语标记音—形—义系统实验分析与模型建构	单　谊	南通大学
783	一般项目	语言学	汉语反问句语义的形成—识解机制研究	刘　彬	华中师范大学
784	一般项目	语言学	汉语类指句的认知研究	付正玲	西南大学
785	一般项目	语言学	现代汉语假设句研究	张雪平	河南大学
786	一般项目	语言学	学以成人与跨文化交际的终极关怀问题研究	贾玉新	哈尔滨工业大学
787	一般项目	语言学	“汉字文化圈”国家的比较研究	武春野	上海外国语大学
788	一般项目	语言学	互动交际中的叙事循环与社会认知共同体	赵玉荣	东北大学
789	重点项目	新闻学与传播学	理解游戏：全球游戏研究的知识图谱（1700—2020）	赵曙光	南京大学
790	重点项目	新闻学与传播学	新闻传播的人工智能实践及其反思研究	洪杰文	武汉大学

（续表）

序号	项目类别	学科分类	项目名称	负责人	工作单位
791	重点项目	新闻学与传播学	机制与效能：大众生产场域研究	丁汉青	北京师范大学
792	一般项目	新闻学与传播学	西周国家的媒介实践与治理秩序构建研究	徐燕斌	武汉理工大学
793	一般项目	新闻学与传播学	中国共产党城市办报队伍南方局报人群体研究	吴自力	广东金融学院
794	一般项目	新闻学与传播学	智能推荐型视频媒体产业价值链研究	陈积银	西安交通大学
795	一般项目	新闻学与传播学	全媒体传播格局下年轻受众媒体使用行为研究	李岭涛	北京体育大学
796	一般项目	新闻学与传播学	网络社会治理网络研究	崔　林	中国传媒大学
797	一般项目	新闻学与传播学	数字虚拟时代的跨媒介叙事研究	施　畅	暨南大学
798	一般项目	新闻学与传播学	社交媒介时代粉丝文化研究	张建敏	暨南大学
799	一般项目	新闻学与传播学	数字媒介环境下公共生活的话语变迁研究	徐桂权	中山大学
800	一般项目	新闻学与传播学	复合文化空间的建构：实体书店融合发展研究	吴　赟	浙江大学
801	一般项目	新闻学与传播学	媒体角色与用户需求互动研究	张勇军	华中师范大学
802	一般项目	新闻学与传播学	人工智能传播伦理与治理研究	杨旦修	云南财经大学
803	一般项目	新闻学与传播学	人机技术重塑媒介与文化研究	韩素梅	浙江工业大学
804	一般项目	新闻学与传播学	全球卫星电视产业及其政府规制体系研究	王维佳	北京大学
805	一般项目	新闻学与传播学	乡村振兴战略下“新农人”媒介实践与基层治理研究	刘　楠	中国传媒大学
806	一般项目	新闻学与传播学	马克思主义著作传播的行动者网络研究（1899—1945）	张国伟	河南大学

（续表）

序号	项目类别	学科分类	项目名称	负责人	工作单位
807	一般项目	新闻学与传播学	中国当代公益广告话语变迁研究（1986—2020）	张雯雯	河南工业大学
808	一般项目	新闻学与传播学	技术、资本与数字劳动：数字平台的传播政治经济学研究	蔡润芳	上海师范大学
809	一般项目	新闻学与传播学	媒体融合创新研究	朱江丽	南京大学
810	一般项目	新闻学与传播学	数字时代用户媒介采纳与使用研究	张　可	苏州大学
811	一般项目	新闻学与传播学	德国人眼中的中国形象研究	王异虹	北京大学
812	一般项目	新闻学与传播学	言论的力量	李　舒	中国传媒大学
813	一般项目	新闻学与传播学	媒介视域下的时尚史	徐玲英	东华大学
814	一般项目	新闻学与传播学	多元社会的媒体记忆与社会共识研究	刘海明	重庆大学
815	一般项目	新闻学与传播学	数字化战略视域下的中国特色数字出版理论建构	张新新	上海理工大学
816	一般项目	新闻学与传播学	积极老龄化视阈下的城市老年人数字媒体使用实证研究	贺建平	西南政法大学
817	一般项目	新闻学与传播学	新时代中国国际传播力建设策论	谢进川	中国传媒大学
818	重点项目	图书情报	《续四库总目》广东文献解题与传本研究	罗志欢	暨南大学
819	一般项目	图书情报	生物安全情报导论	王　秉	中南大学
820	一般项目	图书情报	基于危机生命周期的企业竞争情报机制研究	徐　芳	苏州大学
821	一般项目	图书情报	情报编写理论研究	彭知辉	中国人民公安大学
822	一般项目	图书情报	个人信用信息的利用与保护研究	郭育艳	河南财经政法大学
823	一般项目	图书情报	图书馆基本理念研究	蒋永福	黑龙江大学

（续表）

序号	项目类别	学科分类	项目名称	负责人	工作单位
824	一般项目	图书情报	我国电子图书发展史	王彦力	重庆大学
825	一般项目	图书情报	美国儿童图书馆学教育研究	李芙蓉	上海大学
826	一般项目	图书情报	民国时期阅读推广史研究	唐　艳	淮阴师范学院
827	一般项目	图书情报	科学交流中学术大数据的运动规律研究	楼　雯	华东师范大学
828	一般项目	图书情报	科学技术联动视角下区块链创新演化路径识别研究	余德建	南京审计大学
829	一般项目	图书情报	大数据视角下基于事件抽取的科技发展态势智能监测研究	刘　振	徐州工程学院
830	一般项目	图书情报	民国目录学编年与研究	熊　静	上海大学
831	一般项目	图书情报	袁同礼年谱长编	雷　强	国家图书馆
832	一般项目	图书情报	融媒时代的阅读研究	徐丽芳	武汉大学
833	一般项目	图书情报	基于引文索引的"一带一路"学术传播话语体系建构研究	赵豪迈	陕西师范大学
834	一般项目	图书情报	学术期刊评价——指标创新与方法研究	俞立平	浙江工商大学
835	一般项目	图书情报	马克思主义中国化纪检监察思想变迁及重要历史文献评析	段　勇	上海大学
836	一般项目	图书情报	在线用户评论行为时间序列关联数据知识发现	张艳丰	湘潭大学
837	一般项目	图书情报	面向移动图书信息服务平台的读者隐私保护模型与策略	吴宗大	绍兴文理学院
838	一般项目	图书情报	我国图书馆服务体系的标准化建设路径研究	宫　平	辽宁大学
839	一般项目	图书情报	国家图书馆藏宋版《分门集注杜工部诗》校注	王东峰	长江师范学院
840	一般项目	图书情报	《书林清话》注释本	王京山	中国传媒大学
841	一般项目	图书情报	王伯群年谱	汤　涛	华东师范大学

（续表）

序号	项目类别	学科分类	项目名称	负责人	工作单位
842	一般项目	体育学	《民法典》视野下运动员形象保护研究	宋雅馨	暨南大学
843	一般项目	体育学	体育工程发展动力机制	彭玉鑫	浙江大学
844	一般项目	体育学	《丸经》注译与解读	王昆仑	河北体育学院
845	一般项目	体育学	环古城墙民族传统体育带构建研究	王　崙	河南大学
846	一般项目	体育学	儿童青少年身体活动促进理论与实践	郭　强	宁波大学
847	一般项目	体育学	体育素养国际比较研究	尹志华	华东师范大学
848	一般项目	体育学	体育企业高质量发展的创新驱动机理研究	陈　刚	武汉体育学院
849	一般项目	体育学	走向善治：全国青少年校园足球改革试验区治理现代化研究	梁　伟	青岛科技大学
850	一般项目	体育学	健康中国持续推进中体医融合运行机制的理论与实践研究	马　勇	衡阳师范学院
851	一般项目	体育学	体育教育精准扶贫对农村留守儿童心理健康发展的促进研究	徐立彬	阜阳师范大学
852	一般项目	体育学	体育赛事标识研究	王　虹	成都理工大学
853	一般项目	体育学	老年人运动能力的认知影响因素：表现、作用和机制	刘　钰	贵州民族大学
854	一般项目	体育学	儿童青少年身体活动行为规制研究	王军利	中国矿业大学
855	一般项目	体育学	大型体育场馆价值实现研究	高晓波	华南理工大学
856	一般项目	体育学	体育赞助溢出效应研究	张永韬	成都体育学院
857	一般项目	体育学	我国体育传统特色学校的发展：体教融合及多维合力	曲鲁平	天津体育学院
858	一般项目	体育学	中国共产党百年体育思想与实践研究	田祖国	湖南大学
859	一般项目	体育学	我国传统体育非遗保护理论、实践与机制创新研究	朱　云	南京财经大学

（续表）

序号	项目类别	学科分类	项目名称	负责人	工作单位
860	重点项目	管理学	中国企业绿色全产业链理论研究	毛蕴诗	中山大学
861	重点项目	管理学	空间规划评估及其优化机制研究	吴一洲	浙江工业大学
862	重点项目	管理学	中国海外耕地投资与粮食安全	卢新海	华中科技大学
863	重点项目	管理学	中国农村电子商务精准扶贫研究	李鹏飞	西安邮电大学
864	一般项目	管理学	独立董事社会资本的效应研究	高凤莲	南京审计大学
865	一般项目	管理学	中国上市公司财务行为中的同群效应研究	彭　镇	广东工业大学
866	一般项目	管理学	党组织法定地位与公司治理	舒　伟	西安财经大学
867	一般项目	管理学	审计治理、高管腐败与资本配置	王　孜	上海财经大学
868	一般项目	管理学	先进制造业竞争力研究	刘　进	江南大学
869	一般项目	管理学	数字经济时代科创板上市公司信息披露机理及经济后果研究	田高良	西安交通大学
870	一般项目	管理学	银行理财产品发行动力、刚性兑付及对企业融资的影响	王占浩	山东师范大学
871	一般项目	管理学	管理会计本质与重构研究	谢志华	北京工商大学
872	一般项目	管理学	会计职业道德决策理论研究	张　禾	西安交通大学
873	一般项目	管理学	公立医院预算管理研究	江其玟	东南大学
874	一般项目	管理学	产融结合对上市公司创新行为的影响研究	李远慧	北京交通大学
875	一般项目	管理学	退役军人创业赋能乡村产业振兴的机理、路径与支持政策研究	王　治	华中师范大学
876	一般项目	管理学	改革开放40多年劳动力价格上升与农业生产转型	田　旭	中国农业大学
877	一般项目	管理学	城市韧性与应急管理：人群密集场所行为模拟与智能预测	李之红	北京建筑大学

（续表）

序号	项目类别	学科分类	项目名称	负责人	工作单位
878	一般项目	管理学	基于“四个自信”的中国管理理论	徐井岗	浙江师范大学
879	一般项目	管理学	创新引领关键核心技术突破的重要机制研究	刘海兵	武汉科技大学
880	一般项目	管理学	高质量发展视域下科技创新质效互动效应、影响机理及治理机制优化研究	孙自愿	中国矿业大学
881	一般项目	管理学	绿色发展背景下企业生态创新决策机制及路径优化研究	彭雪蓉	浙江工商大学
882	一般项目	管理学	创新理论演化研究	刘志迎	中国科学技术大学
883	一般项目	管理学	制度视角的创业行为过程、机制与策略研究	苏郁锋	广州大学
884	一般项目	管理学	中国新形态就业管理创新理论研究	张樨樨	中国海洋大学
885	一般项目	管理学	新创科技小企业创新：知识整合视角下的突破性技术创新理论与实践	罗洪云	东北石油大学
886	一般项目	管理学	精益工具与管理创新过程的适配性研究	荆树伟	山西财经大学
887	一般项目	管理学	数字化与创新绩效的关系研究	王海花	上海大学
888	一般项目	管理学	企业高质量发展的实现路径与实施效果研究	张曾莲	北京科技大学
889	一般项目	管理学	“一带一路”倡议、创新资源优化配置与企业高质量发展研究	刘　振	郑州航空工业管理学院
890	一般项目	管理学	VUCA 时代整合共享型人力资源实践内涵结构与作用机制研究	陈　耘	武汉理工大学
891	一般项目	管理学	感染视阈下领导—成员创新动机理论研究	杨晶照	江苏大学
892	一般项目	管理学	共享型员工管理的理论与实践研究	古银华	成都理工大学
893	一般项目	管理学	高新技术企业研发人员职场幸福感研究	杜恒波	山东工商学院

（续表）

序号	项目类别	学科分类	项目名称	负责人	工作单位
894	一般项目	管理学	儒家伦理与后现代组织	胡国栋	东北财经大学
895	一般项目	管理学	数字化商务背景下顾客价值共创的驱动机制研究	郭凌云	河北工业大学
896	一般项目	管理学	智慧营销背景下定向广告悖论调节机制与优化路径研究	赵 江	浙江财经大学
897	一般项目	管理学	消费者决策与幸福感研究	李倩倩	上海大学
898	一般项目	管理学	供应链多模型鲁棒切换策略	张松涛	临沂大学
899	一般项目	管理学	罪犯矫正管理博弈分析	李书金	中央司法警官学院
900	一般项目	管理学	复杂社交媒体下网络中心构建与消费决策理论与实践	鲍福光	浙江工商大学
901	一般项目	管理学	人工智能背景下集群式供应链突发事件风险预警与管控研究	薛 红	北京工商大学
902	一般项目	管理学	区域供应链融资研究	杜文意	江苏师范大学
903	一般项目	管理学	从线下到线上：多模态数据驱动的决策分析	朱 斌	北京理工大学
904	一般项目	管理学	个性化推荐用户隐私应对的认知神经机制研究	孙 锐	华侨大学
905	一般项目	管理学	社交媒体数据驱动的决策支持理论、方法与实践	单晓红	北京工业大学
906	一般项目	管理学	中国情境下第三方国际环境审计驱动企业环境行为的行成机理及演化机制研究	曲国华	山西财经大学
907	一般项目	管理学	交通强国背景下交通运输行业企业社会责任评价理论与方法	孟 斌	大连海事大学
908	一般项目	管理学	全价值链体系化精益管理理论与实践	郭洪飞	暨南大学
909	一般项目	管理学	物流服务品质提升及低碳治理机制研究	周 丽	北京物资学院
910	一般项目	管理学	政府管制与公益性导向下药品供应链定价与协调机制	李诗杨	重庆邮电大学

（续表）

序号	项目类别	学科分类	项目名称	负责人	工作单位
911	一般项目	管理学	智慧制造环境下多层次制造服务协同模式研究	任　磊	南京审计大学
912	一般项目	管理学	投资者调研对上市公司的治理效应研究	李昊洋	北京科技大学
913	一般项目	管理学	商业伦理研究	袁靖波	深圳大学
914	一般项目	管理学	智能制造核心企业创新生态优势研究	朱国军	江苏海洋大学
915	一般项目	管理学	核心企业主导供应链减排决策及协调策略研究	刘名武	重庆交通大学
916	一般项目	管理学	配额制视角下的发电市场行为决策分析模型研究	李　赟	华北电力大学
917	一般项目	管理学	环境规制、能源效率与生态安全问题研究	彭本红	南京信息工程大学
918	一般项目	管理学	消费者社交媒体情绪驱动、响应策略问题研究	张初兵	天津财经大学
919	一般项目	管理学	突发公共卫生事件中公众参与政务新媒体行为产生机制及其影响研究	张　韦	华中科技大学
920	一般项目	管理学	流域耕地生态盈亏、空间外溢与差别化生态补偿机制构建	张俊峰	中南财经政法大学
921	一般项目	管理学	城市空间结构与地方政府债务实证辨析	韩柯子	中国政法大学
922	一般项目	管理学	城市综合管廊智慧监管关键技术及应用	宫大庆	北京交通大学
923	一般项目	管理学	城市社区共建共治共享的“微共同体”路径研究	梁贤艳	扬州大学
924	一般项目	管理学	中国饭店业发展演化（1978—2020）	秦　宇	北京第二外国语学院
925	一般项目	管理学	乡村旅游社区治理现代化研究	吴志才	华南理工大学
926	一般项目	管理学	后疫情时代旅游业复苏路径与创新驱动研究	李　军	华南师范大学

（续表）

序号	项目类别	学科分类	项目名称	负责人	工作单位
927	一般项目	管理学	赋予科研人员职务科技成果所有权的经验与进路	刘　鑫	西南交通大学
928	一般项目	管理学	社会分工与农地流转市场问题研究	蔡　键	华南农业大学
929	一般项目	管理学	慈善市场的失灵与矫治	杨方方	厦门大学
930	一般项目	管理学	中国公务员工匠精神——新时代“公匠”的立心与塑形	周明星	湖南农业大学
931	一般项目	管理学	青少年偶像崇拜行为研究与协同治理问题研究	何一清	天津大学
932	一般项目	管理学	制度、制度变迁与社会稳定风险评估	雷尚清	四川大学
933	一般项目	管理学	文化遗产活化研究	贺小荣	湖南师范大学
934	一般项目	管理学	文化产业数字化赋能研究	黄　蕊	长春理工大学
935	一般项目	管理学	表演艺术产业价值创造	林立敏	上海交通大学
936	一般项目	管理学	中国养老保险制度中的退休激励问题研究	李　锐	中南财经政法大学
937	一般项目	管理学	包容性增长视角下长期护理保险制度的健康福利效应研究	赵广川	南京财经大学
938	一般项目	管理学	我国医疗保障政策试点机制研究	宋云鹏	青岛大学
939	一般项目	管理学	中国开发区演变的过程、格局与机制（1981—2021）	庄　良	华东师范大学
940	一般项目	管理学	多边平台理论视域下政府的平台型治理研究	刘家明	汕头大学
941	一般项目	管理学	中国治理经验问题研究	陈志广	南京大学
942	一般项目	管理学	高校学院学术治理制度化研究	余利川	中国矿业大学
943	一般项目	管理学	系统论视域下的行政审批局改革研究	寇晓东	西北工业大学
944	一般项目	管理学	中国房地产税改革：实证研究与实施策略	张　平	复旦大学

（续表）

序号	项目类别	学科分类	项目名称	负责人	工作单位
945	一般项目	管理学	水资源—能源—粮食纽带关系与协同发展研究	鲁仕宝	浙江财经大学
946	一般项目	管理学	养殖户动物疫情防控行为引导机制研究	邱成梅	湖南农业大学
947	一般项目	管理学	乡村振兴背景下基础设施的农业生产效应研究	吴清华	湖北科技学院
948	一般项目	管理学	新形势下中国茶产业发展对全面乡村振兴的作用及影响机制研究	许咏梅	浙江工商大学
949	一般项目	管理学	滇西南山区农户粮食安全和技术创新的路径选择	王怀豫	北京理工大学
950	一般项目	管理学	产权保护导向的乡村共享治理与反相对贫困长效机制研究	伍中信	海南大学
951	一般项目	管理学	美丽乡村旅游社区空间生产研究	程　励	四川大学
952	一般项目	管理学	农村公共产品供给质量研究	陈　弘	湖南农业大学
953	一般项目	管理学	凉山彝区防止规模性返贫监测评价、预警体系问题研究	贾　晋	西南财经大学
954	一般项目	管理学	区域间碳排放转移与合作减排对策研究	刘红光	南京农业大学
955	一般项目	管理学	黄河流域生态保护和高质量发展协同推进研究	刘建华	郑州大学
956	一般项目	管理学	国家安全和高质量发展视角下水资源承载力提升路径研究	王喜峰	中国社会科学院
957	一般项目	管理学	政策过程理论视角下绿色发展目标实现路径研究	周英男	大连理工大学
958	一般项目	管理学	面向碳中和目标的海岸带污染控制与红树林碳库管理协同策略研究	王　刚	广东工业大学
959	一般项目	管理学	区域大气污染金融调控激励机制研究	薛　俭	陕西科技大学

（续表）

序号	项目类别	学科分类	项目名称	负责人	工作单位
960	重点项目	教育学	中国气派教学论史稿（三卷）	李乾明	岭南师范学院
961	重点项目	教育学	庄子教育哲学研究	张学强	杭州师范大学
962	一般项目	教育学	新时代教育话语体系的建构研究	刘晓静	南京晓庄学院
963	一般项目	教育学	公共生活中学生的价值判断及其培育	高　洁	首都师范大学
964	一般项目	教育学	基于机体哲学的师生关系重构	陶　丽	湖北师范大学
965	一般项目	教育学	近代中国教学论研究	肖菊梅	湖州师范学院
966	一般项目	教育学	新生代乡村教师的成长问题研究	周晓燕	浙江师范大学
967	一般项目	教育学	“学生减负”话语的演变研究	王文智	上海师范大学
968	一般项目	教育学	新时代教师师德修养：案例教学研究	叶王蓓	华东师范大学
969	一般项目	教育学	教师薪酬制度及其激励效果研究	蔡永红	北京师范大学
970	一般项目	教育学	工资、工作环境与教师职业稳定性	马红梅	华中师范大学
971	一般项目	教育学	世界一流大学建设：评价标准和评价体系	冯倬琳	上海交通大学
972	一般项目	教育学	“一带一路”国家高等教育国际化	李盛兵	华南师范大学
973	一般项目	教育学	新时代职业教育改革研究	石伟平	华东师范大学
974	一般项目	教育学	高等教育个人学习环境的建构和应用	徐小舒	温州大学
975	一般项目	教育学	民国县域教育视导研究（1927—1949）	于书娟	江南大学
976	一般项目	教育学	指向学科核心素养的信息技术教学设计	于　颖	曲阜师范大学
977	一般项目	教育学	核心素养的过程性测量理论研究	袁建林	湖南大学

（续表）

序号	项目类别	学科分类	项目名称	负责人	工作单位
978	一般项目	教育学	幼儿体能活动的游戏化理论与实践研究	张　莹	浙江师范大学
979	一般项目	教育学	网络时代数字公民素养的理论与应用探索	郑云翔	华南师范大学
980	一般项目	教育学	应用型大学教师学术职业发展及其教学学术能力提升	周华丽	北京联合大学
981	一般项目	教育学	全面抗战时期的中国研究生教育研究	郑　刚	华中师范大学
982	一般项目	教育学	计算机化适应性测验测量理论与技术	简小珠	广西师范大学
983	一般项目	教育学	大学生心理危机评估与干预研究	刘润香	南昌大学
984	一般项目	教育学	化学基本观念教学概论	毕华林	山东师范大学
985	一般项目	教育学	幼小衔接阶段儿童数概念的认知评估	田丽丽	苏州科技大学
986	重点项目	艺术学	中国共产党百年音乐文化建设史料辑录与研究	徐元勇	南京师范大学
987	重点项目	艺术学	中国古代音乐批评史（远古至中古卷）	明　言	浙江师范大学
988	重点项目	艺术学	旗袍文化与时尚设计	崔荣荣	江南大学
989	一般项目	艺术学	杜尚之后的美学与艺术	金影村	浙江理工大学
990	一般项目	艺术学	欧文·潘诺夫斯基的知识环境与思想形成研究	范白丁	中国美术学院
991	一般项目	艺术学	东北二人转艺术与地域文化关系研究	李玉琴	辽宁大学
992	一般项目	艺术学	昆曲的传播与流变	王丽梅	浙江工商大学
993	一般项目	艺术学	现代中国民众戏剧理论、话语与实践研究	江　棘	中国人民大学
994	一般项目	艺术学	21世纪中国电影价值观研究	宋法刚	山东艺术学院
995	一般项目	艺术学	中国电影与文艺交叉史研究	薛　峰	武汉大学

（续表）

序号	项目类别	学科分类	项目名称	负责人	工作单位
996	一般项目	艺术学	中国电影放映史（1897—1949）	林吉安	华中师范大学
997	一般项目	艺术学	国际电影节体系的建构与演变	王笑楠	中国电影艺术研究中心
998	一般项目	艺术学	抗战前后中美电影创作与传播的交互研究（1931—1949）	王玉良	南阳理工学院
999	一般项目	艺术学	中国两性对歌研究	肖　璇	中国音乐学院
1000	一般项目	艺术学	传统古琴斫制技巧研究——斫琴技艺的文化与科技	顾永杰	周口师范学院
1001	一般项目	艺术学	中国近当代音乐教育观念研究	骆静禾	首都师范大学
1002	一般项目	艺术学	“南京乐社”文化变迁的历史人类学考察	余　鑫	杭州师范大学
1003	一般项目	艺术学	中国传统音乐乐语辞典	萧　梅	上海音乐学院
1004	一般项目	艺术学	中国音乐听觉美学的发展研究	殷　英	中南大学
1005	一般项目	艺术学	中国当代民族室内乐文本特征与创作观念研究	姜小露	山东师范大学
1006	一般项目	艺术学	新中国管弦乐创作的经典年代	张少飞	浙江传媒学院
1007	一般项目	艺术学	抗战大后方音乐研究	汤斯惟	西南大学
1008	一般项目	艺术学	中国古代水墨文化及其视觉机制研究	张建敏	河北美术学院
1009	一般项目	艺术学	龟兹石窟图像考释	满盈盈	江南大学
1010	一般项目	艺术学	中国书法当代文化反思与本体研究	言恭达	华中师范大学
1011	一般项目	艺术学	清高宗图像研究	丁　勤	江苏经贸职业技术学院
1012	一般项目	艺术学	中国儒家图像与观念史论	姚义斌	南京航空航天大学
1013	一般项目	艺术学	丝绸之路绶带鸟图像跨文化研究	杨小语	重庆大学
1014	一般项目	艺术学	“一带一路”视野下的传统雕刻艺术研究	尚　荣	南京大学

（续表）

序号	项目类别	学科分类	项目名称	负责人	工作单位
1015	一般项目	艺术学	口述史视野下的新中国美术研究	刘艳卿	西北大学
1016	一般项目	艺术学	唐代山水画的空间表现研究	王　进	山东大学
1017	一般项目	艺术学	明代江夏派研究	王圆圆	武汉工程大学
1018	一般项目	艺术学	联邦国家文化复兴和艺术公众化研究	冯　雪	中央美术学院
1019	一般项目	艺术学	克孜尔石窟佛传图像谱系研究	闫　飞	扬州大学
1020	一般项目	艺术学	唐帝陵石像生艺术研究	张　辉	西安理工大学
1021	一般项目	艺术学	汉代书法文献综合研究	杨二斌	山西师范大学
1022	一般项目	艺术学	汉画像的空间叙事研究	温德朝	江苏师范大学
1023	一般项目	艺术学	清初孙承泽生平、学术与法书碑帖鉴藏研究	李　永	四川美术学院
1024	一般项目	艺术学	元明清三代刻帖史论稿	程　渤	淮阴工学院
1025	一般项目	艺术学	设计研究学术图谱	徐　江	同济大学
1026	一般项目	艺术学	中国传统手工艺的发展与创新研究	李雪艳	南京林业大学
1027	一般项目	艺术学	丝绸之路中外纺织文化交流研究	宋　炀	北京服装学院
1028	一般项目	艺术学	中国近现代制瓷业研究	吴秀梅	景德镇陶瓷大学
1029	一般项目	艺术学	华夏多民族腰饰设计研究	昌隽如	青岛农业大学
1030	一般项目	艺术学	虚拟设计与虚拟美学	赖守亮	湖南工业大学
1031	一般项目	艺术学	专利分析和TRIZ进化理论的产品预测研究	张　欣	苏州大学
1032	一般项目	艺术学	新媒体视域下北京老字号品牌形象设计研究	陈晓环	北京工商大学
1033	一般项目	艺术学	多媒体情境下儿童数字阅读平台设计实证研究	方　浩	中国地质大学（武汉）
1034	一般项目	艺术学	新中国成立以来江南地区现代园林设计变迁研究	谷　康	南京林业大学
1035	一般项目	艺术学	苏南义庄建筑研究	朱　蓉	江南大学

（续表）

序号	项目类别	学科分类	项目名称	负责人	工作单位
1036	一般项目	艺术学	中国传统砖砌民居营造技艺	王新征	北方工业大学
1037	一般项目	艺术学	场景交互设计理论	吴祐昕	江南大学
1038	一般项目	艺术学	西方现代城市形态与设计研究	蒋正良	青岛理工大学
1039	一般项目	艺术学	图像视域下的唐长安风景园林文化模式研究	崔陇鹏	西安建筑科技大学
1040	一般项目	艺术学	中国非遗保护的当代传播实践	杨　红	中国传媒大学
1041	一般项目	艺术学	山西泽州地区村社传统与神庙演艺研究	颜　伟	山东艺术学院
1042	一般项目	艺术学	艺术经济视阈下的艺术品基金研究	李林俐	广东工业大学
1043	一般项目	艺术学	网络文艺的现状及发展研究	王青亦	中国传媒大学

八、2021 年度国家社科基金后期资助项目结项名单

序号	批准号	项目名称	负责人	责任单位
1	18FFX039	刑法中因果关系与客观归责研究	孙运梁	北京航空航天大学
2	17FZS006	处变观通：郭嵩焘与近代文明竞争思路的开端	李欣然	清华大学
3	17FXW008	传媒创新创业的理论与实践研究	曾繁旭	清华大学
4	15FZW017	京派作家论	李　蕾	北京外国语大学
5	17FGJ004	日本智库研究：经验与借鉴	胡　薇	中国社会科学院中国社会科学评价中心
6	15FKS014	全球文化影响下中国主流文化价值观的建构与传播	范玉刚	中央党校（国家行政学院）
7	18FSS009	东西方视域下第一次十字军战争研究	王向鹏	河北师范大学
8	17FZS013	唐宋时期家学传承研究	邢　铁	河北师范大学
9	14FTQ001	《儒门事亲》新校释	苏春梅	黑龙江大学
10	19FFXB058	我国证券市场虚假陈述民事责任理论与实践的新发展	樊　健	上海财经大学
11	15FZW001	中国马克思主义文艺理论的历史与当代形态研究	尹庆红	上海交通大学
12	10FZW008	重塑新文学精神之源：中国新文学建构中的晚清思想学术因素	李振声	复旦大学
13	19FJYB038	地方公共养老保障体系发展研究	裴　育	南京审计大学
14	16FZW036	刘师培文学思想及其文化语境研究	施秋香	扬州大学
15	15FZW046	明中叶南京区域文学研究——以金陵四家为中心	张映丽	南京信息工程大学
16	14FZW036	明末清初士风与戏曲生态研究	吴春彦	南京信息工程大学
17	14FJL004	制度变迁与传统农业改造——以苏南为中心的理论和经验研究（1949—2013）	施　威	南京信息工程大学
18	12FZW050	翻译文学与中国现代文学审美建构	孔令云	南京信息工程大学语言文化学院
19	18FSH006	空间迁移、文化认同与性别实践的妇女口述史：流动族群的个案研究	严　静	福建师范大学

（续表）

序号	批准号	项目名称	负责人	责任单位
20	17FFX008	论诉之牵连	梁开斌	福建工程学院
21	19FDJB003	孔繁森日记校注	赵少峰	聊城大学
22	18FZS014	顾颉刚经学思想研究	王红霞	聊城大学
23	17FZS032	明清山东海防研究（1368—1912）	赵　红	烟台大学
24	17FJY019	金融与艺术融合理论及实现路径研究	张志元	山东财经大学
25	16FZW010	任昉集笺注	李兆禄	滨州学院
26	16FKS015	清末民初中国社会主义论争文献汇编	鲁法芹	山东大学
27	14FFX040	民事诉讼处分原则研究	王次宝	山东科技大学
28	18FJL010	中国跨境资本流动的规模测算与金融风险演化研究	王桂虎	郑州航空工业管理学院
29	16FZS005	边地出土文献所见秦汉使者研究	李　斯	湘潭大学
30	15FZW061	中国新时期文学自信力	聂　茂	中南大学
31	19FXWB016	国产动画的价值观认同与传播策略研究	曹海峰	暨南大学
32	19FFXB016	我国社会救助立法的政策语境考量	詹国旗	广东金融学院
33	16FZS007	历史多元视野中的盐铁会议与《盐铁论》	杨　勇	中山大学
34	15FZS058	天津“卍”字会及其慈善事业研究（1922—1949）	侯亚伟	陕西师范大学
35	16FKS010	思想政治教育理论前沿发展研究	王学俭	兰州大学
36	14FJK003	美国公立高等教育治理结构研究	王景枝	中国传媒大学
37	16FYS012	历史文化名村——吉安钓源的个案研究	卢世主	江西师范大学
38	15FYS007	中国历代词选之乐舞论	李永明	陕西师范大学音乐学院
39	19FYYB033	汉语情态词的语义地图研究	范晓蕾	北京大学
40	19FFXB049	比例原则的精确化及其限度：正当理由、商谈与正义	刘　权	中央财经大学
41	18FZS003	天地之间：天文分野的历史学研究	邱靖嘉	中国人民大学
42	18FJY001	金融监管的经济分析	马　勇	中国人民大学
43	17FFX040	西方少年犯罪理论	吴宗宪	北京师范大学
44	16FZZ004	两岸交流对两岸关系的影响研究：接触、利益与认同	于　强	国际关系学院

（续表）

序号	批准号	项目名称	负责人	责任单位
45	16FZW006	《诗经》学在元代的经学转向研究	曹继华	北京师范大学
46	16FJL002	中国创新驱动发展路径研究	高　伟	中央财经大学
47	16FFX017	法国刑法总论	孙　平	北京师范大学
48	16FFX011	犯罪控制策略研究：以刑罚变革为背景	葛　磊	北京航空航天大学
49	13FZX015	尚秉和易学思想研究	韩慧英	中国人民大学
50	12FKG005	考古发现与外来文化	齐东方	北京大学考古文博学院
51	10FFX016	中国金融监管现代化研究——以全球化为视角的分析	田宏杰	中国人民大学
52	19FYYB025	回鹘鄂尔浑碑文词汇考释	米热古丽·黑力力	中国社会科学院民族人类学研究所
53	18FZS006	先秦史跨学科研究的理论与实践	晁天义	中国社会科学院中国社会科学杂志社
54	08FYY004	晋语语音的演变和层次	沈　明	中国社会科学院语言研究所
55	18FZX047	十七至十九世纪法国美学主潮	张　颖	中国艺术研究院
56	14FZS045	中日接受西方解剖学之比较研究	牛亚华	中国中医科学院
57	11FZS001	民族史观与中国古代民族文化认同	李　珍	教育部高等学校社会科学发展研究中心
58	17FKS010	思想政治教育基本理论的当代重构	李基礼	首都师范大学
59	15FYY017	原始纳西语及其历史地位研究	李子鹤	首都师范大学
60	17FZS060	金代汉族家庭形态研究	刘晓飞	辽宁师范大学
61	18FZZ002	网络空间治理的中国图景：变革与规制	阙天舒	华东政法大学
62	18FZW062	先秦老学史	陈成吒	上海财经大学
63	18FFX048	犯罪控制刑罚模式——20世纪后期美国刑罚严厉革命及其对中国的启示	汪明亮	复旦大学
64	16FWW007	存在与超越——黑塞的跨界研究	陈　敏	东华大学
65	16FFX010	《海商法》修改基本理论与主要制度研究	胡正良	上海海事大学

（续表）

序号	批准号	项目名称	负责人	责任单位
66	19FKSB047	《资本论》三大理论新解	孔陆泉	中共江苏省委党校
67	18FZW024	宋词殿军张炎研究	孙 虹	江南大学
68	18FZS044	泰州学派研究	周 群	南京大学
69	18FDJ007	中国共产党领导科技法制建设历史经验研究	戴显红	江苏理工学院
70	16FFX014	我国犯罪论体系的阶层化改造	梁云宝	东南大学
71	15FJL008	马克思社会再生产理论深化与拓展的数理分析	陶为群	中国人民银行南京分行
72	19FZWB068	保罗·利科诗学的“事件”概念研究	刘 欣	杭州师范大学
73	19FZWA002	清末民初《说部丛书》叙录	付建舟	浙江师范大学
74	19FZSB064	龙泉司法档案职权主义民事诉讼文书研究	吴铮强	浙江大学
75	18FZX008	精神分析的神话学：拉康欲力思想研究	胡成恩	温州医科大学
76	18FXW015	流动的都市：移动互联网的时空重组	李慧娟	浙江理工大学
77	17FDJ004	马克思主义中国化早期进程中的新民学会	杨晓伟	嘉兴学院
78	16FZW015	墓志的生成及其在唐代的衍变研究	孟国栋	浙江师范大学
79	16FZS038	抗战时期的中国史家群体研究（1937—1945）	郑善庆	宁波大学
80	14FYY026	句末语气形式在自然会话中的交际功能	张惠芳	浙江大学
81	19FFXB040	商业秘密立法反思与制度建构	崔汪卫	安庆师范大学
82	19FYYB009	江西湖口方言词典	陈 凌	江西师范大学
83	17FZX037	现象学意向性归属变换与逆射之路——从胡塞尔经海德格尔至列维纳斯	杨晓斌	中国海洋大学
84	15FFX013	中国行政决策责任追究问题研究	王仲文	聊城大学
85	19FZWB007	当代长篇小说广播传播研究	刘成勇	周口师范学院
86	19FZSB036	宋代宰相制度研究	田志光	河南大学
87	16FZS013	宋朝物质赏赐研究	王 艳	洛阳师范学院
88	15FTY001	河洛古都体育文化研究	周明华	洛阳师范学院
89	16FXW004	两种范式的对话：西方媒介效果研究的历程与转向	张 卓	武汉大学

（续表）

序号	批准号	项目名称	负责人	责任单位
90	15FZZ002	论政府	陈绪刚	华中科技大学
91	15FFX050	当代残障权利研究：以《残疾人权利公约》为视角	张万洪	武汉大学
92	19FKSB003	儒家成人论	吴新颖	湖南师范大学
93	18FZW017	隋唐五代辞赋研究	刘伟生	湖南工业大学
94	18FDJ011	罗亦农思想研究	黄　琴	湖南工程学院
95	15FFX032	不作为犯中的先前行为	姚　诗	湖南大学
96	18FYY030	守定训诂读《论语》	孙雍长	广州大学
97	18FWW015	比较文学个体性向度研究	林玮生	广东外语外贸大学
98	18FFX028	社区矫正生态系统多方参与主体研究	杨　帆	广东外语外贸大学
99	15FYY019	汉译组构优化研究	黄忠廉	广东外语外贸大学
100	18FKS013	文化哲学视域下大学道德教育理念的演进逻辑	郑忠梅	西南政法大学
101	19FKSB043	新时代的理论意蕴研究	杜黎明	四川大学
102	18FWW010	五四时期儿童文学译作研究（1917—1927）	王　琳	西南医科大学
103	18FZX002	马克思人类学哲学：开辟人类学时代的新哲学	苗启明	云南省社会科学院
104	16FZS055	袁世凯年谱长编	张华腾	陕西师范大学
105	16FZS021	中古京兆韦氏的变迁	马建红	渭南师范学院
106	15FZS039	宋代《春秋》学与史学关系研究	邓　锐	陕西师范大学
107	17FWW006	中外文学中的“罪”研究	袁洪庚	兰州大学
108	16FJK007	非洲职业教育发展与援助研究	陈明昆	浙江师范大学
109	16FJK006	应用型硕士研究生培养研究	廖湘阳	湘潭大学
110	15FJK005	国家竞争力引领的美国联邦教育政策50年变迁研究	孙龙存	江苏师范大学
111	18FYS013	丰子恺音乐实践与理论贡献研究	刘建东	嘉兴学院
112	18FYS012	改革开放40多年当代都市题材电视剧研究	李　磊	山东艺术学院
113	18FYS010	“重写电影史”视野下的张石川研究	艾　青	上海交通大学

（续表）

序号	批准号	项目名称	负责人	责任单位
114	17FYS001	20世纪中国美术思潮演进	范建华	南京邮电大学
115	19FZZB005	理性主义的政治学：流变、困境与超越	唐士其	北京大学
116	17FZX043	多元文化背景下的价值冲突与价值认同	陶蕾韬	北京交通大学
117	17FZX009	文人之物的意义世界	李　溪	北京大学
118	15FSH001	转型时期的城市空间：打造什刹海	王天夫	清华大学
119	17FDJ005	中国参政党概论	郑　宪	中央社会主义学院
120	17FKS016	思想政治教育价值取向转型的理论研究	王　颖	首都师范大学
121	19FYYB036	俄罗斯对外俄语教学发展史	罗晓霞	天津师范大学
122	18FZW080	清遗民诗词研究——以溥仪周围文人为中心	孙爱霞	天津社会科学院
123	18FZS057	象牙塔与摩登天津：一组近代中国大学与城市关系的考察	何　睦	天津师范大学
124	18FGJ002	美国能源政策的政治经济分析及中国的应对策略	孔祥永	天津师范大学
125	18FZS046	整合互动：供销合作社与乡村社会变迁研究（1949—1992）	吴建征	北华航天工业学院
126	12FYS003	冰雪文化产业的崛起与发展	朱雪艳	黑龙江省艺术研究所
127	16FZS031	近代史学转型视野下的民国时期清史学（1912—1949）	庾向芳	上海对外经贸大学
128	12FGJ004	说服与国际规范传播	黄　超	上海社会科学院世界经济研究所
129	16FYY001	敦煌医卷整理及词汇研究	范崇峰	南京中医药大学
130	14FZW056	20世纪台湾与大陆文学比较研究	方　忠	江苏师范大学
131	14FZS043	南京大屠杀史	张宪文	南京大学
132	13FYY010	汉语基本语言单位的神经机制与汉语词库研究	张珊珊	江苏师范大学
133	18FKG009	浙江学人与中国近代考古学	项隆元	浙江大学
134	17FFX004	村民自治多数决衡平机制研究	丁国民	福州大学
135	16FFX037	宗族社会纠纷解决机制研究——以明清时期为中心	张国安	华侨大学

（续表）

序号	批准号	项目名称	负责人	责任单位
136	19FGLB068	地方政府信任差异化实证研究	刘华兴	山东大学
137	16FYY008	现代汉语隐语研究	邵燕梅	山东师范大学
138	17FYY018	基于认知语义的属性名词句法问题研究	许艳平	湖北工程学院
139	17FZX032	金在权因果排斥论证研究	李　奕	深圳大学
140	16FFX006	患者权利的法政策学研究	肖柳珍	南方医科大学
141	19FZWB046	杜诗新论	魏耕原	西安培华学院
142	16FZW011	《班马异同评》整理与研究	王晓鹃	陕西师范大学
143	14FMZ005	苏联犹太人研究	宋永成	陕西师范大学
144	18FYS008	清宫武戏研究	徐建国	山西大同大学
145	16FYS007	唐宋书法史论考	陈志平	暨南大学
146	16FYS005	从曲式原则到结构逻辑——音乐结构进程中的有机关联	姚恒璐	曲阜师范大学
147	18FFX001	在身份与契约之间：法律文明进程中的欧洲中世纪行会	康　宁	中国人民公安大学
148	17FZZ012	现代社会的自然与政治——卢梭政治思想的内在运动	张国旺	中国青年政治学院
149	16FDJ004	中国共产党协商民主思想发展史	丁　云	北京工业大学
150	13FZS032	中国国民党“左派”研究（1924—1935）	李志毓	中国社会科学院近代史研究所
151	12FZX002	原始儒家人性论	赵法生	中国社会科学院世界宗教研究所
152	18FKG008	汉代壁画的艺术考古研究	练春海	中国艺术研究院
153	15FZS005	宋代地方的官民信息沟通与治理秩序	高柯立	国家图书馆
154	12FZS025	文献家通考	郑伟章	中华书局
155	19FJYB049	政府补贴与中国制造业企业竞争力研究	许家云	南开大学
156	18FZW068	诗体学视野下的杜诗研究	韩成武	河北大学
157	16FZS024	乾隆朝满汉臣工磨合研究	衣长春	河北大学
158	16FGL014	电子商务环境下的消费者认知与行为研究	李　杰	河北工业大学
159	16FGL003	区际生态补偿机制研究	郭　平	石家庄铁道大学

（续表）

序号	批准号	项目名称	负责人	责任单位
160	17FZS063	孔子遗说文献集成与思想研究	秦　飞	东北大学
161	17FZS061	辽宁出土辽代墓志整理与研究	李玉君	辽宁师范大学
162	19FKSB008	马克思恩格斯与俄国问题研究	张　静	上海交通大学
163	18FZS030	汉唐《论语》学史	丁红旗	华东师范大学
164	18FYY004	八十韵本《洪武正韵》集成与研究	丁治民	上海大学
165	18FFX050	秩序理念下的经济法	刘水林	上海财经大学
166	16FFX032	中国海外投资企业法律风险识别研究	祝宁波	华东理工大学
167	19FZWB010	王世贞诗文资料补辑与新论	贾　飞	南通大学
168	19FTQB005	数字图书馆用户体验研究	徐　芳	苏州大学
169	18FZX053	舆论伦理研究	徐椿梁	南京邮电大学
170	18FTQ005	面向国家安全的情报研究	石　进	南京大学
171	18FGL020	网络环境下企业开放创新决策机制研究	张　卓	南京航空航天大学
172	14FZX024	科学论中“实践转向”的哲学意义	邢冬梅	苏州大学
173	19FZWB022	中国古代海洋文学史	倪浓水	浙江海洋大学
174	19FJLB034	基于马克思二重性思想的货币理论批判与重建	李秀辉	浙江海洋大学
175	18FKG004	岭南地区出土汉代铜器的考古学探索	吴小平	浙江大学
176	17FZS054	中国近代早期钢铁工业发展研究（1840—1927）	李海涛	安徽工程大学
177	19FGLB008	高速铁路对经济影响评估与服务水平提升路径问题研究	许旺土	厦门大学
178	17FGL001	企业主流与新流创新协同演进的理论与实证研究	朱　斌	福州大学
179	18FZS001	庄存与《尚书既见》《尚书说》《毛诗说》校注	辛智慧	山东大学
180	18FSS006	跨文化视野下的狄奥尼索斯崇拜研究	魏凤莲	鲁东大学
181	17FZX025	宋明理学与中医理论嬗变	姚春鹏	曲阜师范大学
182	17FZX003	当代中国孟学研究	王其俊	山东社会科学院
183	16FXW001	中国文化传播与国家软实力	杨永军	山东师范大学
184	19FZXB014	协商民主制度化研究	张保伟	河南师范大学

（续表）

序号	批准号	项目名称	负责人	责任单位
185	19FZWB014	近代中国报章之兴与文体之变	胡全章	河南大学
186	19FZSB048	宋代民众文化水平研究	程民生	河南大学
187	17FFX006	税法建制原则的立体化构造	叶金育	武汉大学
188	16FKG003	长江中游西周时期考古学文化研究	傅　玥	华中师范大学
189	16FZS026	清末暂行内阁研究	熊元彬	湘潭大学
190	13FYY016	东汉三国佛教文献副词研究	唐贤清	湖南师范大学
191	17FZW024	20世纪80年代以来中国现当代小说在美国的译介与传播研究	崔艳秋	电子科技大学中山学院
192	16FZS006	徙封：西周封国政治地理的结构过程	于　薇	中山大学
193	19FZSB005	全面抗战时期国民党军队的组织形态研究	陈　默	四川大学
194	17FZS005	尊经书院与近代蜀学研究	李晓宇	四川大学
195	18FZX066	动态信息的信念修正逻辑研究	董英东	贵州工程应用技术学院
196	19FJLB011	新时代中国高质量发展道路研究	任保平	西北大学
197	13FZS014	清至民国时期天山北麓土地开发与环境变迁研究	张　莉	陕西师范大学
198	19FJKB015	应用技术类院校参与式课堂教学组织研究	岳修峰	许昌学院
199	17FJK003	国家塑造与社会变革：1895—1949年社会教育研究	周慧梅	北京师范大学
200	15FJK008	当代中国青少年国学教育研究	胡虹丽	江西师范大学
201	19FYSB001	古希腊至18世纪的艺术体系演进史	孙晓霞	中国艺术研究院
202	17FYS027	宋元书画史研究指南	邱才桢	清华大学
203	18FMZ001	新时代民族理论与政策研究	李　贽	北京政法职业学院
204	15FFX042	股权众筹监管基础理论研究	武长海	中国政法大学
205	15FZS019	西南联大与现代中国	闻黎明	中国社会科学院近代史研究所
206	16FZW013	北朝文学的本土性及其对南朝文学的接纳	金　溪	中国音乐学院
207	18FSH014	交流社会认知	张恒超	天津商业大学

（续表）

序号	批准号	项目名称	负责人	责任单位
208	16FZS045	近代华北乡村的民间信仰及其空间体系研究	段文艳	大连大学
209	19FZXB060	先秦思想史：从神本到人本	祁志祥	上海政法学院
210	19FZWY004	“本根”之问：鲁迅的自然观与伦理学（1898—1927）	孙尧天	华东师范大学
211	18FTQ003	清代古籍刻工研究	郑　幸	上海大学
212	17FYY027	上古牙喉音特殊谐声关系研究	郑　妞	上海大学
213	17FZW016	后殖民理论的二元结构研究	张春晓	苏州大学
214	17FZW006	《朝野佥载》整理与研究	赵庶洋	南京大学
215	17FZS044	变动社会中的投入与疏离：中国公学的历史（1906—1936）	严海建	南京师范大学
216	19FTQB012	国际视野下的 PATENT TROLL 研究	宋艳辉	杭州电子科技大学
217	18FJY012	“丝绸之路经济带”贸易网络及增长潜力研究	王　瑞	宁波大红鹰学院
218	18FJY004	中国工业企业成长动态及其影响因素：事实与诠释	李洪亚	宁波大学
219	16FJL021	侵权判决规避问题的法经济分析	李井奎	浙江财经大学
220	19FTYB006	新时代我国老年公共体育服务供给侧改革研究	刘　玉	阜阳师范大学
221	18FJY030	利率市场化改革下的货币政策规则研究	胡小文	安徽师范大学
222	18FWW007	英国短篇小说的空间研究	张桂珍	福建师范大学
223	19FZSB065	柯劭忞年谱长编	崔建利	聊城大学
224	19FZSB063	清代地方档案中的政治、法律与社会	吴佩林	曲阜师范大学
225	15FZS016	民国初年《〈支那分割之运命〉驳议》研究与疏注	李继华	滨州学院
226	16FWW003	日本民族的反思者大江健三郎文学研究	李方阳	安阳师范学院
227	17FZW027	鲁迅的黑暗体验与书写研究	王海燕	湖北文理学院
228	16FZS003	秦郡新探——以出土文献为主要切入点	凡国栋	湖北省文物考古研究所
229	19FZXY007	现象概念与能力假说	何冬玲	长沙理工大学
230	17FZX048	中国司法伦理基础论纲	陈文曲	中南大学

（续表）

序号	批准号	项目名称	负责人	责任单位
231	16FZX032	意向性视野中的意义理论	黄　敏	中山大学
232	16FZX005	寻绎正当性——诸子学中“类”的思想新研究	李　巍	中山大学
233	18FKS023	集体主义理论与实践研究	钟志凌	西南大学
234	19FYYY002	俄汉双向换译系统研究	倪璐璐	西安外国语大学
235	18FJY027	资产市场组合、风险的根源与防范	李学清	陕西师范大学
236	16FSS001	中世纪西欧的医生	高建红	陕西师范大学
237	16FGL008	产品质量危机管理研究	刘书庆	西安理工大学
238	18FJK001	博弈中的生存：晚清民国大学董事会制度变迁研究	任小燕	南京师范大学
239	19FYSY006	基于“语境—文本”理论视野的长江中游传统聚落及乡村公共建筑研究	陈　茹	中国地质大学（武汉）
240	19FYSY002	新时期以来福建戏曲创作研究	吴韩娴	上海戏剧学院
241	19FYSY001	昆剧表演演变研究	刘　轩	浙江传媒学院
242	19FYSB038	先秦时期楚国设计艺术的多元融合研究	张宗登	湖南工业大学
243	15FYS006	早期山水图像和山水观念	姚义斌	南京航空航天大学艺术学院
244	14FYS005	民国初期北京地区中国画研究	赵盼超	中央民族大学
245	19FGLB049	国家审计的央企治理效应与治理路径研究	张曾莲	北京科技大学
246	18FKG003	晚商时期的黄土丘陵：贸易网络和社会变迁	曹大志	北京大学
247	17FFX031	中国慈善信托法基本原理	赵廉慧	中国政法大学
248	18FYY003	藏文古文献《拔协》文本标注与语法研究	龙从军	中国社会科学院民族学与人类学研究所
249	17FGL011	国家环境保护治理体系和治理能力现代化探索	任景明	环境保护部环境工程评估中心
250	17FJS007	太空作战概论	姜连举	军事科学院
251	19FJYB041	流通服务业高质量发展的路径选择与政策体系构建	李　丽	北京工商大学

（续表）

序号	批准号	项目名称	负责人	责任单位
252	18FKS014	马克思主义女性学的基本理论及其现实问题研究	胡晓红	东北师范大学
253	18FFX019	中国刑法帮助犯理论体系研究	黄丽勤	同济大学
254	16FZW025	汤显祖《牡丹亭》的前世今生——17—19世纪明清文人传奇文学戏剧批评	张雪莉	复旦大学
255	19FJYB048	互联网金融风险的动力学演化与审计治理研究	曹源芳	南京审计大学
256	18FDJ010	陈原道研究	程单剑	淮阴工学院
257	16FYY010	基于语素库的汉语支配式双音词构词规律研究	陈　树	扬州大学
258	19FKSB016	中国共产党党内法规制度建设史及其经验研究	蒯正明	温州大学
259	19FJYB016	技术创新、成本效应与能源经济绿色转型研究	余　杨	宁波大学
260	19FZXB005	传承与超越：马克思美学艺术思想研究	尹德辉	临沂大学
261	16FZJ005	传教士与近代中国风俗嬗变	王海鹏	鲁东大学
262	19FSHB013	元身份的政治寓意与中国共同体建设的历史逻辑	袁年兴	武汉科技大学
263	16FZZ002	公民监督权行使研究	何士青	华中科技大学
264	18FFX063	社会组织参与社会治理法律问题研究	陈咏梅	广东金融学院
265	16FZS012	宋代县级行政与地方社会研究	吴业国	华南理工大学
266	17FSH005	重大工程项目社会稳定风险评估机制研究	向鹏成	重庆大学
267	18FYS023	中国古代碑刻纹样研究	徐志华	景德镇陶瓷大学
268	17FYS019	黑龙江地域流变史——中国北方戏曲的塞外播迁	张福海	上海戏剧学院
269	17FYS008	丝路交流与戏曲形态的生成、蜕变	陈文革	河南大学
270	16FYS016	当代展演类西江苗族服饰设计的意义、想象与建构	周　莹	中央民族大学
271	20FYB033	中国古典小说在日本江户时期的流播	周健强	北京外国语大学
272	20FYB032	明代洪、永年间出版与文学关系研究	高虹飞	北京大学

（续表）

序号	批准号	项目名称	负责人	责任单位
273	20FYB022	生态损害法律责任规则实施路径的选择	程　玉	北京师范大学
274	20FYB019	准征收研究	王　玎	北京电子科技学院
275	20FYB013	3D打印产业全球创新网络特征、影响因素及绩效研究	白　旭	清华大学
276	19FGLB014	知识视域下众创空间生态系统特征及其作用机理研究	金　鑫	中央财经大学
277	19FZSB009	赫德与晚清外交	张志勇	中国社会科学院近代史研究所
278	19FJYB015	构建合作型劳资关系问题研究——英国经验与中国发展	周晓光	中国社会科学院人口与劳动经济研究所
279	16FJS004	中国军事司法论纲	曹　莹	中国人民解放军西安政治学院
280	16FJS001	军队政治工作导向机制研究	但洪敏	中国人民解放军军事科学院
281	20FYB014	非金融企业影子银行化的经济效应	韩　珣	北京第二外国语学院
282	20FYB057	媒体新闻建构对公共冲突及其治理的影响研究	郝雅立	天津商业大学
283	20FYB001	保尔·拉法格的马克思主义观研究	张留财	南开大学
284	20FYB005	存在图逻辑研究	程　橙	河北大学
285	18FKG002	下靳史前墓地	郭智勇	山西博物院
286	16FZW059	中国古典诗歌在俄罗斯的传播研究	张淑娟	内蒙古大学
287	20FYB017	基本养老保险制度的参保激励研究	余海跃	东北财经大学
288	20FYB011	政府在创新驱动发展中的职能与行为研究	杨思莹	吉林大学
289	20FYB008	美国经济金融化研究	裴祥宇	吉林大学
290	19FKSB001	新时代中国特色社会主义文化自信的总体性研究	胡海波	东北师范大学
291	20FYB046	学龄前儿童语用发展的取效行为研究	程璐璐	佳木斯大学
292	20FZWB075	陶渊明的历史世界、精神天地与艺术风貌研究	刘　奕	上海大学

（续表）

序号	批准号	项目名称	负责人	责任单位
293	20FYB037	中国京剧选本研究	李东东	上海师范大学
294	20FYB036	中国现当代文学在德语世界：1972年以后的跨文化文学交流	顾文艳	华东师范大学
295	20FYB034	追谥杜甫与元明时代政治文化研究	翟　墨	上海理工大学
296	20FYB021	体系解释方法运用研究	杨铜铜	华东政法大学
297	18FZX028	存在和善——反思摩尔哲学	何松旭	华东师范大学
298	18FZX005	古典实用主义推理论研究	张留华	华东师范大学
299	18FZS008	隋代三省制研究	刘　啸	华东师范大学
300	17FKS012	中华优秀传统文化中的德育资源及其当代价值研究	石书臣	上海师范大学
301	16FZS049	阮刻《毛诗注疏》研究	李慧玲	华东师范大学
302	16FGJ003	跨国政治协作空间及其建构——以欧亚地区国家间合作为例	万青松	华东师范大学
303	20FYB053	可持续生计视角下农地流转市场发育对农户生计策略和福利影响研究	张　建	中国矿业大学
304	20FYB043	《朱子家礼》“诸具”疏证	赵曜曜	淮阴师范学院
305	20FYB015	碳期货与关联资产间的相依性变化机理及碳价预测研究	谭雪萍	中国矿业大学
306	19FJLB003	偏向性技术进步及其经济效应问题研究	杨　飞	南京审计大学
307	17FZW042	中国现代文论效用性研究	盖　生	淮阴师范学院
308	17FYY006	苏鲁毗连地区方言语音研究	许井岗	徐州工程学院
309	17FFX016	保险受益人论	尹中安	扬州大学
310	16FZX010	程大昌学术思想研究	陶新宏	南京邮电大学
311	16FZW045	新世纪乡土小说与中国农村变革	李兴阳	南京大学
312	15FJL014	新型农村合作医疗筹资机制研究	史新和	金陵科技学院
313	20FYB009	“共轭环流”式国际分工格局——中国角色的演变和升级	商　辉	浙江工商大学
314	19FWWB013	左翼文学思潮与东亚儿童文学	窦全霞	浙江师范大学
315	18FGL012	海洋生态补偿问题研究	黄秀蓉	宁波大学

（续表）

序号	批准号	项目名称	负责人	责任单位
316	20FYB004	费希特自由体系及其对马克思实践哲学的影响	毛林林	山东大学
317	20FYB042	汉语方言疑问范畴比较研究	李　塈	华北水利水电大学
318	20FYB010	要素错配、收入分配差距与产出增长的研究	杨志才	郑州大学
319	18FFX023	清末变法修律与中国刑法近代化研究	冯玉东	周口师范学院
320	20FYB026	正犯实质化研究	罗世龙	华中师范大学
321	18FZZ007	中国村民自治的起源与发展：基于典型村庄的政治社会学考察	任　路	华中师范大学
322	16FZW027	明末清初西泠词人群体研究	胡小林	湖北文理学院
323	20FYB027	刑法前置化及其制约	熊亚文	湖南大学
324	18FZX042	康德先天综合判断的第三者问题研究	彭志君	衡阳师范学院
325	15FGL001	组织生态学理论研究	彭璧玉	华南师范大学
326	20FYB024	WTO 体制中诸边协定问题研究	钟英通	西南政法大学
327	20FYB016	投资者关注对股票定价的影响研究	向　诚	重庆大学
328	18FMZ011	西方纳西学史	李晓亮	西南大学
329	20FYB048	英美学界中国社交媒体研究	曹漪那	四川大学
330	20FYB039	论活动诗歌：20 世纪中期纽约派诗歌研究	蒋　岩	西南交通大学
331	20FYB031	中古中国《法华》譬喻诠释研究：从经典注疏到地方实践	林　健	四川警察学院
332	20FYB007	全面抗战时期的后方工业发展及其长期效应研究	王　鑫	西南财经大学
333	18FZX033	海德格尔形式显示的实存哲学	马小虎	西安电子科技大学
334	16FZS025	环境、制度、行为：清代晋北地区土地利用及驱动机制研究	张青瑶	陕西师范大学
335	20FYB064	手机依恋的概念、结构、测量及其适应价值研究	连帅磊	长江大学
336	20FYB063	应用型高校教师专业实践能力提升的制度研究	侯佛钢	河北大学
337	20FYB062	幼儿童书阅读反应的田野研究	苏　敏	山东师范大学

（续表）

序号	批准号	项目名称	负责人	责任单位
338	20FYB059	早期德意志教育学形态研究（1780—1810）	牛国兴	顺德职业技术学院
339	20FYB058	中小学教科书优秀传统文化道德形象的价值传承研究	全晓洁	重庆师范大学
340	20FYB067	文化产业发生论	宗祖盼	深圳大学
341	20FYB065	墨戏研究	谷疏博	中国传媒大学
342	20FYB056	生育对女性劳动力市场表现的影响研究	张　琳	中国劳动关系学院
343	20FYB051	创新、社会责任与中国产品海外形象关系研究	张思雪	北京化工大学
344	19FJYB007	中国收益率曲线分析	王　浩	清华大学
345	18FWW002	美国女性文学史	金　莉	北京外国语大学
346	17FZW047	宋代骈文文体研究	周剑之	北京师范大学
347	17FGJ007	印度纳萨尔运动研究	王晴锋	中央民族大学
348	16FZX038	陌生的近邻——东方管理哲学初探	李　萍	中国人民大学
349	19FFXB034	比较社会保障法	刘翠霄	中国社会科学院法学研究所
350	17FZS057	明代中国白银货币化研究	万　明	中国社会科学院历史研究所
351	17FJY011	妇女儿童保险保障的理论分析与实证研究	郭金龙	中国社会科学院金融研究所
352	16FZX003	早期儒家的“为己之学”	匡　钊	中国社会科学院中国社会科学杂志社
353	17FZS066	《孙子》新研究：以银雀山竹简为中心	熊剑平	解放军国际关系学院
354	14FYY015	面向语言工程的现代汉语词类体系与词性标注研究	邢富坤	解放军外国语学院
355	20FYB038	“倭寇”与日本的“倭寇文学”研究	郭尔雅	天津外国语大学
356	19FJYB036	中国流转税改革的经济效应评估及优化研究	孙　正	天津财经大学
357	20FGLB023	中国合同节水管理理论与实践	哈明虎	河北工程大学

（续表）

序号	批准号	项目名称	负责人	责任单位
358	19FYYB030	汉语语言成分认识情态意义的互动建构过程研究	冯军伟	河北大学
359	18FZX023	拉克劳和墨菲的政治哲学研究	冯燕芳	河北大学
360	17FZX039	苏联的技术哲学与工业化：历史·经验·启示	万长松	江南大学
361	19FZXB037	维特根斯坦教育哲学思想研究	樊岳红	山西大学
362	19FMZB002	内蒙古牧区社会变革若干重大史实研究	仁　钦	内蒙古大学
363	17FZS030	邵力子年谱	李贵忠	内蒙古师范大学
364	18FYY013	非洲三国语言教育政策研究	李　丹	大连民族大学
365	18FZX049	马克思宗教批判的政治哲学研究	张添翼	东北电力大学
366	18FKS027	西方马克思主义的异化理论研究	李庆霞	哈尔滨师范大学
367	20FYB052	中国特高压技术采纳与区域发电结构优化研究	张亚茹	上海应用技术大学
368	17FZZ008	作为幻术的权力：1949年前国民党治下的国家与工人阶级	李锦峰	上海社会科学院
369	20FYB041	他者·他性·他我：当代新英语小说中的动物研究	段　燕	南京财经大学
370	20FYB002	泛道德化批判研究	冯　茜	南京师范大学
371	20FFXA002	近代中国司法图景史料集萃	张仁善	南京大学
372	20FDJB004	新中国成立初期中国共产党意识形态话语权建构研究（1949—1956）	徐建飞	扬州大学
373	19FZWB082	《管子》“神话历史”研究	公维军	江苏大学
374	19FJYB052	中国农产品流通组织演进机制研究	徐振宇	南京审计大学
375	19FJYB027	风险投资市场匹配结构理论	付　辉	江南大学
376	19FJLB026	全球视角下FTA行业层面福利效应的理论与实证研究	向洪金	南京审计大学
377	16FZX036	和谐社会心态及其培育路径的精神哲学研究	张廷干	盐城师范学院
378	20FYYB032	中国日语学习者动机和行为研究	王　俊	浙江师范大学
379	20FYB045	现代汉语“有/没（有）”组构的不对称及共现研究	陈　伟	浙江工商大学

（续表）

序号	批准号	项目名称	负责人	责任单位
380	20FYB044	战国秦汉简帛古书训释研究	王挺斌	浙江师范大学
381	20FSHB023	高校社会创业教育论纲	黄兆信	温州医科大学
382	19FZXA003	希腊原创文化研究	陈村富	浙江大学
383	18FZX010	“知”与“道”：语言、逻辑与哲理探析	杨晓波	浙江越秀外国语学院
384	11FZX013	融合和发展——阳明心学之研究	何　静	宁波大学
385	20FJYB015	多层面构建制造业高质量发展路径研究	江小国	安徽工业大学
386	19FJLB004	河长制视域下环境分权的减排效应研究	李　强	安徽财经大学
387	18FJS009	王阳明濒危军事著作校注	苏成爱	安徽财经大学
388	16FZW048	话语权与中国当代文学	张慧敏	景德镇学院
389	20FJYB012	环境规制作用下我国工业企业的产能过剩治理研究	杜威剑	山东工商学院
390	20FJYB001	黄河流域生态保护与高质量发展研究	赵爱武	山东财经大学
391	19FTYB008	竞赛压力与注意控制的理论演进与发展	孙国晓	山东大学
392	19FGJB019	国际非政府组织与全球气候治理问题研究	李昕蕾	山东大学
393	19FTJA001	超越 GDP：对经济表现和社会进步衡量标准的探索	李冻菊	河南财经政法大学
394	19FFXB029	司法权力的丰富性研究	张洪新	周口师范学院
395	18FJY013	绿色金融有效供给研究	奚　宾	河南工业大学
396	18FGL023	基于投资者情绪和市场基础信息的动态行为资产定价研究	李进芳	洛阳师范学院
397	17FZW062	汉魏六朝实用文体互渗研究	赵俊玲	郑州大学
398	20FYB023	受欺骗承诺的刑法效果问题研究	杜治晗	华中科技大学
399	20FYB012	分层因子交互效应面板模型及其对民营制造企业外部约束的应用分析	黎娇龙	中南财经政法大学
400	19FXWB017	宋代榜文与社会控制研究	徐燕斌	武汉理工大学
401	14FGJ006	英美日海洋战略的历史演进及其现代海洋观研究	胡德坤	武汉大学
402	20FTQB010	安全情报学导论	王　秉	中南大学

（续表）

序号	批准号	项目名称	负责人	责任单位
403	19FZWB070	宋代笔记的文体自觉与新变研究	刘师健	湖南省社会科学院
404	19FTYA001	新中国70年民族传统体育发展研究	田祖国	湖南大学
405	19FJYB033	电商减贫机理及效应研究	唐红涛	湖南工商大学
406	18FSS021	从怀疑走向共识——英语世界的历史知识客观性问题研究	顾晓伟	中山大学
407	17FZX004	王阳明传习录校笺	黎业明	深圳大学
408	18FSS013	苏联农业集体化运动研究	吕　卉	海南大学
409	19FZXB022	疾病伦理认知与实践	陈　默	广西师范大学
410	19FZXB070	王船山公正思想研究	李长泰	重庆师范大学
411	19FZXB083	批判与重建：辩证位移运动观研究	文兴吾	四川省社会科学院
412	19FJYB012	中国家庭金融研究（2018）	甘　犁	西南财经大学
413	18FZW052	史学视野下的红学研究	郭士礼	成都理工大学
414	19FJYB008	从企业价值创造能力看经济质量提升问题研究	袁晓玲	西安交通大学
415	18FJL008	中国历史上的人口增长与经济的长期演进	豆建春	陕西师范大学
416	14FMZ002	近代南疆维吾尔族社会生活研究	成珊娜	陕西师范大学
417	20FYB060	美国精英高校录取决策机制研究	万　圆	华东政法大学
418	20FYSA001	中国科幻电影的多维定位	黄鸣奋	厦门大学
419	18FYS002	延安民间文艺学	徐明君	江苏大学
420	20FYB040	德里罗四部小说中的体育叙事研究	安　帅	中国科学院大学
421	19FSHA001	经典马克思主义社会学理论史	刘少杰	中国人民大学
422	19FJLB029	资本的生产过程的数学分析	沈民鸣	中国人民大学
423	17FJS004	心战论：心理制胜视域下现代作战范式的整合与创新	逯记选	国防大学政治学院
424	19FJYB009	异质性视角下的杠杆率结构优化与风险防范研究	李　程	天津工业大学
425	19FGLB018	我国城市历史街区的旅游体验价值适度开发研究	郑锐洪	天津工业大学
426	19FTQB010	河北省社会科学院藏高阳碑刻拓片整理与研究	刘美然	河北省社会科学院

（续表）

序号	批准号	项目名称	负责人	责任单位
427	17FZW012	明清灾害叙事、御灾策略及民间信仰研究	刘卫英	大连外国语大学
428	18FZX067	《资本论》哲学与现时代的精神境况	刘雄伟	吉林大学
429	18FSS018	两次世界大战之间的德国军备问题研究	苑 爽	哈尔滨师范大学
430	20FYB050	内阁大库藏书研究	林振岳	上海交通大学
431	20FYB035	清代诗社研究	胡媚媚	上海外国语大学
432	20FYB006	朱子“涵养”工夫研究	陈双珠	同济大学
433	19FGLB046	剩余收益模型的理论与运用研究	王立夏	上海大学
434	17FKS028	消费主义视域中人的精神困境及出路	王亚南	上海立信会计金融学院
435	19FYYB015	辽代墓志汇辑校注	周阿根	南京林业大学
436	15FZW053	现代文学转型语境中的旧派文人创作——以徐枕亚为主要考察对象	潘 盛	南京信息工程大学
437	14FYY023	认知—功能视角下完结表达的共时变异与历时演变研究	张秀松	江苏师范大学
438	19FJLB008	“互联网 +”的社会化协同效应与经济高质量发展	郑小碧	浙江师范大学
439	19FGLB042	我国地方政府债务问题研究	刘 昊	温州商学院
440	17FWW003	格雷厄姆·格林的国际政治小说研究	房 岑	浙江传媒学院
441	15FGJ004	冷战后跨国社会运动的行动逻辑与规制策略	徐步华	安徽师范大学
442	16FKS013	霍耐特“承认理论”探究	赵 琰	华侨大学
443	19FZXB087	历史唯物主义视域下的中国道路研究	颜景高	山东社会科学院
444	17FZW040	北宋士人稼圃认同与稼圃诗研究	贺同赏	德州学院
445	19FZXB061	西汉经学灾异思潮研究	冯 鹏	河南大学
446	19FZWB049	交流叙述学	王委艳	信阳师范学院
447	19FGLB040	中国上市实体企业脱实向虚的资本市场效应研究	张华平	华北水利水电大学
448	18FZS050	“汤始居亳”与垣曲商城探索	陈隆文	郑州大学
449	17FGL012	互联网背景下营销渠道演变中的行为研究	牛全保	河南财经政法大学

（续表）

序号	批准号	项目名称	负责人	责任单位
450	19FWWB023	非裔美国小说艺术探微	庞好农	广东外语外贸大学
451	16FZX004	可能的《老子》——文本对勘与思想探原（道篇）	汪韶军	海南大学
452	19FMZB007	丧礼知识传统与礼俗秩序建构	龙晓添	广西师范大学
453	19FJLB022	贸易优势理论发展与中国制造业贸易竞争力影响因素研究	吴杨伟	重庆三峡学院
454	16FYY017	东巴文文字单位与语言单位对应关系演变研究	白小丽	西南大学
455	19FJYB022	乡村振兴战略下农村金融反贫困创新研究	申　云	四川农业大学
456	17FZS022	川康军人、第三势力与国共政争（1932—1949）	黄天华	四川师范大学
457	17FTQ001	民国时期图书馆社团研究	王阿陶	四川大学
458	17FSS006	冷战格局形成期英国防务战略研究	陈向阳	四川师范大学
459	19FZWB045	唐宋园林散文研究	李小奇	商洛学院
460	16FZW051	现代性自然美学导论	杜学敏	陕西师范大学
461	16FFX003	司法民主与接近正义问题研究	王　荔	陕西师范大学
462	16FFX031	英美法上信义义务基本理论研究	范世乾	新疆师范大学
463	20FYB061	中国大学生主体性学习研究	张华峰	上海师范大学
464	19FYSB047	散作乾坤万里春——央视春晚的嬗变之路（1983—2019）	李志敏	江西师范大学
465	19FYSB040	智能汽车交互设计方法论研究	由　芳	同济大学
466	20FYB025	认缴资本制下的股东出资义务研究	张其鉴	中央民族大学
467	19FYYB013	基于认知形态学的汉语类词缀构词研究	张未然	中国传媒大学
468	19FKGB007	考古学研究指南	陈胜前	中国人民大学
469	18FGL016	牧区草地资源的可持续管理：制度、政策与市场	谭淑豪	中国人民大学
470	17FZJ003	《高僧传》与六朝佛教僧人群体研究	张雪松	中国人民大学
471	17FKS002	中国马克思主义传播史论	张　付	中国传媒大学
472	16FJY012	中国固体矿产资源会计规范问题研究	魏　紫	中央财经大学

（续表）

序号	批准号	项目名称	负责人	责任单位
473	16FFX012	犯罪论争议问题研究	贾济东	北京师范大学
474	20FZZB013	制度逻辑与基层治理研究	周少来	中国社会科学院政治学研究所
475	18FZX018	和平心理学：理论与研究	刘邦春	战略支援部队航天工程大学
476	15FZW022	世界文学萌芽体系视域下的中国近代西方文学译介	郝 岚	天津师范大学
477	19FFXB010	系统论范式下公司资本规制体系修正及其制度实现研究	赵树文	河北大学
478	17FZZ003	治理现代化背景下民族地区乡土社会与现代国家关系研究	慕良泽	山西大学
479	19FJYB021	乡村经济地理的要素流变与谱系优化（1921—2021）	邢 俊	长春财经学院
480	17FKS023	西方马克思主义女性主义现代性理论研究	史 巍	东北师范大学
481	20FZWB023	德勒兹“差异”美学思想研究	吴娱玉	华东师范大学
482	20FWWB013	当代美国小说与民族性建构研究（1996—2016）	孙 璐	上海外国语大学
483	19FZWB051	汉代歌谣与政治的互动研究	白振奎	上海财经大学
484	18FZW006	雪莱与中国现代文学	张 静	上海师范大学
485	17FZW031	中国现代美学的学科制度与知识谱系	王宏超	上海师范大学
486	20FFXB059	知识产权领域信用惩戒制度研究	柯林霞	南通大学
487	19FJYB002	现代农业保险实践模式与体制机制创新研究	林乐芬	南京农业大学
488	19FGLB072	中国城市贫困人口福利依赖问题研究	刘璐婵	南京邮电大学
489	17FZX045	描述心理学	王申连	南京晓庄学院
490	16FZW033	民国小说学理论的转型研究	刘 浩	南京信息工程大学
491	15FZW054	新文学读者研究	施 龙	扬州大学文学院
492	15FZW028	“神韵”说与“纯诗”论共通性研究——以中国新诗为端口	刘金华	南京信息工程大学
493	14FYY004	古代汉语使动用法历时研究	张 艳	南京信息工程大学

（续表）

序号	批准号	项目名称	负责人	责任单位
494	12FYS009	新媒体艺术研究	马凌燕	南京信息工程大学语言文化学院
495	19FZSB044	《西魏书》校笺	唐燮军	宁波大学
496	19FGLB015	新兴企业商业模式创新主题设计的理论与实证研究	罗兴武	浙江财经大学
497	19FFXB065	福利行政法论	胡敏洁	浙江大学
498	17FTY003	职业体育发展重要制度安排的国际比较研究	杨　铄	宁波大学
499	16FZW023	明清传奇叙事艺术研究	刘志宏	浙江传媒学院
500	16FTQ001	唐代秘书省研究	郭伟玲	浙江传媒学院
501	19FZXB097	拉塞尔·雅各比乌托邦思想研究	祁　程	安徽大学
502	20FZSB079	清朝历史的教训	郭立场	信阳师范学院
503	19FKSB040	新世纪以来国外“马克思热”研究	许晓丽	河南师范大学
504	18FZZ009	人民满意的服务型政府话语路径转换与绩效研究	李文启	河南工业大学
505	18FZS049	唐代皇帝行幸礼仪制度研究	张　琛	河南师范大学
506	20FZSB008	中晚明士人教化宦官行动研究	吴兆丰	武汉大学
507	19FGLB034	以人为本的社区公共服务设施规划研究	魏　伟	武汉大学
508	18FGL001	数字经济下的创新政策组合理论与实证研究	周　莹	华中师范大学
509	17FYY019	虚构的哲学语言意义研究	刘　琼	华中科技大学
510	17FGL004	养老服务供需均衡的评价与对策研究	陈显友	武汉工程学院
511	17FFX017	历史与体系中的土地租佃研究	李　俊	中南财经政法大学
512	20FZWB079	屈大均与明末清初岭南诗派	王富鹏	广州大学
513	19FZSB034	五代王朝递嬗与正统性研究	罗　亮	中山大学
514	19FXWB005	唯物史观视域下的广告批判研究	葛在波	岭南师范学院
515	18FZX020	胡塞尔同感现象学研究	罗志达	中山大学
516	18FZW076	中国文学研究图像史料学导论	龙其林	广州大学
517	17FZW057	早期上海电影文化生态研究（1927—1937）	房　默	海南师范大学

（续表）

序号	批准号	项目名称	负责人	责任单位
518	19FZWB041	“言笔之辨”与文体学	胡大雷	广西师范大学
519	19FZXB025	以伦理为视角通解《论语》	唐代兴	四川师范大学
520	19FMZB006	白裤瑶的宗教信仰与生活秩序	张　琪	四川大学
521	18FFX038	行政行为与公共服务论互证研究	黄泽勇	四川省社会科学院
522	15FZX025	严复的哲学思想：现代形态中国哲学的开端	都兰军	西南财经大学
523	19FZSA003	辽城：中国北方草原城市的兴起	王明荪	西北大学
524	14FGL009	后福岛时代核能的公众接受度与社会抗争研究	肖群鹰	西安交通大学
525	20FYB066	民间汉字图形研究	潘镜如	中央美术学院
526	20FWWB022	弗吉尼亚·伍尔夫散文思想研究	黄重凤	北京航空航天大学
527	19FJYB025	企业历史亏损的作用机理与治理机制研究	刘红霞	中央财经大学
528	19FJYB005	微观院士经济学——顶尖科学家推动公司创新的机制研究	许　荣	中国人民大学
529	18FJY017	中国会计管理思想与会计理论建构	曾雪云	北京邮电大学
530	17FZS053	面向西方的书写：近代中国人英文著述研究	李　珊	中国社会科学院近代史研究所
531	19FGLB061	中国滑雪旅游目的地空间格局形成机制及其空间优化	王世金	中国科学院西北生态环境资源研究院
532	16FJS005	哲学视阈下的信息化战争实质研究	康兰波	中国人民解放军空军工程大学
533	19FKSB052	马克思人类解放思想的新时代意蕴	朱雪微	南开大学
534	19FFXB060	私权自治的政策之维	齐恩平	天津商业大学
535	18FJY029	中国居民房地产税问题研究	何　倩	河北金融学院
536	15FZX004	王阳明身心哲学研究	李洪卫	河北工业大学
537	19FKSB007	列宁社会批判思想研究	张振鹏	渤海大学
538	19FSSB010	罗曼诺夫王朝税收史（1613—1917）	梁红刚	长春师范大学
539	18FZW018	隋唐五代僧人塔铭研究	李谷乔	吉林财经大学

（续表）

序号	批准号	项目名称	负责人	责任单位
540	18FDJ009	东北抗联经济活动研究	李志铭	中共吉林省委党史研究室
541	20FKSA002	马克思主义当代价值的微观研究	陈学明	复旦大学
542	19FZWB038	文化大传统与诗言志的跨学科研究	胡建升	上海交通大学
543	19FKSB027	新时代中国文化安全问题研究	石文卓	华东师范大学
544	18FWW013	个性与文体——论塞维尼夫人的生活及书信世界	王蓓丽	上海外国语大学
545	18FSH003	从象征到现实：空间生产的理论与实证研究	叶　超	华东师范大学
546	17FZX044	涵义的形而上学研究	何朝安	东华大学
547	17FSS013	古罗马角斗活动研究	高福进	上海交通大学
548	17FJL004	中国国有经济边界与国资收益分配研究	汪立鑫	复旦大学
549	20FGLB055	新结构经济学视角下的中国知识产权战略	唐　恒	江苏大学
550	19FJYB004	重大工程交易治理理论与方法	王卓甫	河海大学
551	19FGLB013	众创空间运行机理与评价指数研究	崔祥民	江苏科技大学
552	19FFXB048	理论与实践：南京国民政府检察制度研究	谢冬慧	南京审计大学
553	19FFXB024	药品可及性视阈下TRIPs—Plus规则研究	梁志文	南京师范大学
554	18FZW058	宋代的王安石诗歌研究	徐　涛	南京大学
555	19FZWB017	鲁迅多维心境研究	孙海军	绍兴文理学院
556	17FYY002	上古后期方音历史比较与地域特色比较	边田钢	浙江财经大学
557	17FKS011	全球生态治理：从马克思生态理论到人类命运共同体思想	袁玲儿	宁波大学
558	19FZWB067	新世纪少数民族诗歌的空间记忆与重构研究	李长中	阜阳师范大学
559	18FZW075	现代中国文学的“老人叙事”研究	叶永胜	安徽师范大学
560	19FYYB035	汉语儿童主观性词项与构式的获得研究	张　笛	临沂大学
561	16FZZ007	历史主义与自然正当——施特劳斯政治哲学研究	牛子宏	洛阳师范学院

（续表）

序号	批准号	项目名称	负责人	责任单位
562	15FZX020	来知德易学哲学思想研究	陈培荣	河南科技大学
563	19FKSB030	思想政治教育学科发展史论	杨业华	湖北大学
564	19FGLB056	洪湖水环境中典型重金属的健康风险评价	张敬东	中南财经政法大学
565	19FGLB022	基于博弈论的绿色供应链定价及契约协调研究	江世英	湖北医药学院
566	19FGLB007	面向经济高质量发展的区域创新资源配置研究	易　明	中国地质大学（武汉）
567	17FZW056	生态审美教育研究	罗祖文	湖北大学
568	20FGLA001	我国农村公共产品供给标准理论与实践研究	李立清	湖南农业大学
569	19FZWB016	凝视与想象：鲁迅小说身体诗学论	胡志明	湖南科技大学
570	18FZJ009	僧肇辩证思维研究	张彤磊	湖南文理学院
571	19FMZB004	走廊与聚落——潇贺古道石枧村民族志研究	周大鸣	中山大学
572	19FKSB033	社会主义意识形态视域下的网络政治动员研究	罗　佳	广东外语外贸大学
573	19FJYB032	科技金融与高新技术产业协同演化机理、模式及效应研究	刘湘云	广东财经大学
574	19FGLA003	“互联网＋”、大数据与实体经济的深度融合问题研究	杨德明	暨南大学
575	18FTY002	体育新论	陆作生	华南师范大学
576	20FGLB031	基于社会偏好演进视角的农产品供应链双边质量提升理论基础研究	覃燕红	重庆理工大学
577	19FFXB013	临时仲裁制度立法研究	毋爱斌	西南政法大学
578	18FWW004	庞德中国文化原典创译研究	彭水香	西南大学
579	20FYSA002	系统创新时代的设计思维	张凌浩	江南大学
580	18FYS004	清代梆子皮黄戏源流考论	陈志勇	中山大学
581	17FYS024	丁敬与浙派研究	方小壮	南京大学
582	16FYS001	解读者的逻辑：实践分析的艺术符号学	陈彦青	汕头大学

九、2021年度国家社科基金优秀博士论文出版项目立项名单

序号	学科分类	项目名称	负责人	工作单位
1	马列·科社	《资本论》视域中的生命政治批判研究	马乔恩	西北师范大学
2	马列·科社	马克思主义所有制理论与当代中国实践研究	包炜杰	复旦大学
3	马列·科社	习近平总书记关于劳动的重要论述研究	汤素娥	湖南大学
4	马列·科社	思想政治教育学科发展规律研究	颜叶甜	西南大学
5	党史	1920年代中国共产党对列宁主义革命理论的理解与运用	李佳金	北京理工大学
6	哲学	先秦两汉儒家气性论研究——从孔子到王充	任鹏程	山东省中国特色社会主义理论体系研究中心
7	哲学	阳明心学与神秘主义	单虹泽	南开大学
8	哲学	本体与工夫：刘蕺山理学思想研究	刘　龙	重庆师范大学
9	哲学	《资本论》中的正义思想研究	王　晶	华中农业大学
10	哲学	论马克思的感性概念	刘建江	华中科技大学
11	哲学	价值范畴和经济主体的生产——论马克思经济学说对西方经济思想史的双重批判	李嘉弘	复旦大学
12	哲学	生命政治学与当代资本主义治理批判——论马克思对晚期福柯的重大影响	闫培宇	北京大学
13	哲学	带场景约束的自然语言自动形式化研究	徐　超	山东大学
14	哲学	论亲知——一个历史的和批判的考察	章含舟	清华大学
15	哲学	事实形而上学研究	阮　凯	上海社会科学院
16	理论经济	"一带一路"价值链驱动机制与中国制造业转型升级研究	潘雨晨	山东大学（威海）
17	理论经济	技术性贸易壁垒影响下的中国企业产品出口二元边际、贸易偏转与质量升级	郑休休	中国人民大学

（续表）

序号	学科分类	项目名称	负责人	工作单位
18	理论经济	比较优势视角下技能异质性对中国制造业出口转型升级的影响研究	程　锐	安徽财经大学
19	理论经济	我国防范化解系统性金融与地方财政双风险问题研究	崔华泰	中国人民大学
20	理论经济	信贷抵押约束下货币政策对房地产价格泡沫的传导机制研究	杨秋怡	上海市发展改革研究院
21	理论经济	国家治理视域下的五年规划执行机制研究	崔　琳	中央党校（国家行政学院）
22	应用经济	空间溢出视角下中国式财政分权对公共品供给的综合效应研究	阙　薇	湖南大学
23	应用经济	中国农村家庭能源消费研究	吴施美	湖南大学
24	应用经济	土地供给对区域产业发展的影响研究	闫昊生	中央财经大学
25	应用经济	贸易政策不确定性条件下的贸易利益个体分配研究	龚联梅	湖北经济学院
26	应用经济	人口结构变动的经济增长效应分析	刘　丰	上海社会科学院
27	政治学	中国社会流动的特殊性研究：表现、成因及对策研究	王　通	中国海洋大学
28	法学	被害人自陷风险研究——同意论行为说的证立、展开和适用	蔡　颖	武汉大学
29	法学	过失犯的结果回避可能性研究	杨绪峰	中国政法大学
30	法学	攻击性紧急避险的正当化依据及其运用	魏　超	苏州大学
31	法学	论辩护律师的忠诚义务	刘译矾	中国政法大学
32	法学	执行程序之形式化原则研究	马家曦	西南政法大学
33	法学	税法确定性原则的解构、观省与增进	黄家强	华南理工大学
34	人口学	流动人口家庭发展三阶段论：家庭团聚的再造与家庭支持的重构	李　龙	中国人民大学
35	社会学	住房财富、财富效应与获得感——特大城市社会不平等的新面向	杨城晨	华东政法大学

（续表）

序号	学科分类	项目名称	负责人	工作单位
36	国际问题研究	全球治理中的弱制度设计——从《气候变化框架公约》到《巴黎协定》	齐尚才	中国社会科学院大学
37	中国历史	两汉承续与新汉本位：东汉前期政治文化实践研究	王　尔	北京大学
38	中国历史	汕头城市发展的空间形态与进程（1860—1949）	欧阳琳浩	中山大学
39	世界历史	教务会议视域下的法兰克早期国家形塑研究	刘虹男	华南师范大学
40	中国文学	绝对精神的感性知识——黑格尔论“艺术”及“艺术宗教”	徐贤樑	复旦大学
41	中国文学	北宋仁宗朝政治文化转型中的庆历士大夫及其文学研究	王启玮	武汉大学
42	中国文学	明末清初西陵词坛研究	耿　志	杭州师范大学
43	中国文学	《韩诗》研究	吕冠南	山东大学
44	中国文学	乾嘉文学思想研究	张昊苏	南开大学
45	中国文学	“史法论文”：章学诚文学批评研究	林　锋	北京大学
46	中国文学	民国侦探小说史论（1912—1949）	战玉冰	复旦大学
47	外国文学	鲍·康·扎伊采夫的“新现实主义”小说研究	张玉伟	北京外国语大学
48	外国文学	中国古典散文在法国的翻译与接受研究（1919—2019）	唐　铎	上海外国语大学
49	语言学	现代汉语代词及相关形式的指称研究	吴　越	杭州师范大学
50	语言学	鄂尔浑—叶尼塞碑铭语法标注及动词研究	崔　焱	辽宁师范大学
51	语言学	汉语作为第二语言学习者口语产出流利度研究	王希竹	东北师范大学
52	语言学	英汉交替传译源语难度评估体系构建研究	赵田园	北京外国语大学

（续表）

序号	学科分类	项目名称	负责人	工作单位
53	语言学	郭沫若金文著作的文献学研究——以《两周金文辞大系》为中心	李红薇	中国社会科学院
54	语言学	江淮起源型词的历史与语体研究	王文香	杭州师范大学
55	语言学	敦煌歌辞词汇专题研究	刘晓兴	南京师范大学
56	新闻学与传播学	媒介技术视角下中国UGC内容生产方式变迁研究	杨　珊	四川大学
57	新闻学与传播学	“看电视”作为一种生活方式——中国电视的社会文化史考察（1978—2018）	何天平	中国人民大学
58	新闻学与传播学	近现代上海妇女报刊史（1898—1949）	赵蓓红	华东政法大学
59	图书馆·情报与文献学	基于平台牵引的我国政府数据开放供给研究	王　迪	武汉大学
60	图书馆·情报与文献学	组织机构电子文件证据效力保障研究	许晓彤	山东大学
61	体育学	急性心理应激对视运动知觉的影响及其机制的ERP研究	王积福	长江大学
62	管理学	家族企业治理正式化：制度逻辑、目标平衡性与创新	马　骏	江南大学
63	管理学	考虑空间资源约束的工程调度优化问题研究	陶　莎	南京大学
64	管理学	交互记忆系统、知识共享和整合与跨界创业团队创造力关系研究	生　帆	哈尔滨工程大学
65	管理学	基于创新网络和专利战略双重视角的产业技术升级研究：以平板显示产业为例	孟庆时	上海大学
66	管理学	基于在线评论情感分析的服务属性分类及服务要素配置方法研究	毕建武	南开大学
67	管理学	收入增长对农村贫困人口食物与营养保障的影响研究	高　杨	南京财经大学
68	管理学	效用错位视角下城市居民绿色生活方式引导政策及仿真研究	程　秀	南京林业大学
69	教育学	普通高中教育过程公平研究	梁　茜	上海师范大学

（续表）

序号	学科分类	项目名称	负责人	工作单位
70	教育学	关注儿童共情：情境性因素和个体性因素的影响	颜志强	湖南师范大学
71	教育学	我国大学生学习力模型研究	王　芳	华南理工大学
72	教育学	近代日本留学中国的历史考——以学术型留华学生为中心	苏　青	广西师范大学
73	教育学	教育在我国经济增长中的贡献及其作用机制研究	赵　冉	北京师范大学
74	艺术学	楚国日用漆器设计研究	汪笑楠	江西师范大学
75	艺术学	曲牌“山坡羊”研究	张春蕾	中国音乐学院
76	艺术学	观念与表述——黔东南苗族音乐的文化认知研究	欧阳平方	中国艺术科技研究所
77	艺术学	壮族天琴文化的建构与认同研究	邱　晨	广西艺术学院
78	艺术学	唐代百戏演艺研究	张裕涵	山西师范大学
79	艺术学	尴尬的笑——英国喜剧电影研究	张　韵	许昌学院
80	艺术学	20世纪初西方“纯抽象”艺术的发生动机及理论研究	艾　欣	北京外国语大学

十、2021年度国家社科基金中华学术外译项目立项名单

序号	项目类别	项目名称	原作者	申请人	资助文版
1	重点项目	敦煌学论稿	姜亮夫	钱　翰	法文
2	重点项目	后疫情时代的全球经济与世界秩序	赵剑英	李贵仓	英文
3	重点项目	奋斗与梦想	李　捷	岳　峰	英文
4	重点项目	中国扶贫	王曙光	陈　杰	阿拉伯文
5	重点项目	认识世界和认识自己（冯契文集（增订版））	冯　契	童世骏	英文
6	重点项目	非洲现代史	李安山	李安山	英文
7	重点项目	中国古代乡里制度研究	鲁西奇	李　克	英文
8	重点项目	中国文化生成史	冯天瑜	李　明	英文
9	重点项目	中国哲学十五讲	杨立华	姜爱红	德文
10	重点项目	中国小说理论史	陈　洪	陈千里	英文
11	重点项目	宋代文官选任制度诸层面	邓小南	邓小南	英文
12	重点项目	雾中风景	戴锦华	张　冰	俄文
13	重点项目	叙述学与小说文体学研究（第四版）	申　丹	申　丹	英文
14	重点项目	中国汉传佛教礼仪（增订版）	圣　凯	何　蓉	英文
15	重点项目	旧石器时代之艺术	裴文中	梁艳君	英文
16	重点项目	中国佛教艺术史	赖永海 王月清	尹海燕	韩文
17	一般项目	“一带一路”手册	蔡　昉等	阿依登	哈萨克文
18	一般项目	《共产党宣言》汉译本与马克思主义话语中国化研究	陈红娟	曹红荃	日文
19	一般项目	天下为公：中国共产党与人类命运共同体	田鹏颖 武雯婧	张祥亭	英文
20	一般项目	天下为公：中国社会主义与漫长的21世纪	鄢一龙 白　钢等	孔　琳	俄文
21	一般项目	中国社会变迁（1949—2019）	李友梅等	孙路平	英文
22	一般项目	中国改革开放	谢伏瞻	巫和雄	英文
23	一般项目	中国改革开放	谢伏瞻	郭　婧	德文

（续表）

序号	项目类别	项目名称	原作者	申请人	资助文版
24	一般项目	中国扶贫	王曙光	周　晶	英文
25	一般项目	贫困的终结	李小云	徐　进	英文
26	一般项目	论中国经济：挑战、底气与后劲	林毅夫	张红英	韩文
27	一般项目	高思在云：中国兴起与全球秩序重组	朱云汉	张　莲	英文
28	一般项目	高思在云：中国兴起与全球秩序重组	朱云汉	胡格吉勒图	蒙古文
29	一般项目	读懂中国农业农村农民	陈锡文	赵甜甜	韩文
30	一般项目	大变革：农民工和中产阶层	李培林等	席　敬	英文
31	一般项目	20 世纪中国妇女运动史（上卷）	顾秀莲	吴爱荣	俄文
32	一般项目	历史唯物主义与中国道路	陈先达	高静然	葡萄牙文
33	一般项目	中国道路与经济高质量发展	厉以宁	聂　槟	越南文
34	一般项目	三明医改：政策试验与卫生治理	王春晓	蔡　想	英文
35	一般项目	论中国乡村变迁	陈文胜	周小玲	英文
36	一般项目	中国货币政策	范从来	赵锦春	英文
37	一般项目	中国经济 70 年	高培勇 赵学军 彤新春	李　莉	英文
38	一般项目	中国经济理论创新四十年	张卓元 胡家勇 万　军	孙勇彬	英文
39	一般项目	中国政治制度史	白　钢	任志远	泰文
40	一般项目	中国哲学史十讲	郭齐勇	杨小彬	英文
41	一般项目	中华法系	何勤华等	田力男	英文
42	一般项目	中华民族多元一体格局	费孝通	孙　磊	俄文
43	一般项目	成长的烦恼：中国迈向现代化进程中的挑战及应对	蔡　昉	曲　磊	英文
44	一般项目	金融复杂系统的演化与控制研究	张卫国	薛荷仙	英文
45	一般项目	森林碳汇扶贫：理论、实证与政策	曾维忠 杨　帆	龙成志	英文
46	一般项目	中国对外贸易通史（第二卷）	孙玉琴等	郑佰青	英文

（续表）

序号	项目类别	项目名称	原作者	申请人	资助文版
47	一般项目	中国农家行为研究	史清华	高 岩	英文
48	一般项目	转型中的地方政府：官员激励与治理（第二版）	周黎安	李 梅	英文
49	一般项目	佛学与儒学（修订版）	赖永海	孙新堂	西班牙文
50	一般项目	佛学与儒学（修订版）	赖永海	张力成	俄文
51	一般项目	古代宗教与伦理	陈 来	黄 萍	日文
52	一般项目	明末清初劝善运动思想研究（修订版）	吴 震	任 乐	西班牙文
53	一般项目	体知儒学	杜维明	詹宏伟	英文
54	一般项目	王阳明	束景南	邓之宇	英文
55	一般项目	现当代新儒学思潮研究	郭齐勇	李 勇	英文
56	一般项目	新加坡儒学史	严春宝	严春宝	英文
57	一般项目	与命与仁	唐文明	吴蕊寒	英文
58	一般项目	中国文化的当下精神	牟钟鉴	吴 杨	英文
59	一般项目	中国文化读本（第二版）	叶 朗 朱良志	陈海燕	英文
60	一般项目	中国文化读本（第二版）	叶 朗 朱良志	张宇靖	意大利文
61	一般项目	中华文化的感悟	楼宇烈	夏 丹	英文
62	一般项目	理性主义的政治学	唐士其	宋 博	英文
63	一般项目	中国超越	张维为	高陆洋	韩文
64	一般项目	中国精神读本	王 蒙	班文涛	俄文
65	一般项目	中国政治认识论	杨光斌	邓白桦	德文
66	一般项目	地方故事与国家历史——韩江中下游地域的社会变迁	陈春声	周云水	英文
67	一般项目	敦煌佛教图像研究	王惠民	冯玉娟	英文
68	一般项目	敦煌学论稿	姜亮夫	齐快鸽	德文
69	一般项目	甘肃石窟志	赵声良等	白 阳	俄文
70	一般项目	古代北京与西方文明	欧阳哲生	毛明超	德文

（续表）

序号	项目类别	项目名称	原作者	申请人	资助文版
71	一般项目	古代北京与西方文明	欧阳哲生	李海峰	英文
72	一般项目	华戎交汇：敦煌民族与中西交通	荣新江	于巧峰	英文
73	一般项目	华夏衣冠：中国古代服饰文化	孙　机	张　蕾	韩文
74	一般项目	疾病如何改变我们的历史	于赓哲	毛延生	英文
75	一般项目	简帛古书与学术源流（修订本）	李　零	范祥涛	英文
76	一般项目	留学生群体与民国的社会发展	周　棉等	张照旭	日文
77	一般项目	六至九世纪中国政治史	黄永年	葛洲子	英文
78	一般项目	陆游的乡村世界	包伟民	邱寅晨	法文
79	一般项目	明清福建家族组织与社会变迁（增订版）	郑振满	郭　颖	日文
80	一般项目	南京大屠杀史	张宪文	王天宇	法文
81	一般项目	农民、市场与社会变迁	侯建新	骆忠武	英文
82	一般项目	“女界”之兴起：晚清天津女子教育与女性形象建构	秦　方	秦　方	英文
83	一般项目	七世纪中叶唐与新罗关系研究	拜根兴	杨红梅	英文
84	一般项目	秦汉儿童的世界	王子今	仵欣欣	英文
85	一般项目	秦汉交通史稿	王子今	张大英	英文
86	一般项目	清代卫生防疫机制及其近代演变	余新忠	李尚宏	英文
87	一般项目	生死秦始皇	辛德勇	王奕红	日文
88	一般项目	丝绸之路上的西州回鹘王朝	付　马	周　思	波斯文
89	一般项目	唐宋女性与社会	邓小南	林敏奋	英文
90	一般项目	图文中国史	樊树志	崔香丹	韩文
91	一般项目	晚清民国的学人与学术	桑　兵	赵岑岑	法文
92	一般项目	衣被天下	范金民	陈兆娟	英文
93	一般项目	瀛海方程	杨国桢	江桂英	英文
94	一般项目	造船业视域下的宋代社会	黄纯艳	张蓊荟	英文
95	一般项目	宅兹中国	葛兆光	曹冬雪	法文
96	一般项目	中国科学史	李　申	张晓晨	英文

（续表）

序号	项目类别	项目名称	原作者	申请人	资助文版
97	一般项目	中国数学史	钱宝琮	解　兵	英文
98	一般项目	中国天学思想史	江晓原 汪小虎	江建利	英文
99	一般项目	中国古代机械文明史	陆敬严	钱玲燕	德文
100	一般项目	中国古代剧场史	车文明	高剑妩	英文
101	一般项目	中国近代疾病社会史	张大庆	苏　峻	英文
102	一般项目	中国科学技术通史・旧命维新	江晓原	米丽英	日文
103	一般项目	中国科学技术通史・技进于道	江晓原	苗　澍	俄文
104	一般项目	中国科学技术通史・经天纬地	江晓原	金镜玉	日文
105	一般项目	中国科学技术通史・源远流长	江晓原	李磊荣	俄文
106	一般项目	中国科学技术通史・正午时分	江晓原	赵　为	俄文
107	一般项目	中国文化史导论	钱　穆	章　文	法文
108	一般项目	中国文化要略（第四版）	程裕祯	关　博	土耳其文
109	一般项目	中西文化交流史	沈福伟	吕　蕊	英文
110	一般项目	重审中国的“近代”	孙　江	夏婷婷	西班牙文
111	一般项目	沟通与协调之途：公民环境权的民法保护	吕忠梅	虞楚箫	英文
112	一般项目	儒家法思想通论（修订本）	俞荣根	梁洪霞	英文
113	一般项目	新中国的海洋政策与法律制度	金永明	徐　奇	英文
114	一般项目	寻求富强：中国近代的思想范式	王人博	王　蔚	法文
115	一般项目	债法总则：历史、体系与功能	谢鸿飞	刘　靖	英文
116	一般项目	知识产权总论	吴汉东	皇甫明国	韩文
117	一般项目	中国法的源与流	武树臣	乌　兰	意大利文
118	一般项目	中国法理学发展史	李　龙	吕卫清	日文
119	一般项目	中国法治变革	李　林	吴东镐	日文
120	一般项目	中国公法史讲义	聂　鑫	肖　琳	英文
121	一般项目	中国古代监察法制史	张晋藩	张立新	英文
122	一般项目	中国民法典释评：合同编・通则	王利明	李　蕴	西班牙文

（续表）

序号	项目类别	项目名称	原作者	申请人	资助文版
123	一般项目	中国民法典释评：物权编（上卷）	崔建远	敖缦云	斯瓦希里文
124	一般项目	中国习惯法论	高其才	庄驰原	英文
125	一般项目	众声喧哗：明清法律文化的复调叙事	徐忠明	张　杲	英文
126	一般项目	中外交流史事考述	蔡鸿生	吴兰香	英文
127	一般项目	平民教育与乡村建设运动	晏阳初 宋恩荣	赵　静	英文
128	一般项目	中国书院史（增订版）	邓洪波	曾　悦	德文
129	一般项目	古器物中的古代文化制度	徐中舒	韩征瑞	英文
130	一般项目	魏晋南北朝壁画墓研究	郑　岩	马庆凯	英文
131	一般项目	殷墟考古与甲骨学研究	刘一曼	吴佩军	日文
132	一般项目	中国古建筑考古	宿　白	蔡尚容	英文
133	一般项目	中国史前考古学史研究（1895—1949）	陈星灿	马亚雯	德文
134	一般项目	中国文明起源新探	苏秉琦	陈　豪	西班牙文
135	一般项目	中国文明起源新探	苏秉琦	刘宝英	意大利文
136	一般项目	中华文明的起源	韩建业	刘泽权	英文
137	一般项目	经济控制理论	杨小凯	刘颖呈	英文
138	一般项目	中国经济原论	王亚南	王晓蓬	英文
139	一般项目	中国碳市场的机制设计、市场对接及减排绩效	张伟伟	王　颀	日文
140	一般项目	中国资本市场三十年	吴晓求等	周　璇	英文
141	一般项目	《玛纳斯》史诗歌手研究	阿地里·居玛吐尔地	梁真惠	英文
142	一般项目	国家主导发展与乡村社会变迁——独龙江实践	黄建生	滕　梅	英文
143	一般项目	欧亚学刊：吉尔吉斯（柯尔克孜）历史文化研究专号	余太山 李锦绣	贾衣肯	吉尔吉斯文
144	一般项目	神话叙事与社会发展研究	田兆元	全今花	韩文

（续表）

序号	项目类别	项目名称	原作者	申请人	资助文版
145	一般项目	文化人类学与非物质文化遗产	麻国庆 朱 伟	李华平	英文
146	一般项目	西夏社会	史金波	侯浩然	英文
147	一般项目	人口与经济发展方式	王金营等	郭书彩	英文
148	一般项目	新中国人口学研究 70 年	张车伟	孙肇春	英文
149	一般项目	中国人口发展史	葛剑雄	王庆勇	英文
150	一般项目	公民健康与社会理论	景 军	方文开	英文
151	一般项目	黄河与中华文明	葛剑雄	廖开洪	英文
152	一般项目	金翼	林耀华	诸葛蔚东	日文
153	一般项目	民生为本的社会建设	彭华民	潘韩婷	英文
154	一般项目	人的城镇化研究	吴业苗	朱武汉	英文
155	一般项目	人类学的全球意识与学术自觉	麻国庆	许莲花	韩文
156	一般项目	生育制度	费孝通	陈 民	德文
157	一般项目	宋代城市研究	包伟民	王治田	英文
158	一般项目	新教育场域的兴起：1895—1926	应 星	马惠琴	英文
159	一般项目	新社会群体研究——以上海为例	孙秀林	竹旭锋	英文
160	一般项目	延续与断裂：徽州乡村的超稳定结构与社会变迁	唐力行	王 健	英文
161	一般项目	中国人的日常呈现	翟学伟	李汶芮	法文
162	一般项目	中国乡约制度	杨开道	董 琼	英文
163	一般项目	重建中国社会学	周晓虹	钱毓芳	英文
164	一般项目	转型时期的城市空间	王天夫 肖 林	熊 英	英文
165	一般项目	东亚变迁与周边世界	汪朝光	李婉珺	马来文
166	一般项目	海上丝绸之路	李伯重 董经胜	尹敬爱	韩文
167	一般项目	近代中西医的博弈	皮国立	马 莉	英文
168	一般项目	时间与东亚古代世界	刘晓峰	毕信燕	韩文
169	一般项目	中古医疗与外来文化	陈 明	王 丹	韩文

（续表）

序号	项目类别	项目名称	原作者	申请人	资助文版
170	一般项目	翻译论集（修订本）	罗新璋 陈应年	闵雪飞	葡萄牙文
171	一般项目	跨文化之桥	乐黛云	吴王姣	英文
172	一般项目	文学伦理学批评导论	聂珍钊	郑　杰	英文
173	一般项目	中国文化对欧洲的影响	王　宁 钱林森 马树德	吴维忆	英文
174	一般项目	火塘·教堂·电视：一个少数民族社区的社会传播网络研究	吴　飞	孙　宇	英文
175	一般项目	记忆的纹理	李红涛 黄顺铭	张婧亭	西班牙文
176	一般项目	中国近代图像新闻史：1840—1919（第一卷）	韩丛耀等	温乃楠	英文
177	一般项目	翻译论（修订本）	许　钧	沈　珂	法文
178	一般项目	翻译论（修订本）	许　钧	吴自选	英文
179	一般项目	韩礼德学术思想的中国渊源和回归	胡壮麟	杨　敏	英文
180	一般项目	汉语文字学史（增订本）	黄德宽 陈秉新	赵吉鹏	法文
181	一般项目	西藏的语言与社会	周　炜	陈玉萍	英文
182	一般项目	语法讲义	朱德熙	高红姬	韩文
183	一般项目	中国现代语法	王　力	葛焱磊	俄文
184	一般项目	中国语言学史	王　力	汤　斌	英文
185	一般项目	自然语言计算机形式分析的理论与方法	冯志伟	孙　蓝	英文
186	一般项目	国学概论	章太炎讲演；曹聚仁整理	王　峰	英文
187	一般项目	汉语思想的文体形式	刘　宁	洪　越	英文
188	一般项目	民国城市的文学想象与民族国家观念	李永东	黄　静	英文

（续表）

序号	项目类别	项目名称	原作者	申请人	资助文版
189	一般项目	人间词话七讲	叶嘉莹	史烨婷	法文
190	一般项目	陶渊明经纬	钱志熙	胡志军	英文
191	一般项目	文学社会学——明清诗文研究的问题与视角	罗时进	彭文青	英文
192	一般项目	现代传记学	杨正润	杨　正	俄文
193	一般项目	现代汉语与中国现代文学	高　玉	徐微洁	日文
194	一般项目	英语世界中国现代文学研究综论	季　进 余夏云	雷　霄	英文
195	一般项目	元散曲通论（修订本）	赵义山	周　睿	英文
196	一般项目	中国“诗史”传统（修订版）	张　晖	唐嘉薇	英文
197	一般项目	中国禅宗与诗歌	周裕锴	金小天	英文
198	一般项目	中国科幻新浪潮：历史·诗学·文本	宋明炜	艾绘荣	俄文
199	一般项目	中国曲艺史	倪锺之	路　琼	英文
200	一般项目	中国诗学批评史	陈良运	赵彦春	英文
201	一般项目	中国现代学术之建立	陈平原	陈朝辉	日文
202	一般项目	中国现当代文学名篇十五讲	陈思和	滕　硕	德文
203	一般项目	中国小说理论史	陈　洪	刘雨珍	日文
204	一般项目	中国音乐文学史	朱谦之	何芊蔚	英文
205	一般项目	时空:《史记》的本纪、表与书	陈正宏	黄红宇	英文
206	一般项目	十字莲花	牛汝极	周一星	意大利文
207	一般项目	禅宗十五讲	孙昌武	肖大平	韩文
208	一般项目	超越主谓结构	沈家煊	洪　明	英文
209	一般项目	城市基层政府社会治理体制机制的现代转型	孙柏瑛	张生祥	英文
210	一般项目	传统与变迁：景德镇新旧民窑业田野考察	方李莉	徐　嘉	英文
211	一般项目	大国之策——新中国人口政策回顾与展望	田雪原	罗英梅	英文

（续表）

序号	项目类别	项目名称	原作者	申请人	资助文版
212	一般项目	当代中国的社会分层与阶层和谐	张文宏等	付　满	英文
213	一般项目	当代中国的视觉文化研究	周　宪	张　瑛	英文
214	一般项目	当代中国美学研究（1949—2019）	刘悦笛 李修建	孙明丽	英文
215	一般项目	当代中国小说批评史	程光炜	李金云	英文
216	一般项目	当前村落变迁与新型城镇化研究	林聚任	李永梅	英文
217	一般项目	跨文化的艺术史	李　军	欧　荣	英文
218	一般项目	六朝佛教造像对朝鲜半岛及日本的影响	费　泳	钟　洁	韩文
219	一般项目	碎金风华	王子初	冯　薇	英文
220	一般项目	西藏唐卡的传承与保护	王建民 刘冬梅 当增扎西	邵鹏洁	俄文
221	一般项目	颐和园	清华大学 建筑学院	王京平	德文
222	一般项目	中国刺绣文化解读	李宏复	侯奕茜	英文
223	一般项目	中国工艺美学史	杭　间	金丽华	俄文
224	一般项目	中国古典园林分析	彭一刚	寇怀云	英文
225	一般项目	中国绘画中的“女性空间”	巫　鸿	黄春丽	法文
226	一般项目	中国绘画中的“女性空间”	巫　鸿	牛子牧	阿拉伯文
227	一般项目	中国色彩史十讲	肖世孟	戴志强	英文
228	一般项目	中国山水画史	陈传席	许传华	俄文
229	一般项目	中国戏剧史	傅　谨	陈　畅	英文
230	一般项目	中国戏曲文化概论	郑传寅	叶　红	俄文
231	一般项目	中国现代设计思想	曹小鸥	陈国兴	英文
232	一般项目	中国艺术	张　法	金向德	韩文
233	一般项目	中国艺术学	彭吉象	吕世生	英文
234	一般项目	中国艺术哲学	朱志荣	毕　笑	法文

（续表）

序号	项目类别	项目名称	原作者	申请人	资助文版
235	一般项目	中国鱼文化	陶思炎	薛红艳	英文
236	期刊类	中国与世界经济			英文
237	期刊类	当代中国人口与发展			英文

十一、2021年度国家社科基金中华学术外译项目结项名单

序号	批准号	项目名称	负责人/负责单位	资助文版
1	12WJL004	中国区域经济差距和区域开发政策的研究	于文浩（中国社会科学院经济研究所）	日文
2	12WYY002	汉语历史音韵学	潘悟云（上海师范大学）	韩文
3	13WSH002	公正和平：中国乡土社会的权威多元与纠纷解决	外语教学与研究出版社有限责任公司	英文
4	13WZX005	有无之境——王阳明哲学的精神	北京大学出版社有限公司	英文
5	14WZJ002	中国佛教与传统文化	中国人民大学出版社有限公司	英文
6	14WZS011	北京大学创办史实考源	陈艳平（大连外国语大学）	韩文
7	15WJY001	中国梦与中国道路	叶良英（北京外国语大学）	阿拉伯文
8	15WZS017	中国文人画史	上海书画出版社	英文
9	15WZX005	老子译注及评价	中华书局有限公司	英文
10	16WKG001	中国史前聚落群聚形态研究	上海交通大学出版社	英文
11	16WSS003	庞迪我与中国	中国社会科学出版社	西班牙文
12	16WYS002	中国电影市场发展史	邵志洪（华东理工大学）	英文
13	16WZS004	丝绸之路考古十五讲	张　敏（北京大学）	韩文
14	16WZS009	孙中山传	付永钢（暨南大学）	英文
15	16WZS011	中国历史地理纲要	陶　源（陕西师范大学）	俄文
16	16WZS015	隐匿的疆土——卫所制度与明帝国	宁　平（辽宁师范大学）	英文

（续表）

序号	批准号	项目名称	负责人 / 负责单位	资助文版
17	16WZW003	中国民间文学概要	北京大学出版社有限公司	俄文
18	16WZX008	金匮要略译注	上海古籍出版社	英文
19	16WZZ005	中国官僚政治研究	李 克（山东大学）	英文
20	17WDJ001	百炼成钢——中国共产党应对重大困难与风险的历史经验	人民出版社	英文
21	17WFX011	刑法的知识转型（学术史）	王昭武（苏州大学）	日文
22	17WFX013	中华法制文明史	张立新（中国政法大学）	英文
23	17WGJ004	亚投行：全球治理的中国智慧	人民出版社	英文
24	17WJY005	科技进步与中国经济发展方式转变	人民出版社	英文
25	17WSH005	转型期中国社会福利研究	中国人民大学出版社有限公司	英文
26	17WSS002	中国抗战在世界反法西斯战争中的历史地位	吕卫清（华中师范大学）	日文
27	17WZJ002	中国佛教信仰与生活史	江苏人民出版社	英文
28	17WZJ003	当代中国宗教学研究（1949—2009）	中国社会科学出版社	英文
29	17WZS002	琉球冲绳交替考——钓鱼岛归属寻源之一	人民出版社	俄文
30	17WZS004	资治通鉴与家国兴衰	中华书局有限公司	韩文
31	17WZS013	中国文化通论（第二版）	葛焱磊（北京航空航天大学）	俄文
32	17WZW016	庄子今注今译	梁晓鹏（青岛科技大学）	英文
33	17WZX002	从庄子到郭象——《庄子》与《庄子注》比较研究	人民出版社	韩文
34	17WZZ001	中国新发展理念	人民出版社	英文

（续表）

序号	批准号	项目名称	负责人 / 负责单位	资助文版
35	17WGJ008	中国国家形象与文化符号传播	冯　薇（山西大学）	英文
36	18WJL002	经济增长与结构演进	谢世清（北京大学）	英文
37	18WJL014	中国通货膨胀动态形成机制的多重逻辑	中国人民大学出版社有限公司	英文
38	18WYS005	不只中国木建筑	中华书局有限公司	韩文
39	18WZS006	汉帝国的遗产——汉鬼考	田访（湖南大学）	日文
40	18WZZ006	全球治理的中国担当	中国人民大学出版社有限公司	波兰文
41	18WTQ003	数据与情报科学学报	中国科学院文献情报中心	英文
42	19WZZB002	中国道路能为世界贡献什么	魏铀原（同济大学）	日文
43			中国人民大学出版社	
44	13WFX002	中国宪法学说史研究	中国人民大学出版社	韩文
45	13WKS001	苏联解体二十周年祭	社会科学文献出版社	俄文
46	14WJL008	中国的长期经济发展：政府治理与制度演进的视角	赵红军（上海师范大学）	英文
47	14WKS001	毛泽东的成功之道	社会科学文献出版社	俄文
48	14WZS007	楚史	中国人民大学出版社有限公司	英文
49	14WZX007	《巴黎手稿》研究——马克思思想的转折点	韩立新（清华大学）	英文
50	14WZZ005	中国共产党和中国特色外交理论与实践	陈　杰（上海外国语大学）	阿拉伯文
51	14WZZ006	民主的中国经验	中国社会科学出版社	日文

（续表）

序号	批准号	项目名称	负责人 / 负责单位	资助文版
52	15WGL004	京杭大运河国家遗产与生态廊道	刘 畅（山东大学）	韩文
53	15WJY002	破解中国经济发展之谜	中国社会科学出版社	韩文
54	15WRK001	中国人口：结构与规模的博弈	社会科学文献出版社	英文
55	15WSH001	乡土中国 乡土重建	诸葛蔚东（中国科学院大学）	日文
56	15WZS010	清代学术源流	陈 媛（山东大学）	韩文
57	15WZS015	当代中国近代史研究（1949—2009）	中国社会科学出版社	英文
58	16WFX008	中国古代契约思想史	刘云生（广州大学）	英文
59	16WKS002	全面深化改革二十论	社会科学文献出版社	英文
60	16WSH001	“当代中国”丛书	高 源（北京第二外国语学院）	西班牙文
61	16WSH008	中国文化要义	李明（广东外语外贸大学）	英文
62	16WXW002	符号中国	中国人民大学出版社有限公司	俄文
63	16WZS002	全球史中的文化中国	北京大学出版社有限公司	俄文
64	16WZS007	中国财政思想史	上海交通大学出版社有限公司	英文
65	16WZW001	中国当代文学主潮	北京大学出版社有限公司	俄文
66	16WZW005	《乌布西奔妈妈》研究	中国社会科学出版社	英文
67	16WJK001	中国教育：研究与评论（四卷本）	教育科学出版社	英文

（续表）

序号	批准号	项目名称	负责人 / 负责单位	资助文版
68	17WDJ002	中国共产党少数民族文化建设研究	魏启荣（北京第二外国语学院）	阿拉伯文
69	17WJK001	区域综合改革：中国教育改革的转型与突破	教育科学出版社	英文
70	17WJL001	全球化的政治经济学与中国的策略	社会科学文献出版社	英文
71	17WJL005	中国经济发展战略与规划的演变和创新	中国人民大学出版社有限公司	俄文
72	17WMZ003	当代荷马《玛纳斯》演唱大师居素普·玛玛依评传	梁真惠（西安外国语大学）	英文
73	17WSH009	文化反哺：变迁社会中的代际革命	仝亚莉（南京大学）	英文
74	17WSH013	中国农村社区建设研究	经济科学出版社	英文
75	17WXW002	唐代文明与新闻传播	中国人民大学出版社有限公司	英文
76	17WYY005	汉语和汉语研究十五讲	葛　婧（北方工业大学）	日文
77	17WZJ001	赞宁思想及其译经理论之研究	社会科学文献出版社	德文
78	17WZW006	唐诗综论	王　峰（长江大学）	英文
79	17WZX004	道家形而上学研究	中国人民大学出版社有限公司	英文
80	17WZX012	中国文化精神	北京大学出版社有限公司	俄文
81	17WZZ003	当代中国政府	南京大学出版社	英文
82	17WZZ004	“一带一路”关键词	唐青叶（上海大学）	英文
83	18WFX004	当代中国经济法理论的新视域	中国人民大学出版社	英文
84	18WFX014	编纂民法典的合宪性思考	中国政法大学出版社	英文

（续表）

序号	批准号	项目名称	负责人 / 负责单位	资助文版
85	18WFX017	中国刑事诉讼权能的变革与发展	中国人民大学出版社	英文
86	18WJL012	看懂中国 GDP	陈 瑾（北京师范大学）	英文
87	18WZS010	丝路古史散论	复旦大学出版社	英文
88	18WZS019	黄河与河流文明的历史观察	王庆勇（天津理工大学）	英文
89	18WZS020	南京大屠杀史	南京大学出版社	希伯来文
90	18WZW007	金枝玉叶——比较神话学的中国视角	复旦大学出版社	韩文
91	18WZX016	周易郑氏学阐微	上海古籍出版社	韩文
92	18WZZ002	建构民主——中国理论、战略与议程	复旦大学出版社	英文
93	18WZZ004	东亚秩序论：地区变动、力量博弈与中国战略	上海人民出版社	英文
94	18WZZ005	全球治理的中国担当	中国人民大学出版社有限公司	韩文
95	18WZZ009	转型中的城市治理	中国人民大学出版社有限公司	英文
96	18WZZ010	世界权力的转移	宋宁而（中国海洋大学）	日文
97	19WXWB002	吾土吾民：农民的文化表达与主体性	李贵苍（浙江越秀外国语学院）	英文
98			中国社会科学出版社	
99	13WYS002	中国传统室内装饰与陈设	江崇岩（浙江大学）	俄文
100	14WZW011	晚唐钟声：中国文学的原型批评	杨 磊（北京第二外国语学院）	韩文
101	15WJY005	中国农业经营制度	徐哲根（青岛大学）	日文
102	15WYS005	中国书法风格史	徐利明（南京艺术学院）	韩文

（续表）

序号	批准号	项目名称	负责人 / 负责单位	资助文版
103	16WZX001	回到马克思	江苏人民出版社	俄文
104	17WGJ010	世界是通的："一带一路"的逻辑	林温霜（北京外国语大学）	保加利亚文
105	17WZX005	庄子今注今译	中华书局有限公司	土耳其文
106	18WFX006	刑法哲学	中国人民大学出版社	英文
107	18WFX008	金融犯罪刑法学原理	上海人民出版社有限责任公司	日文
108	18WFX009	南沙群岛主权法理研究	南京大学出版社	英文
109	18WFX015	民法总则：具体与抽象	中国人民大学出版社	英文
110	18WKG002	最早的中国	中国科技出版传媒股份有限公司	俄文
111	18WYS004	数字时代的东方音乐	李二永（江西财经大学）	俄文
112	18WYY013	中西法律语言与文化对比研究	张　清（中国政法大学）	英文
113	18WZX020	论国学	人民出版社	英文
114	19WZZB001	中国道路能为世界贡献什么	袁　鑫（天津外国语大学）	英文
115			中国人民大学出版社	

十二、2021 年度国家社科基金社科学术社团主题学术活动资助名单

（课题研究）

序号	批准号	课题名称	责任社团	业务主管单位	课题首席专家
1	21STA001	大历史观下的中国共产党百年史	中国现代史学会	中央党校（国家行政学院）	张太原
2	21STA002	中国社会保障体系建设与扎实推进共同富裕研究	中国社会保障学会	民政部	郑功成
3	21STA003	当代中国刑法基础理论研究	中国刑法学研究会	中国法学会	高铭暄
4	21STA004	“十四五”时期防范化解重大风险体系和能力建设研究	中国应急管理学会	中央党校（国家行政学院）	马宝成
5	21STA005	我国民族地区中小学教师中华民族共同体意识的现状调查及对策研究	中国少数民族教育学会	教育部	张莉莉
6	21STA006	习近平总书记关于道德建设重要论述研究	中国伦理学会	中国社会科学院	卫建国
7	21STA007	习近平总书记关于共同富裕思想重要论述研究	公共经济研究会	中央党校（国家行政学院）	张　青
8	21STA008	习近平总书记关于青年成长成才重要论述的建构逻辑与实践路径研究	中国青少年研究会	共青团中央	刘俊彦
9	21STA009	中国共产党百年领导力研究	中国领导科学研究会	中央党校（国家行政学院）	冯秋婷
10	21STA010	建党百年与中国马克思主义哲学的发展	中国马克思主义哲学史学会	中国社会科学院	郝立新
11	21STA011	传承与创新：百年来中国共产党人的精神谱系（1921—2021）	中国近现代史史料学学会	教育部	赵慧峰
12	21STA012	建党百年与马列著作在中国出版史	中国马克思恩格斯研究会	中央党史和文献研究院	王　东
13	21STA013	中国共产党与高等教育发展的百年探索	中国高等教育学会	教育部	姜恩来

（续表）

序号	批准号	课题名称	责任社团	业务主管单位	课题首席专家
14	21STA014	中国共产党民族理论政策百年演进与赓续发展	中国民族理论学会	中国社会科学院	陈建樾
15	21STA015	财政与中国共产党一百年研究	中国财政学会	财政部	傅志华
16	21STA016	金砖国家贫困问题及治理创新研究	新兴经济体研究会	中国社会科学院	张宇燕
17	21STA017	迈向现代化的城乡高质量发展研究	中国城市经济学会	中国社会科学院	刘治彦
18	21STA018	全国甲骨文数字化工作进展调研	中国殷商文化学会	中国社会科学院	王震中
19	21STA019	新中国秦汉史研究70年	中国秦汉史研究会	中国社会科学院	卜宪群
20	21STA020	15—17世纪世界变局与明代丝绸之路	中国明史学会	中国社会科学院	陈支平
21	21STA021	新时代政治学“三大体系”建设调研	中国政治学会	中国社会科学院	樊建新
22	21STA022	21世纪以来国外族群共同体意识的新实践研究	中国世界民族学会	中国社会科学院	陈玉瑶
23	21STA023	古代世界诸文明的起源及特征研究	中国世界古代中世纪史研究会	中国社会科学院	晏绍祥
24	21STA024	中国朝鲜史学科的发展现状调研	中国朝鲜史研究会	中国社会科学院	孙　泓
25	21STA025	西北民族语言交流与铸牢中华民族共同体意识研究	中国突厥语研究会	中国社会科学院	黄　行
26	21STA026	西南民族地区巩固脱贫攻坚成果与乡村振兴有效衔接问题及对策研究	中国西南民族研究学会	中国社会科学院	那金华
27	21STA027	《中共党史人物传》第91卷	中国中共党史人物研究会	中央党史和文献研究院	王相坤
28	21STA028	中国共产党历史知识图谱与知识索引构建研究	中国索引学会	中央党史和文献研究院	曹树金

（续表）

序号	批准号	课题名称	责任社团	业务主管单位	课题首席专家
29	21STA029	延安整风运动史料整理和重大史实研究	中国延安精神研究会	中央党校（国家行政学院）	李慎明
30	21STA030	中国科学社会主义“三大体系”建设研究	中国科学社会主义学会	中央党校（国家行政学院）	郭 强
31	21STA031	语文现代化创新发展研究	中国语文现代化学会	教育部	靳光瑾
32	21STA032	《国际中文教育中文水平等级标准》推广应用及教材研发策略	世界汉语教学学会	教育部	赵 杨
33	21STA033	传统方志“整体性”属性及其当代启示	中国社会史学会	教育部	张传勇
34	21STA034	中国教育学会高质量发展五年规划研究	中国教育学会	教育部	高书国
35	21STA035	非洲农业转型与中非农业合作机制创新研究	中国非洲问题研究会	教育部	姜忠尽
36	21STA036	中国古都历史地理信息系统建设与研究	中国古都学会	教育部	肖爱玲
37	21STA037	义和团运动西文文献的翻译、整理与研究	中国义和团研究会	教育部	胡卫清
38	21STA038	墨学思想及其当代价值研究	中国墨子学会	教育部	姜宝昌
39	21STA039	双循环新发展格局下中美经贸合作对策研究	中国美国经济学会	教育部	顾 欣
40	21STA040	中国高校马列文论课程开设和建设情况调研报告	全国马列文艺论著研究会	教育部	胡亚敏
41	21STA041	新时期《文心雕龙》研究学术思想检视与中国学派建构研究	中国《文心雕龙》学会	教育部	左东岭
42	21STA042	陶行知教育思想研究	中国陶行知研究会	教育部	吕德雄
43	21STA043	智慧社区建设与社区服务智慧化研究	中国社会治理研究会	民政部	何立军

（续表）

序号	批准号	课题名称	责任社团	业务主管单位	课题首席专家
44	21STA044	构建新发展格局背景下优化我国县级行政区划设置研究	中国行政区划与区域发展促进会	民政部	陈　田
45	21STA045	民族地区的红色记忆留存与中国共产党建党100周年的实地调查研究	中国人类学民族学研究会	国家民委	赵旭东
46	21STA046	“十四五”时期防止边境地区返贫的预测、监测及帮扶机制研究	中国少数民族经济研究会	国家民委	张丽君
47	21STA047	民族地区推广普及国家通用语实践路径研究	中国少数民族双语教学研究会	国家民委	钟进文
48	21STA048	当代戏曲艺术家创作经验总结与研究	中国戏曲学会	文化和旅游部	王瑜瑜
49	21STA049	《红楼梦》与大运河国家文化公园建设研究	中国红楼梦学会	文化和旅游部	张云
50	21STA050	“一带一路”企业走出去的法律风险防范与合规研究	中国廉政法制研究会	中国法学会	王秀梅
51	21STA051	股份回购与公司资本制度改革	中国商业法研究会	中国法学会	于　莹
52	21STA052	《基本医疗卫生与健康促进法》实施中的关键法律问题研究	中国卫生法学会	中国法学会	曹艳林
53	21STA053	数字人民币应用法律规制研究	中国科学技术法学会	中国法学会	蒋　坡
54	21STA054	数字货币对国际货币体系和人民币国际化的影响及我国的应对战略	中国国际经济关系学会	中国人民银行	马　骏
55	21STA055	现代金融体系对金融效率的影响及“十四五”时期银行的战略选择	中国现代金融学会	中国人民银行	陈四清
56	21STA056	中国银行业应对国际基准利率改革思考及建议	中国金融会计学会	中国人民银行	周诚君

（续表）

序号	批准号	课题名称	责任社团	业务主管单位	课题首席专家
57	21STA057	大型商业银行支持智慧农业的有效路径研究	中国农村金融学会	中国人民银行	曾学文
58	21STA058	健康中国战略指导下健康传播影响力评估及传播策略研究	中国新闻文化促进会	中央宣传部	孟宪丽
59	21STA059	构建系统的营商环境制度体系研究	中国行政管理学会	国务院办公厅	刘　杰
60	21STA060	丁玲在河北时期文学活动研究（1945.12—1948.6）	中国丁玲研究会	中国作协	何吉贤
61	21STA061	革命根据地会计研究	中国会计学会	财政部	付　磊
62	21STA062	“十四五”时期国家审计创新发展研究	中国审计学会	审计署	王　慧
63	21STA063	优化国防科技工业布局加快融入创新引领的新发展格局研究	中国社会经济系统分析研究会	国防科工局	张嘉国
64	21STA064	发挥家庭教育在国家治理能力现代化中的积极作用研究	中国家庭教育学会	全国妇联	孙云晓
65	21STA065	中小企业数字化转型的路径和政策体系研究	中国民营经济研究会	全国工商联	李　飞
66	21STA066	“十四五”期间县域高中新高考改革实施效果研究：现状、挑战及应对策略	中国教育发展战略学会	教育部	郭丛斌

后记

本书编写工作由全国哲学社会科学工作办公室负责组织，全国哲学社会科学工作办公室以及全国教育科学规划领导小组办公室、全国艺术科学规划领导小组办公室、中国社会科学评价研究院等有关单位承担了各章节的撰写工作。参加编写的人员有姜培茂、赵川东、操晓理、徐春生、尚雨、何啸、马进、郭上雅、张博文、石永利、张献锋、张泰源、曹默、陈俊乾、王勇、李冰、王保庆、段海超、李朝晖、周永瑞、吴天群、路畅、王琪、孙璐、李沅傧、洪波、孙彦忠、周大鹏、张荣楷、董俊华、王骊岭、张洋、蔺辰泽、刘冰、吴榆、陈琼、邓文卿、张锋、胡亚斌、史尚元、唐婉、马建祖、崔保师、张彩云、王卉、于千贺、王彦、荆林波、苏金燕等。特别感谢学习出版社对本书的出版给予了大力支持。同时，光明日报社曲一琳、中国社会科学杂志社罗浩、中国社会科学出版社王兰馨、科学出版社刘俊来、金蓉等同志也对本书进行认真勘校，在此一并表示感谢。

由于编写水平有限，有不完善的地方敬请读者批评指正。

本书编写组

2022 年 5 月